普通高等教育智能飞行器系列教材

航天科学与工程教材丛书

航天信息工程科研创新训练指导教程

孟中杰 李 伟 许 锦 李 青 编著

科学出版社

北 京

内 容 简 介

本书以航天类专业不同科研训练内容为主线，详细介绍文献检索与阅读方法，实验设计与数据处理的基本概念和基础理论，科技报告、学术论文、专利的撰写方法，大学生学科竞赛实践，毕业论文与毕业设计的写作与答辩，实验室安全操作及防范等内容，并对具有代表性的优秀毕业论文进行解析。全书内容由浅入深，覆盖全面，可使学生夯实基础。

本书可作为高等院校理工类专业本科生和低年级硕士研究生的教学用书，也可供相关科研人员参考。

图书在版编目（CIP）数据

航天信息工程科研创新训练指导教程 / 孟中杰等编著. --北京：科学出版社，2024. 12. --（普通高等教育智能飞行器系列教材）（航天科学与工程教材丛书）. -- ISBN 978-7-03-080204-0

Ⅰ. V57

中国国家版本馆 CIP 数据核字第 2024A138N4 号

责任编辑：宋无汗　郑小羽 / 责任校对：崔向琳
责任印制：徐晓晨 / 封面设计：迷底书装

科学出版社 出版
北京东黄城根北街 16 号
邮政编码：100717
http://www.sciencep.com

北京中石油彩色印刷有限责任公司印刷
科学出版社发行　各地新华书店经销
*
2024 年 12 月第 一 版　开本：787×1092　1/16
2024 年 12 月第一次印刷　印张：14
字数：326 000
定价：80.00 元
（如有印装质量问题，我社负责调换）

序

星河瑰丽，宇宙浩瀚。从辽阔的天空到广袤的宇宙，人类对飞行、对未知的探索从未停歇。一路走来，探索的路上充满了好奇、勇气和创新。航空航天技术广泛融入了人类生活，成为了推动社会发展、提升国家竞争力的关键力量。面向"航空强国""航天强国"的战略需求，如何培养优秀的拔尖人才十分关键。

"普通高等教育智能飞行器系列教材"的编写是一项非常具有前瞻性和战略意义的工作，旨在适应新时代航空航天领域与智能技术融合发展的趋势，发挥教材在人才培养中的关键作用，牵引带动航空航天领域的核心课程、实践项目、高水平教学团队建设，与新兴智能领域接轨，革新传统航空航天专业学科，加快培养航空航天领域新时代卓越工程科技人才。

该系列教材坚持目标导向、问题导向和效果导向，按照"国防军工精神铸魂、智能飞行器领域优势高校共融、校企协同共建、高层次人才最新科研成果进教材"的思路，构建"工程单位提需求创背景、学校筑基础拔创新、协同提升质量"的教材建设新机制，联合国内航空航天领域著名高校和科研院所成体系规划和建设。系列教材建设团队成功入选了教育部"战略性新兴领域'十四五'高等教育教材体系建设团队"。

在教材建设过程中，持续深化国防军工特色文化内涵，建立了智能航空航天专业知识和课程思政育人同向同行的教材体系；以系列教材的校企共建模式为牵引，全面带动校企课程、实践实训基地建设，加大实验实践设计内容，将实际工程案例纳入教材，指导学生解决实际工程问题、增强动手能力，打通"从专业理论知识到工程实际应用问题解决方案、再到产品落地"的卓越工程师人才培养全流程，有力推动了航空航天教育体系的革新与升级。

希望该系列教材的出版，能够全面引领和促进我国智能飞行器领域的人才培养工作，为该领域的发展注入新的动力和活力，为我国国防科技和航空航天事业发展作出重要贡献！

中国工程院院士　侯晓

前　言

　　航天是一个学科高度融合的行业领域，解决复杂工程问题要求研究者对多学科知识有所了解，并能够融会贯通，灵活运用，同时还要具备扎实的科研实践能力。近年来，各高校纷纷采取理论和实践教学一体化、项目支持等方式，培养大学生的科研意识和科研能力。然而，科研意识和科研能力的形成不是一朝一夕的事，需要长期的训练和积累。目前，多数大学生很少有机会接触和完成完整的科研活动，因此大学生对科研活动及其规律很难有全面的了解和认识，对科学研究的基本方法、科研活动的基本规律和从事科学研究需要具备的基本技能的了解和掌握很少。

　　本书主要面向在校大学生，系统介绍科研创新训练的基本方法、基础知识和相关技能，旨在对缺乏科研创新训练经验的大学生，在文献检索与阅读，实验设计与数据处理，科技报告、学术论文写作与专利撰写，学科竞赛，毕业论文与毕业设计，实验室安全操作与防范等方面给予指导和训练，使大学生对科研创新训练活动过程有一个系统的认识。

　　全书共 8 章。第 1 章介绍文献检索与阅读方法。第 2 章介绍实验设计与数据处理方法。第 3 章介绍科技报告写作方法。第 4 章介绍学术论文写作与专利撰写。第 5 章介绍大学生学科竞赛实践。第 6 章介绍毕业论文与毕业设计。第 7 章介绍实验室安全教育相关内容。第 8 章进行实例分析。

　　本书的主要目的是使大学生对科研创新训练活动过程有一个全面的了解和认识，掌握参与科学研究活动需具备的基本技能。因此，本书在介绍科学研究的知识、理论和数学方法时力求泛而全，不求深和精。通过一些简单的原理介绍、典型案例分析和基本技能训练，引导大学生初步了解和掌握科研工作的基本知识和方法，使大学生在遇到某些科学问题时，知道如何运用所学知识解决这些问题，为将来从事科学研究和技术工作奠定良好的基础。

　　本书由西北工业大学孟中杰、李伟、许锦、李青共同撰写。在撰写过程中，得到了北京航空航天大学、哈尔滨工业大学、中国运载火箭技术研究院、中国航天科工集团有限公司第三研究院、中国空间技术研究院、上海航天技术研究院等单位教师和科研人员的帮助及有关部门的支持，在此向他们表示感谢。

　　由于本书涉及内容广泛，作者的知识水平有限，书中难免有不足之处，欢迎广大读者批评、指正。

目　　录

第 1 章

文献检索与阅读方法

1.1　图书的检索方法

图书是以传播知识为目的，将各种知识以文字、图画或其他符号记载于某种形式材料上的出版物。图书是人类社会实践的产物，是对某一领域内知识进行系统阐述或者对已有的技术、经验和研究成果等进行归纳概括的重要的文献信息源，是文献信息体系的重要组成部分，是人们学习知识的重要工具和途径。联合国教育、科学及文化组织对图书的定义：凡由出版社(商)出版的不包括封面和封底在内的 49 页以上的印刷品，具有特定的书名和著者名，编有国际标准书号，有定价并取得版权保护的出版物称为图书。根据载体形式的不同，图书可以分为纸质版图书与电子版图书。

各种书目是进行图书信息检索的主要工具。书名、著者、出版社、国标标准书号等，是根据图书外表特征进行检索的主要信息。掌握图书版权页、国际标准书号、书目等内容对提高图书信息检索能力非常关键[1]。

(1) 版权页。版权页是指图书中记载有版权说明内容的书页，即版本记录页。国家标准规定，版权页位于主书名页背面，记录有图书的版本信息，包括版权说明、图书在版编目数据、版本记录等部分，需列载书名，作者名，译者名，出版者的名称和地点，发行者、印刷者的名称，版次，印次，印数，开本，印张，字数，出版年月，定价和国际标准书号等重要信息。版权页的主要功能是让读者了解图书的基本情况，提供图书信息检索的基本内容。

(2) 国际标准书号。国际标准书号(ISBN)是用于识别图书等文献的国际编号。国际标准化组织(ISO)在 1970 年颁布了 ISBN，并于 1972 年设立了国际 ISBN 中心作为实施该标准的管理机构，在 2007 年颁布实施了新版 ISBN。采用 ISBN 编码系统的出版物包括图书、小册子、缩微出版物、盲文印刷品等。在联机书目中，ISBN 可以作为检索字段，因而成为用户的一种检索途径。

(3) 书目。书目是图书或者报刊目录的简称。它著录和揭示一批相关的文献，并将文献按一定的顺序编排，是登记、报道、宣传、检索文献并指导阅读的一种工具。书目对文献的描述较为简单，一般每个条目的著录项包括书名(报刊名)、卷数、作者、出版年月、出版地和收藏情况等。书目在读书治学方面的作用主要体现在以下两个方面：一是可以指导读书，通过书目能够了解各类图书的出版状况和主要内容，读者根据自身需求进行取舍；二是可以指导科学研究，通过书目能够了解学科的研究历史和现状，尤其是通过新书目可以掌握学科的新研究成果，这对研究学术源流和明确研究课题非常重要。

本章中，图书检索包括纸质图书(简称"纸质书")检索和电子图书(简称"电子书")检索两部分。

1.1.1 纸质图书的检索

联机公共检索目录(online public access catalog，OPAC)是一种基于网络的书目检索系统，旨在为用户提供便捷的图书和其他文献资料查找服务。OPAC 系统包含单一馆藏目录和联合目录两种形式。单一馆藏目录指的是某一图书馆自身的馆藏资源，联合目录则是将多个图书馆的馆藏资源进行整合汇总，形成一个更庞大和更全面的检索平台。OPAC 系统的出现，使得读者能够通过互联网轻松查找和借阅图书，打破了传统图书馆时间和空间的限制，大大提升了资源的利用效率。

OPAC 系统通常汇总了地区性图书馆的书目数据，用户不仅可以查询到本地图书馆的藏书，还可以了解其他相邻地区图书馆的藏书情况，极大地扩大了查询范围和可获取的资源。在现代图书馆自动化管理系统中，OPAC 系统几乎成为标准配置，其主要功能包括两个方面：①用户可以通过多种途径检索馆藏图书和期刊的信息，这些途径包括按照书名、作者、主题、ISBN 等进行检索。查询结果会显示相关书刊的复本数量、具体的馆藏位置(如某一楼层或书架)、当前的借阅状态(如在架、已借出、在预约中)。②读者可以通过 OPAC 系统查看个人的借阅权限，了解自己当前可借阅的最大册数，已经借阅的图书数量，详细的借阅历史记录，以及图书预约的相关信息。这一功能使读者能够有效地管理自己的借阅活动，及时归还图书，避免超期，并方便地进行续借或预约新书。

通过 OPAC 系统，图书馆不仅提升了服务水平和读者满意度，而且实现了馆藏资源的最优配置和利用，极大地促进了信息流通和知识共享。图书馆也因此在现代信息社会中继续扮演着重要的角色。

1.1.1.1 单一馆藏目录检索系统

随着计算机技术和网络技术的快速发展，大多数图书馆配备了自己的馆藏目录检索系统。图书馆借助互联网开放其馆藏目录，极大地方便了读者通过网络获取该馆的收藏信息。单一馆藏目录检索系统提供作者、题名、主题、关键词、索书号、文献号和 ISBN等多种检索途径，读者可以检索到馆藏的各类书刊资料。同时，该系统还支持多字段检索，对各个检索途径进行组配，从而提供更加精准和高效的查询服务。

1) 国家图书馆联机公共目录查询系统

国家图书馆(原北京图书馆)以其品类齐全、集精撷萃的收藏而著称。国家图书馆依法接收国内各出版社送缴收藏的出版样书，还收藏国内非正式出版物，如各高校的博士学位论文均在国家图书馆的收藏之列。目前，国家图书馆是国务院学位委员会办公室指定的学位论文收藏中心和博士后研究报告收藏馆，也是图书馆学专业资料集中收藏地、全国年鉴资料收藏中心。从藏书量和图书馆员的数量看，我国国家图书馆是亚洲规模最大的图书馆，是世界上最大的国家图书馆之一，是世界著名的国家图书馆。

国家图书馆馆藏继承了南宋以来历代皇家藏书以及明清以来众多名家私藏，最早的馆藏可以远溯到 3000 多年前的殷墟甲骨。国家图书馆的珍品特藏包括敦煌遗书、西域文献、善本古籍、金石拓片、古代舆图、少数民族文字古籍、名人手稿等 300 余万册(件)。国家图书馆网站上提供了联机公共目录查询系统，查询界面如图 1-1 所示。

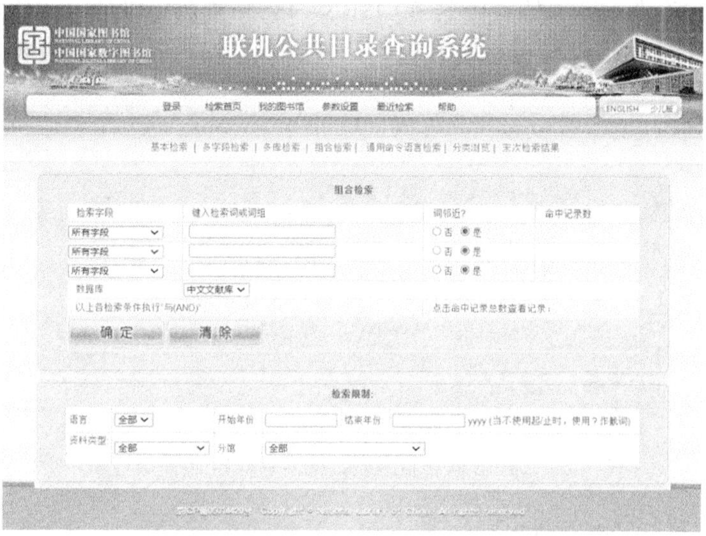

图 1-1　国家图书馆联机公共目录查询系统的查询界面

2) 首都图书馆联机公共目录查询系统

首都图书馆的历史可追溯至 1913 年，由鲁迅先生亲自参与倡建的京师图书分馆、京师通俗图书馆和中央公园图书阅览所几经合并演变而成。首都图书馆是北京市属大型公共图书馆，致力于为全体社会大众提供文献借阅、信息咨询、讲座论坛、展览交流、文化休闲等全方位、多样化层次的优质文化信息服务。

首都图书馆现藏各类文献逾 967 万册(件)，古今中外文献并汇，学科门类齐全，文献载体多样，尤以古籍善本、北京地方文献、近代书报、音像资料、外文书刊最富特色，为读者提供 127 余万册(件)开架文献的免费借阅服务。通过首都图书馆联机公共目录查询系统，读者可以访问首都图书馆的馆藏目录，获取图书、期刊、报纸、电子资源等各种文献的信息。

1.1.1.2　联合目录检索系统

联合目录(union catalogue)是指一种整合了多个图书馆馆藏目录的数据库。联合目录检索系统旨在为用户提供便捷的跨馆信息查询服务。通过一个统一的接口，用户可以同时检索多个图书馆的馆藏资源。该系统不仅方便了读者获取更多的文献信息，还促进了图书馆之间的资源共享和协作，是现代图书馆服务的重要工具。

1) CALIS 联合目录公共检索系统

高等教育文献保障系统(China Academic Library and Information System，CALIS)是经国务院批准的我国高等教育"211 工程"和"九五""十五"总体规划中面向所有高校图书馆的公共服务基础设施，也是我国文献资源保障体系的重要组成部分，于 1998 年正式启动。CALIS 的宗旨是，在教育部的领导下，把国家的投资、现代图书馆理念、先进的技术手段、高校丰富的文献资源和人力资源整合起来，建设以中国高等教育数字图书馆为核心的教育文献联合保障体系，实现信息资源共建、共知、共享，以发挥最大的社会效益和经济效益，为全国高校的教学科研提供书刊文献资源网络公共查询服务[2]。

CALIS 联合目录公共检索系统提供简单检索和高级检索两种形式。简单检索可以选择的检索字段有题名、责任者、主题、ISBN、ISSN(国际标准连续出版物号)等。高级检索可以对多个检索字段间进行组合查询，并且可以对内容特征、出版时间等进行限定，如图 1-2 所示。

图 1-2　CALIS 联合目录公共检索系统界面(高级检索)

2) CASHL 联合目录公共检索系统

中国高校人文社会科学文献中心(China Academic Social Sciences and Humanities Library，CASHL)是由教育部发起，根据高校人文社会科学的发展和文献资源建设的需要而设立的。其组织若干所具有学科优势、文献资源优势和服务条件优势的高等学校图书馆，有计划、系统地引进国外人文社会科学图书、期刊和电子资源，采用集中式门户平台和分布式服务结合的方式，借助现代化的网络服务体系，为全国高校的人文社会科学教学和科研提供高水平的文献保障[3]。CASHL 是全国性的人文社会科学外文期刊保障体系，其建设目标是成为"国家人文社会科学信息资源平台"。

2004 年 3 月 15 日，CASHL 项目正式启动并开始提供服务。截至 2024 年 7 月 11 日，CASHL 可供服务的资源有 5 万多种纸质外文期刊、357 万多种纸质外文图书，25.2 万种外文电子期刊、299 万余种外文电子图书，以及 246 种大型特藏文献。除此之外，CASHL 还提供"高校人文社科外文期刊目次库"和"高校人文社科外文图书联合目录"等数据库，提供数据库检索和浏览、书刊馆际互借与文献传递、相关咨询等服务。CASHL 联合目录公共检索系统提供简单检索和高级检索两种形式，其中高级检索界面如图 1-3 所示。

1.1.2　电子图书的检索

电子图书又称为电子书，是以数字代码方式将图、文、声、像等信息存储在磁、光、电介质上，辅以电子技术手段阅读的图书，先通过计算机软件形成电子图书数据库，再供人们阅读和使用。

全文检索技术的出现极大地促进了电子图书的发展，随着时代的进步，电子图书已成为数字化出版的主流方式。电子图书的多样化形态满足了读者的不同需求。作为一种新形式的书籍，电子图书具有许多传统书籍没有的特点：无需大型印刷设备；制作成本

图 1-3　CASHL 联合目录公共检索系统界面(高级检索)

低；不占空间；可通过电子设备读取并在屏幕上显示；可结合图、文、声和像的优势；可检索和复制；性价比高；信息量大；发行渠道多样；能在光照较弱的环境中阅读；可调节文字大小和颜色；可使用语音软件朗读；没有物理损坏的风险；等等。然而，电子图书也有缺点：容易被非法复制，从而损害作者利益；长期注视屏幕有害视力；某些受技术保护的电子图书无法转移给他人阅读；等等。

目前，根据付费方式的不同，互联网上的电子图书获得形式可以分为三种：单本销售、整库购买和免费访问。

(1) 单本销售。各大网上书店均提供这种付费方式的电子图书，如亚马逊和当当。这类网上书店数量众多，付费方式灵活，购买的图书可以是电子版的，也可以是印刷版的。

(2) 整库购买。这种电子图书依赖特定的图书检索和阅览系统，须使用专门的浏览器才能阅读或下载。该系统中，图书类别齐全，数量庞大，因此也称为数字图书馆。个人可以通过购买读书卡阅读电子图书，机构则可以通过购买整个图书数据库供局域网使用。

(3) 免费访问。有一些网站提供免费的电子图书，如 E 书联盟、起点中文网、豆瓣读书和白鹿书院等，但提供的主要为文学类图书。

本小节以整库购买的数字图书馆，即超星数字图书馆、方正阿帕比数字资源平台、读秀学术搜索和 SPRINGER LINK 电子图书数据库为例，详细介绍其检索方法。

1.1.2.1　超星数字图书馆

超星数字图书馆成立于 1993 年，是目前全球最大的中文在线数字图书馆，提供丰富的电子图书资源，涵盖文学、经济、计算机等五十余类，共有数百万册电子图书，500 万篇论文，总计 13 亿余页全文，数据量达 1000000GB。此外，超星数字图书馆还有大量免费电子图书和超过 16 万集的学术视频，拥有超过 35 万授权作者、5300 位名师和 1000 万注册用户。作为国家 863 计划"中国数字图书馆示范工程"的一部分，超星数字图书馆于 2000 年 1 月正式上线，极大推动了中国数字图书馆事业的发展。

超星电子图书馆采用由北京时代超星科技有限公司开发的 PDG 格式，该公司还专门设计了超星阅览器用于 PDG 格式电子图书的阅览、下载、打印和版权保护。超星数字图书馆提供有偿服务，包括单位用户购买和包月会员制。单位用户可以在固定网际互联协议(IP)地址范围内使用资源或通过镜像方式访问，其他用户则须注册并购买包月会员服务来使用全部资源。超星数字图书馆主页如图 1-4 所示。

图 1-4   超星数字图书馆主页

单位用户通常有两种访问方式：一是将数据安装在本地，通过镜像服务器访问；二是直接访问超星主站服务器。个人用户则主要通过免费获取或购买星币充值卡来连接超星主站服务器。以下介绍以个人身份登录超星主站服务器阅读电子图书的方法。

1. 进入超星网站

在地址栏中输入超星网址 http://www.chaoxing.com，点击主页右上角的"登录"按钮，新用户点击"新用户注册"进行注册，注册成功后就可以拥有自己的账号。

2. 检索方式

1) 按主题分类导航阅读图书

打开超星网站主页并点击"超星读书卡会员"按钮，在超星读书界面左侧"全部分类"中提供了文化、科学、教育、体育、哲学、宗教，综合性图书，工业技术等主题来导航阅读图书。选择所需检索的类目，其下会出现所包含的子类，点击子类即可显示相关的所有图书，从而选择并阅读所需图书。

2) 简单检索

简单检索方式可以查询图书的全部内容，有些图书需要成为会员并登录后才能阅读和下载。

3) 超星发现(高级检索)

如果已知书名、作者等信息，可通过超星数字图书馆的高级检索界面"超星发现"进行检索以提高效率，高级检索界面"超星发现"如图 1-5 所示，在地址栏输入超星发现网址 https://www.zhizhen.com/登录之后，在检索主界面点击"高级检索"，打开高级检索栏。高级检索提供全部字段、主题、题名、作者等多个检索字段，同时设有"并且""或者""不包含"三种逻辑匹配方式，还可以选择出版年份，用户可以根据实际需要进行检索。

图 1-5　超星发现(高级检索)

1.1.2.2　方正阿帕比数字资源平台

北京方正阿帕比(Apabi)技术有限公司(简称"方正阿帕比")2001 年开始电子书的开发应用，目前已与近 500 家出版社建立全面合作关系，每年新出版电子书超过 12 万种，总计有 250 万余册电子书可供全文阅读，且有 65 万余种在销电子书，涵盖人文社科、自然科学等所有学科类别。

方正阿帕比的电子书采用 CEB 格式，通过 Apabi Reader 专用软件阅读全文，该软件集电子书阅读、下载、收藏等功能于一体，可以阅读 CEB、PDF、HTML、TXT 或 XEB 格式的文件。在保留纸质书阅读习惯的基础上，Apabi Reader 提供了一些纸质书无法提供的便利功能，如字体缩放、查找、快照等。方正电子书为全文电子化的图书，可对文中任意知识点或任意单词进行检索。

使用方正阿帕比数字资源平台的大致步骤如下：

第一步：下载、安装 Apabi Reader。

第二步：方正阿帕比数字资源平台注册。只有当系统开通了注册功能，在数字资源平台授权 IP 地址范围内的用户才可成为其注册用户。

第三步：借阅、下载、在线阅读电子书。对于下载借阅的电子书，借阅时间到期后须重新续借。

使用方正阿帕比数字资源平台的检索方法如下。

1. 连接方正阿帕比数字资源平台

在浏览器地址栏中输入方正阿帕比数字资源平台站点主页 IP 地址(http://apabi.lib.pku.edu.cn/)进入其主页。

2. 登录

下载、安装 Apabi Reader 后，登录并阅读方正阿帕比数字资源平台的图书。有以下两种登录方式。

1) 用户名登录

有密码用户通过用户名和密码登录。首次登录时需注册填写用户信息，在"我的图书馆"查看并修改用户资料、了解借阅规则；查看和处理已经收藏的资源列表；还可以查看借阅历史、书评、好友阅读动态、日志，预约图书等。

2) IP 用户登录

IP用户经注册后，即可使用"个人图书馆"功能，也可以创建读书圈子，管理借阅、检索器、评论、打分推荐等个人信息。

3. 检索方式

1) 分类检索

分类检索有中图法、热门出版社和热门作者三种主题。登录平台主页后，用户可以通过主题分类目录浏览资源，具体步骤如下。

第一步：选择主题分类目录，可逐级点击进入子目录；

第二步：页面右边出现该子目录下的相关资源，可逐层点击进行在线阅读或下载。

2) 简单检索

首页正上方为默认的简单检索界面，在检索词输入框中显示了可用于检索的书名、责任者、主题/关键词、摘要、出版社、出版日期、中图法分类号、ISBN、目录和全文等检索字段，适用于快速查找特定图书或文献。具体检索步骤如下。

第一步：选择检索字段；

第二步：在输入框中输入检索词；

第三步：点击"检索"按钮进行检索。

3) 高级检索

点击主页上方的"高级检索"链接，可进入高级检索页面，如图1-6所示。高级检索提供更精确的检索方式，可以进行字段内和字段间的组合检索。具体检索步骤如下。

第一步：先选取要检索的字段名，如书名、作者、出版社、ISBN、目录等，并输入检索词；

第二步：使用逻辑运算符"AND""OR"或"NOT"组合查询；

第三步：点击"检索"按钮进行检索。

图1-6　方正阿帕比数字资源平台高级检索界面

4) 书内检索

通过分类检索、简单检索或者高级检索查询到一本图书后，可以进一步使用"书内检索"功能来检索图书的内容。具体检索步骤如下。

第一步：输入检索词；

第二步：点击"检索"按钮；

第三步：查阅该图书某页码内容。

1.1.2.3　读秀学术搜索

读秀学术搜索(http://www.duxiu.com)是由海量全文数据资料组成的超大型数据库，提供超过 670 万种中文图书题录信息和超过 17 亿页可搜索信息量，涵盖中外文图书、期刊、论文、报告等各种类型的学术资源，是一个重要的学术搜索引擎和文献资料服务平台。用户可以通过关键词、分类、作者、出版时间等多种检索词进行精确检索，获取全面的学术信息。读秀学术搜索的独特之处在于用户可以通过深度索引了解图书的章节内容，准确地判断图书内容是否为自己所需。读秀学术搜索网站界面如图 1-7 所示。

图 1-7　读秀学术搜索网站界面

1.1.2.4　SPRINGER LINK 电子图书数据库

施普林格(Springer)成立于 1842 年，是目前全球最大的自然科学、工程技术和医学图书出版商之一，它与 300 余个学术学会和专业协会合作，提供丰富的在线产品和服务。SPRINGER　LINK 是全球最大的在线科学、技术和医学领域学术资源平台之一。SPRINGER　LINK 电子图书数据库包括各种施普林格出版产品，如专著、教科书、参考工具书、手册、地图集、丛书等，涵盖从基础研究到前沿科技的各种主题。SPRINGER　LINK 电子图书数据库首页如图 1-8 所示。

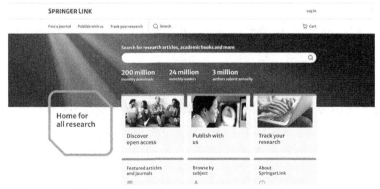

图 1-8　SPRINGER LINK 电子图书数据库首页

1.2　学术论文的检索方法

学术论文是经过同行评审发表在学术期刊上的文章，通常涉及特定的学科，展示研究领域的成果，并起到了公示的作用，是学术研究和知识传播的重要载体，其内容主要包括原创研究、综述文章、书评等。学术期刊可以分为核心期刊和非核心期刊两类。核心期刊指在某一学科领域中最能反映该学科学术水平、信息量大、利用率高、受到普遍重视的权威性期刊。目前，国内有以下七大核心期刊遴选体系。

(1) 北京大学图书馆"中文核心期刊"(又称"北大核心期刊")是我国学术界公认的重要期刊评选体系之一，旨在评估和确定在各个学科领域中最具影响力和权威性的中文期刊。该评选体系由北京大学图书馆联合众多学术界权威专家鉴定，经过严格的科学评审方法和数据分析，为学术研究和学术评价提供了重要的参考依据，得到了学术界的广泛认同。北大核心期刊涵盖自然科学、社会科学、人文科学、工程技术等多个学科领域，满足各学科研究人员的需求。北大核心期刊目录 2008 年之后每三年更新一次，确保评选结果的及时性和科学性。

(2) 南京大学"中文社会科学引文索引(CSSCI)来源期刊"(又称"南大核心期刊")是我国社会科学领域最具权威性的文献检索和评价工具之一，由南京大学中国社会科学研究评价中心创建和管理，CSSCI 目录每两年更新一次。CSSCI 利用文献计量学方法，对期刊的引用数据进行全面分析，提供详细的统计信息和评价指标。CSSCI 从全国 2700 余种中文人文社会科学学术性期刊中精选出学术性强、编辑规范的期刊作为来源期刊，收录了社会科学领域的主要学科期刊，包括经济学、管理学、法学、教育学、历史学、社会学、政治学、心理学等 25 大类 500 多种学术期刊，来源文献 100 余万篇，引文文献 600 余万篇。

(3) 中国科学技术信息研究所"中国科技论文统计源期刊"(又称"中国科技核心期刊")是中国科技领域的重要期刊统计与评价系统，学科范畴主要为自然科学领域。中国科学技术信息研究所采用科学、客观的评价标准，选取各个学科的重要科技期刊，对中国科技期刊进行全面统计和评价，是目前国内公认的科技统计源期刊目录。受科学技术部委托，每年进行遴选和调整，为科技期刊的发展和管理提供了重要的支持和指导。

(4) 中国科学院文献情报中心"中国科学引文数据库(CSCD)来源期刊"。CSCD 来源期刊评价体系由中国科学院文献情报中心建立，每两年遴选一次。每次遴选均采用定量与定性相结合的方法，定量数据来自中国科学引文数据库，定性评价则通过聘请国内专家定性评估，对期刊进行评审。CSCD 收录我国数学、物理、化学、天文学、地学、生物学、农林科学、医药卫生等领域出版的中英文科技核心期刊和优秀期刊千余种。

(5) 中国社会科学院图书馆"中国人文社会科学核心期刊"(简称"社科院核心")。中国社会科学评价研究院于 2018 年 11 月 16 日在"第五届全国人文社科高峰论坛暨期刊评价会"上发布《中国人文社会科学期刊 AMI 综合评价报告(2018 年)》(简称《报告》)。《报告》基于学科与期刊特点构建了不同的期刊评价指标体系，对我国 1291 种人文社会科学期刊(2012 年及以前创刊)、164 种新刊(2013～2017 年创刊或更名)和 68 种英文期刊进行了评价。

(6) 中国人文社会科学学报学会"中国人文社科学报核心期刊"。其评选是中国科学文献计量评价研究中心的一项长期研究工作，每一版的最终成果以《中国人文社会科学核心期刊要览》的形式发布。关于这种"核心期刊"的说法，目前缺乏公认性，国内运用较少，评选周期和有效期不详。

(7) 万方数据股份有限公司(简称"万方数据")的"中国核心期刊(遴选)数据库"，于 2003 年建成。万方数据以中国数字化期刊为基础，集合多年建设的中国科技文献数据库、中国科技论文与引文数据库和其他相关数据库中的期刊条目部分内容，形成了"中国核心期刊(遴选)数据库"。该数据库基本包括我国文献计量单位中科技类核心源期刊和社科类统计源期刊，是核心期刊测评和论文统计分析的数据源基础。

国际上普遍认可的核心期刊遴选体系主要有以下四个。

(1) 美国"科学引文索引"(science citation index，SCI)是由美国科学信息研究所(Institute for Scientific Information，ISI)于 1957 年创建并管理的引文数据库，是世界上最早、最权威的学术文献引文索引数据库之一。SCI 收录了全球范围内的学术期刊文献，并提供了引文索引服务，涵盖了自然科学、工程技术、医学与健康、社会科学等多个学科领域的期刊，收录了几乎所有领域的学术研究成果。

(2) 美国"社会科学引文索引"(social sciences citation index，SSCI)为 SCI 的"姊妹篇"，也由美国科学信息研究所创建，收录了世界上不同国家和地区的社会科学期刊和论文，并对其进行一定的统计分析，划分为不同的因子区间。内容覆盖人类学、法律、经济、历史、地理、心理学等 55 个领域，是目前世界上可以用来对不同国家和地区社会科学论文的数量进行统计分析的大型检索工具。

(3) 美国"工程索引"(engineering index，EI)于 1884 年由美国工程信息公司创办，是历史悠久的一种大型综合性检索工具，主要收录工程技术期刊文献和会议文献。EI 在全球的学术界、工程界、信息界享有盛誉，是科技界共同认可的重要检索工具。

(4) 美国"会议录引文索引"(conference proceedings citation index，CPCI)涵盖了多个学科领域的会议文献，包括生命科学，物理与化学科学，农业、生物和环境科学，工程技术和应用科学等，涉及一般性会议、座谈会、研究会、讨论会、发表会等，其中工程技术与应用科学类文献约占 35%。CPCI 分为两个版本：科学与技术(science and technology，CPCI-S)、社会科学与人文(social sciences and humanities，CPCI-SSH)。

我国的期刊通常使用中图法分类号进行归类。国际公开发行的期刊具有 ISSN，我国发行的期刊有我国统一刊号和邮发代号。期刊投稿格式中包含的标题、关键词等成为数据库的各检索项，主要有以下 8 项。

(1) 篇名：中文篇名、英文篇名。

(2) 关键词：中文关键词、英文关键词。

(3) 摘要：中文摘要、英文摘要。

(4) 第一责任人：文章发表时，多个作者中排列于首位的作者。

(5) 单位或机构：文章发表时，作者所任职的单位或机构。

(6) 刊名：中文刊名和英文刊名。

(7) 参考文献：在文章后所列"参考文献"。

(8) 全文：文章的正文。

1.2.1　中文论文的检索

1.2.1.1　中国知网

中国知网(CNKI，http://www.cnki.net)是目前世界上最大的连续动态更新的中国期刊全文数据库之一，是"十一五"国家重大网络出版工程的子项目。该数据库以学术、技术、政策指导、高等科普及教育类期刊为主，内容覆盖自然科学、工程技术、哲学、医学、人文社会科学等各个领域。截至 2024 年 9 月 23 日，共收录期刊 8499 种，全文文献总量达 6280 余万篇；收录来自 80 多个国家及地区 900 余家出版社的外文学术期刊 7.5 余万种，共计 8800 余万篇外文题录，可链接全文。该数据库检索方式有一框式检索、高级检索、专业检索、作者发文检索及句子检索。

1) 一框式检索

中文期刊全文数据库一框式检索界面如图 1-9 所示。可检索项包括主题、篇名、关键词、作者、作者单位、刊名、ISSN、CN、期、基金、摘要、全文、参考文献、中文分类号、数字对象唯一标识符(digital object unique identifier，DOI)、栏目信息等多个字段，可以根据不同检索项的需求特点采用不同的检索机制和匹配方式。可将发表时间、来源类别、期刊名称、作者、机构等作为检索控制条件来提高检索效率，在查询时还可以结合学科领域来缩小检索范围。

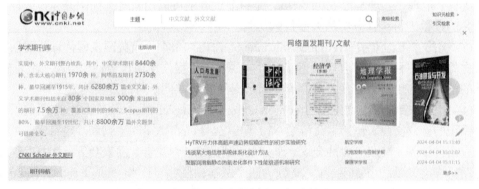

图 1-9　中文期刊全文数据库一框式检索界面

数字对象唯一标识符(DOI)是一种用于唯一标识数字对象的持久性标识符，用于学术出版物和其他类型的数字内容，确保这些对象能够被唯一识别和持久访问。DOI 从统一资源定位符(uniform resource locator，URL)发展而来，它与 URL 的最大区别就是实现了对资源实体的永久性标识。典型的 DOI 由前缀和后缀两部分组成，中间用斜杠"/"分隔。前缀由国际数字对象识别号基金会(International DOI Foundation，IDF)确定，以"."再分为两部分：一部分是目录代码，所有 DOI 的目录都是"10."；另一部分是登记机构代码。后缀由资源发布者自行指定分配，可以是一个机器码或者一个已有的规范码(ISBN、ISSN等)，用于唯一标识特定的数字对象，如"10.1000/ISBN1-90051244-0"。

2) 高级检索

中文期刊全文数据库高级检索界面如图 1-10 所示。高级检索支持多字段逻辑组合，为读者提供分栏式检索词输入方式，可自由选择检索项、检索项间的逻辑关系，也可以通过选择精确或模糊的匹配方式、检索控制方法等对检索结果进行范围控制，从而得到符合需求的检索结果，最大程度地提高准确率和效率。

图 1-10　中文期刊全文数据库高级检索界面

3) 专业检索

中文期刊全文数据库专业检索界面如图 1-11 所示。专业检索的一般流程是确定检索字段，构造一般检索式，借助字段间关系运算符和检索值限定运算符构造复杂的检索式。用户可在检索框中直接输入逻辑运算符、字段等进行检索，还可对发表时间进行限制以提高查准率。专业检索可以用于图书情报专业人员查新、信息分析等工作，使用逻辑运算符和关键词构造检索式进行检索。

图 1-11　中文期刊全文数据库专业检索界面

4) 作者发文检索

作者发文检索是以作者为出发点来查找相关文献，可以按照作者姓名和作者单位进行查找。在查看检索结果时，也可以根据学科、发表年度、基金、研究层次等信息进行分组浏览。

5) 句子检索

句子检索是 CNKI 独有的检索方式，通过输入的两个检索词，在全文范围内查找同时包含这两个词的句子，从而找到有关事实的问题答案。句子检索不支持空检，同句、同段检索时必须输入两个检索词。

中国知网可采用自带的 CAJ 格式和 PDF 格式两种方式打开文献。建议使用 CAJ 阅读器，以达到更好的兼容性。

1.2.1.2 中国学术期刊数据库

中国学术期刊数据库(China Science Periodical Database，CSPD)是万方数据知识服务平台(http://www.wanfangdata.com.cn/)的重要组成部分。中国学术期刊数据库（万方）收录始于 1998 年，包含 8000 余种期刊，其中包括北京大学、中国科学技术信息研究所、中国科学院文献情报中心、南京大学、中国社会科学院历年收录的核心期刊 3300 余种（截至 2021 年 9 月 17 日），涵盖自然科学、工程技术、医药卫生、农业科学、哲学政法、社会科学、科教文艺等各个学科。该数据库外文期刊主要来源于国家科技图书文献中心(NSTL)外文文献数据库和牛津大学出版社等国外出版机构,收录了 1995 年以来世界各国出版的 20900 种重要学术期刊[4]。

中国学术期刊数据库检索方式主要有基本检索、高级检索、专业检索和作者发文检索。

1) 基本检索

中国学术期刊数据库基本检索界面如图 1-12 所示。基本检索提供题名、作者、作者单位、关键词、摘要、刊名、基金、中图分类号等 8 种检索字段。在检索词输入框中，输入所需的检索词，并确定检索字段，单击"检索"按钮，可完成对期刊论文的检索。基本检索可以选择双引号进行精确匹配的限定，也可以使用括号和运算符构建检索式。

图 1-12　中国学术期刊数据库基本检索界面

2) 高级检索

中国学术期刊数据库高级检索界面如图 1-13 所示。检索字段有主题、题名或关键词、题名、作者、作者单位、关键词、摘要、DOI、期刊-刊名等，可以选择检索词精确还是模

图 1-13　中国学术期刊数据库高级检索界面

糊匹配,在输入框内可以使用括号和运算符构建检索式。数据库默认多字段间为逻辑"与"的组配方式,可通过出版时间对检索结果进行控制。

3) 专业检索

中国学术期刊数据库专业检索界面如图 1-14 所示。在检索文本框中直接输入检索式,并限制出版时间进行检索。可以使用双引号进行检索词的精确匹配与限定。

图 1-14　中国学术期刊数据库专业检索界面

4) 作者发文检索

中国学术期刊数据库作者发文检索界面如图 1-15 所示。输入作者和作者单位等字段来精确查找相关作者的学术成果,可选择精确匹配或模糊匹配。另外,可通过点击输入框后的"+"号来增加检索字段。

图 1-15　中国学术期刊数据库作者发文检索界面

中国学术期刊数据库使用国际通用的 PDF 标准格式,用户可通过查看、下载导出的方式对检索结果做相应处理。

1.2.1.3 中文期刊服务平台

中文期刊服务平台是维普信息资源系统(http://www.cqvip.com/)的一个重要组成部分，由维普资讯有限公司出品。中文期刊服务平台是目前国内收录期刊最多的数据库，涵盖自然科学、工程技术、农业科学、医药卫生、经济管理、教育科学、社会科学和图书情报八大专辑。其检索方式主要有一框式检索、高级检索和检索式检索。

1) 一框式检索

中文期刊服务平台默认使用一框式检索，如图 1-16 所示。用户在检索框中输入检索词进行检索，平台支持对任意字段、题名、关键词、文摘、作者、第一作者、机构、刊名、分类号、参考文献、基金资助、栏目信息等十余种字段进行检索，还可以实现各个字段之间的组配检索以缩小检索范围。此外，还可设置检索年限、期刊范围、学科等作为检索控制条件以提高检索效率。

图 1-16 中文期刊服务平台一框式检索界面

2) 高级检索

中文期刊服务平台高级检索界面如图 1-17 所示，可实现题名或关键词、摘要、作者、第一作者、机构、分类号、参考文献、作者简介、基金资助、栏目信息等多种字段的检

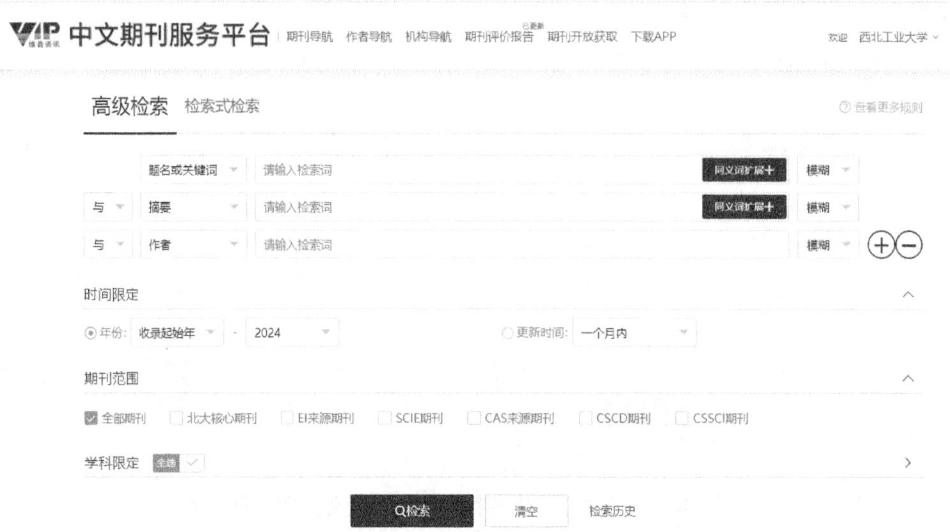

图 1-17 中文期刊服务平台高级检索界面

索，其中作者简介是其独有的检索字段。高级检索为读者提供分栏式检索词输入方式，可以运用布尔逻辑关系将多个检索词进行组配检索。读者可以对每个检索词设定检索命中字段，并且通过限定时间范围、期刊范围、学科范围来调整检索的数据范围；可以选择"精确"和"模糊"两种匹配方式；还可以进行相应字段扩展信息的限定，通过更多的检索前条件限定来获得最佳的检索结果。

3) 检索式检索

中文期刊服务平台检索式检索界面如图 1-18 所示，是提供给专业级用户的数据库检索功能。读者可以自行在检索框中使用布尔逻辑表达式进行检索，单击"查看更多规则"即可了解检索式构造要求。该检索功能同样支持用户选择时间范围、期刊范围、学科范围等检索限定条件来控制检索的数据范围，从而获得更符合需求的检索结果。

图 1-18　中文期刊服务平台检索式检索界面

中文期刊服务平台全部采用国际通用的 PDF 标准格式，需要采用 PDF 阅读器才能打开并阅读 PDF 全文数据。

1.2.2　英文论文的检索

1.2.2.1　工程索引数据库

《工程索引》(EI)是一种主要收录工程技术领域文献的综合性情报检索刊物，1884 年由美国工程信息公司创办，年刊，1962 年开始增出月刊本。工程索引数据库每年收录约3000 种世界工程技术期刊，同时包括会议、学位论文、图书和技术报告等文献，其内容覆盖大多数工程学科和工程活动领域的研究成果。工程索引数据库目前主要有以下两个版本：EI Compendex 光盘数据库和 Engineering Village 数据库。

EI Compendex Web 是 Engineering Village 的核心数据库，是目前全球最全面的工程

领域二次文献数据库，可检索 1969 年至今大部分工程领域文献。其主要提供应用科学领域和工程领域的文摘索引信息，涉及生物工程、化学和工艺工程、交通运输、应用物理、计算机和数据处理、电子和通信、控制工程、土木工程、机械工程、宇航等领域。EI Compendex Web 数据库每周更新，其数据来源于 5600 余种工程类期刊、会议论文集和技术报告，目前拥有 700 万篇参考文献和摘要，其中约 22%为会议文献，约 90%的语种是英文，每年大概增加 175 个专业约 25 万条记录。2003 年，EI 建立了中国网站，通过这些网站可以查找 EI 收录的中国期刊等信息。

Engineering Village 数据库的检索方式如下。

1) 快速检索

进入数据库网站后，系统会自动进入快速检索(Quick search)界面，如图 1-19 所示。

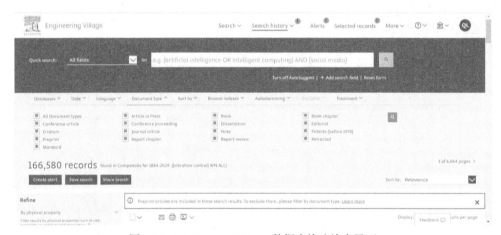

图 1-19 Engineering Village 数据库快速检索界面

快速检索的步骤如下。

(1) 选择检索字段。从下拉菜单中选择检索的字段，可以使用布尔逻辑运算符 AND、OR、NOT 进行检索字段的组配。

(2) 插入检索式。用户可以在检索栏中输入检索式，检索式可以用布尔逻辑运算符、通配符、邻近运算符等表示。

(3) 限制条件。Engineering Village 数据库提供文献类型(Document type)、语言(Language)、时间(Date)等限制条件。

(4) 检索结果排序(Sort by)。采用快速检索方式，用户可以通过 Relevance(相关性)、Author(作者)、Data(时间)等多种方式对检索结果进行排序。

(5) 索引浏览(Browse indexes)。通过选择不同字段浏览，系统会自动将被选中的检索词加入检索式。

2) 专家检索

进入 Engineering Village 数据库后，在标签栏中单击"Expert search"，即可进入专家检索界面，如图 1-20 所示。专家检索与快速检索的检索方式和检索策略基本相同，但在使用专家检索功能时，必须使用"WN"，"WN"后面的词表示检索字段的代码，如

"international space station and French WN LA and Apr 13 1992 WN CF"。

图 1-20　Engineering Village 数据库专家检索界面

在专家检索中，系统可以选择 Autostemming off 进行词干检索，也可以在检索词前加上"$"符号进行词干检索控制，如"$ management"可以检索到 managed、manage、manager、managers、managing、management 等词。

3) 主题词表检索

主题词表是控制词汇的指南，索引人员从控制词汇表中选择词汇来描述其检索的文章。主题词表一般采用层级结构，词汇由广义词、狭义词或相关词组成。检索的文章使用特别指定的控制词汇。

单击"Thesaurus search"标签即可进入主题词表检索界面，如图 1-21 所示。在检索栏中输入想要查询的词，然后单击"Vocabulary search"(词汇查询)、"Exact term"(精确词汇)或"Browse"(浏览)，之后单击"Submit"(提交)即可。

图 1-21　Engineering Village 数据库主题词表检索界面

在快速检索、专家检索和主题词表检索三种方式下，输入检索式后单击"Search"便进入检索结果界面，可以选择进一步精简检索结果：通过单击检索结果界面左上角的"Refining search"按钮，即可定位到检索结果界面底部的"Refining search"框，当前的检索式将会出现在"精简检索"框中，根据用户的检索需要对检索结果做进一步的改动，再单击"Search"按钮即可。

1.2.2.2　SPRING NATURE Link 数据库

德国施普林格(Springer-Verlag)出版社，简称 Springer，在 1842 年创建于柏林，是世界上最大的科技出版社之一，以出版学术性著作而闻名于世，是最早将纸质版期刊做成电子版期刊发行的出版商。其网上出版系统 SPRINGER NATURE Link (http://link.springer.com/) 收录了 2700 多种学术期刊（包括原 Kluwer 出版社的全部期刊），其中许多为核心期刊，还收录了丛书、图书和参考工具书等类型的电子书近 23 万种，建立了"中国在线科学图书馆"和"俄罗斯在线科学图书馆"两个特色图书馆。SPRINGER NATURE Link 数据库所涵盖学科涉及化学与材料科学、工程学、数学与统计学、资源环境与地球科学、计算机科学与技术、物理学与天文学、行为科学、商业与经济管理、人文社科、法律、哲学、生命科学、医学等。

SPRINGER NATURE Link 数据库的检索方式如下。

1) 浏览检索

(1) 按学科分类浏览。SPRINGER NATURE Link 数据库学科分类检索界面如图 1-22 所示。读者可以根据自己选择的学科范围进行浏览。

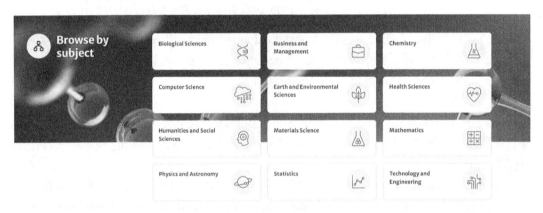

图 1-22　SPRINGER NATURE Link 数据库学科分类检索界面

(2) 按内容分类浏览。SPRINGER NATURE Link 数据库内容分类检索界面如图 1-23 所示。SPRINGER NATURE Link 将所有内容按照期刊、图书、丛书、参考工具书等类型进行划分，各内容类型下再按出版物名称进行排序，读者可以根据自己的需要进行浏览。

2) 简单检索

在 SPRINGER NATURE Link 数据库首页的上方有一个简单检索框，读者可直接输入关键词进行全文检索，检索界面如图 1-24 所示。

SPRINGER NATURE Link 数据库简单检索步骤如下。

(1) 布尔逻辑检索。多个检索词可采用逻辑运算符 AND、OR、NOT 组配。

(2) 截词检索。检索词尾用一个"*"，表示检索出所有具有相同词根的词；检索词尾用两个"**"，表示检索出一个词的所有形式。

(3) 位置检索。用位置算符 NEAR 连接检索词，表示两个检索词相互邻近，返回的检索结果按邻近的程度进行排序。

3) 高级检索

SPRINGER NATURE Link 数据库还提供高级检索和检索帮助选项。可以通过使用高

SPRINGER NATURE Link

Find a journal　Publish with us　Track your research　　◯ Search

Home > Journals

Journals

Search or browse over 3,000 journals across all of Springer Nature's brands to discover the perfect journal for you.

◯ **Journal Finder**
Find the right journal for your research.

Enter a manuscript title or abstract (optional)
Maximum 5,000 characters

Enter keywords (optional)

Find journals →

图 1-23　SPRINGER NATURE Link 数据库内容分类检索界面

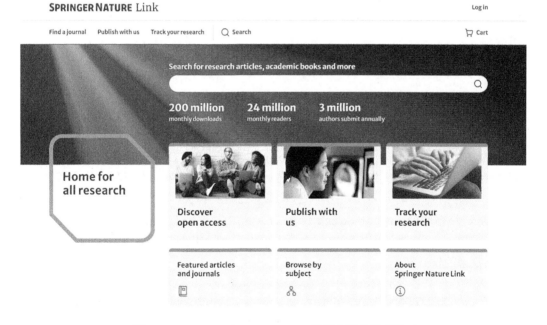

图 1-24　SPRINGER NATURE Link 数据库简单检索界面

级检索选项进一步缩小检索范围, 也可以限制在本馆的访问权限内进行搜索。SPRINGER NATURE Link 数据库的高级检索界面如图 1-25 所示。

执行检索操作后，首先显示的是检索结果的数量和篇名目录页。默认情况下，将显示所有的搜索结果，搜索结果有丛书、期刊、图书等类型，每一条记录包括篇名、作者、刊名、出版年月、卷期号、命中的相关度、部分文摘。通过取消勾选"Include Preview-Only content"可以确定本馆权限能查看的范围，通过"Refine Your Search"选项，可以选择文献类型、学科、子学科、语种等以优化搜索结果，且可以对检索结果按照相关性进行排序，还可以按时间顺序由新到旧排序或由旧到新排序。

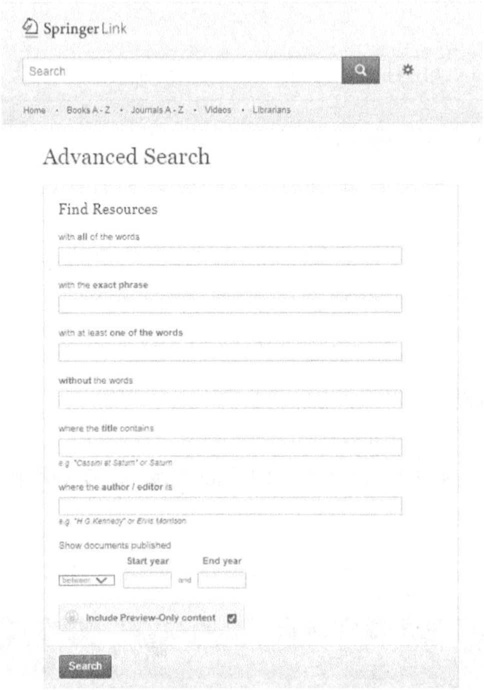

图 1-25　SPRINGER NATURE Link 数据库高级检索界面

1.2.2.3　EBSCO 数据库

EBSCO 数据库(http://search.ebscohost.com)是美国 EBSCO 公司出版发行的一系列大型数据库系统，该系统提供一站式检索服务，可以检索多个数据库资源，检索资源覆盖欧美等地区和国家的 4700 余家出版社(数据截至 2022 年 5 月 12 日)。EBSCO 数据库包括学术期刊数据库(Academic Search Premier，ASP)、商业资源数据库(Business Source Premier，BSP)等多个数据库。EBSCO 数据库的资料来源以期刊为主，其中很多是被 SCI 或 SSCI 收录的核心期刊。

(1) ASP。ASP 是目前 EBSCO 公司最大的全文数据库，总收录 19000 种左右期刊的索摘，提供 4700 种左右全文期刊（其中 3900 余种全文期刊为同行评审(peer-reviewed)，还包括近 400 种非期刊类全文出版物(如书籍、报告及会议论文等)，涵盖工商、经济、人文科学、社会科学、信息技术、通信传播、医药、教育、艺术、文学、通用科学等多个领域。

(2) BSP。截至 2021 年 9 月 3 日，BSP 共收录期刊 3460 余种，其中经过同行鉴定的期刊有 1600 多种，同行鉴定期刊中提供全文的有 1000 多种，较著名的有《华尔街日报》

(*The Wall Street Journal*)、《财富》(*Fortune*)等，涉及的主题有国际商务、经济学、经济管理、金融、会计、劳动人事、银行等。

EBSCO 数据库的检索方式如下。

1) 基本检索

图 1-26 为 EBSCO 数据库基本检索界面。在主页面中选择需要的数据库，进入基本检索界面，在检索栏中直接输入检索词即可，可在检索选项中限定检索条件以提高检索效率。

图 1-26　EBSCO 数据库基本检索界面

2) 高级检索

图 1-27 所示为 EBSCO 数据库高级检索界面，可在检索栏文本框中输入检索词，并在下拉菜单中选择检索字段和组配逻辑运算符进行复杂检索，同时可利用全文、刊名、出版日期和检索相关词等限定检索条件，对检索结果进行限制和扩展，实现精确检索。

图 1-27　EBSCO 数据库高级检索界面

1.2.2.4　Web of Science 平台

Web of Science(WOS)是由几个旨在支持科学和学术研究的文献检索数据库组成的平台，支持自然科学、社会科学、艺术与人文等学科的文献检索，其数据来源于期刊、图书、会议录、专利、网络资源等，具有强大的引文索引功能和学术影响力评价功能。该平台包括美国国家医学图书馆提供的生物医学文献数据库(MEDLINE)、生物科学文献数据库(BIOSIS Citation Index)、专利文献数据库(Derwent Innovations Index)、物理学、电子工程、计算机科学与技术文献数据库(Inspec)、化学文献数据库(Chemistry Citation Index)等，以及包含世界各地重要内容的地区数据库。WOS除提供上述收录数据库外，还提供多个文献计量学评价工具，包括期刊引用报告(Journal Citation Reports，JCR)、基本科学指标(Essential Science Indicators，ESI)、科研评价工具 InCites。

Web of Science 核心合集是 Web of Science 平台上的核心数据库。目前 Web of Science 核心合集收录了 10 个子数据库，数据库每日更新，其中有 3 个期刊引文子数据库：科学引文索引扩展版(Science Citation Index Expanded，SCIE)、社会科学引文索引(Social Science Citation Index，SSCI)、艺术和人文引文索引(Arts & Humanities Citation Index，A&HCI)；2 个会议论文引文子数据库：科技会议录引文索引(Conference Proceedings Citation Index-Science，CPCI-S)和社会科学与人文科学会议录引文索引(Conference Proceedings Citation Index - Social Science & Humanities，CPCI-SSH)；2 个图书引文子数据库：科学图书引文索引(Book Citation Index - Science，BKCI-S)和社会与人文图书引文索引(Book Citation Index-Social Sciences & Humanities，BKCI-SSH)；2 个化学子数据库：Current Chemical Reactions 和化学文摘(Index Chemicus, IC)；1 个新兴领域引文索引(Emerging Source Citation Index，ESCI)，收录尚处于严格评审过程、后期可能进入期刊引文子数据库的期刊。

在引文数据库，读者不仅能用主题、作者、刊名和著者地址等方式进行检索，还可以用被引用文献的作者和来源进行检索。利用引文数据库可以回溯某一研究文献的起源与历史，同时可以追踪其最新的进展。

Web of Science 数据库提供了三种检索方式：基本检索、被引参考文献检索、高级检索。登录系统后，系统默认为基本检索界面。

1) 基本检索

Web of Science 数据库基本检索界面如图 1-28 所示。从下拉菜单中选择要检索的子数据库，在检索栏中输入关键词，可以选择主题、标题、作者、作者识别号、团体作者、出版物名称等检索字段，同时可以通过出版年份、文献类型、学科类型、机构等对检索结果进行筛选精炼。

图 1-28　Web of Science 数据库基本检索界面

2) 被引参考文献检索

Web of Science 数据库被引参考文献检索界面如图 1-29 所示，输入被引作者、被引著作、被引年份、被引标题等检索字段，单击"Search"转至检索结果页面，检索结果会列出符合条件的被引参考文献记录。在检索结果页面，可以使用筛选和排序功能来进一步分析和组织检索结果。在进行被引作者检索时，一般以第一作者进行检索。

3) 高级检索

Web of Science 数据库高级检索界面如图 1-30 所示，高级检索有两种方式，一种是采用逻辑运算符、字段标识符和括号来构建检索式进行检索，另外一种是通过对该检索界面中的检索历史进行逻辑运算来实现检索。

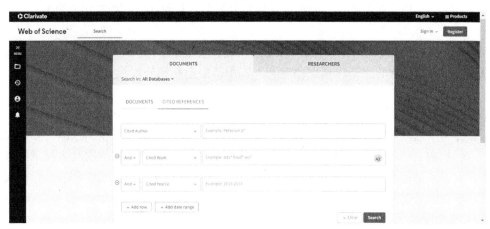

图 1-29　Web of Science 数据库被引参考文献检索界面

图 1-30　Web of Science 数据库高级检索界面

1.3　专利和标准的检索方法

1.3.1　专利概述

专利是政府通过国家知识产权管理部门为发明创造授予的一种保护权，它给予发明人或其授权的受让人在一定时间内对其发明创造的独占使用权，防止他人未经授权制造、使用、销售或进口该发明。这种权利旨在鼓励技术创新和进步，保护发明人的利益，同时促进科技成果的传播和应用。

专利是世界上最大的技术信息来源之一。作为技术信息最有效的载体，专利文献囊括了90%以上的新技术情报。与其他文献形式相比，专利更具有新颖、实用、进步的特征，通过分析专利信息可以跟踪最新的技术动态，了解行业的技术走向和竞争对手的关键技术等。从广义上来看，专利文献指的是各国专利局和国际专利组织在审批专利过程中产生的官方文件及其出版物的总称，包括专利申请书、权利要求书、专利说明书等有关文件，以及专利公报、专利检索工具等出版物。从狭义上来看，专利文献仅指专利说明书。

1. 专利的类型

对于专利的类型，在不同的国家有不同规定，《中华人民共和国专利法》(以下简称《专利法》)规定专利的类型包括发明专利、实用新型专利和外观设计专利三种。

1) 发明专利

我国《专利法》规定：发明是指对产品、方法或者其改进所提出的新的技术方案。发明可以分为产品发明和方法发明两类。产品发明是人们通过研究开发出来的关于各种新产品、新物质、新材料的技术方案；方法发明是人们为制造产品或解决某个技术问题而研究开发出来的制造方法、操作方法以及工艺流程等技术方案。发明专利需要经过实质审查，审查内容包括新颖性、创造性和实用性。

2) 实用新型专利

我国《专利法》规定：实用新型是指对产品的形状、构造或者其结合所提出的适于实用的新的技术方案。授予实用新型专利的审查程序相对较简便、费用较低，但同样要求具有新颖性和实用性。日用品、电器等有形产品的小发明，比较适用于申请实用新型专利。

3) 外观设计专利

我国《专利法》规定：外观设计是指对产品的整体或者局部的形状、图案或者其结合以及色彩与形状、图案的结合所作出的富有美感并适于工业应用的新设计。外观设计专利的保护对象是产品的装饰性或艺术性外表设计，授予外观设计专利的最基本的条件是与已有的外观设计不相同或相似，具备新颖性和区别性。

2. 专利的特性

专利属于知识产权的一部分，是一种无体财产权。申请专利保护范围在通过审查并由专利专责机关发给专利证书后才变成专利权保护范围。专利权的主要特性如下。

1) 排他性

排他性是指专利权人对其拥有的专利依法享有独占实施的权利。在一定时间(专利权有效期内)和区域(法律管辖区)内，未经专利权人的许可，其他任何单位或个人不得制造、使用、销售或进口该专利产品或使用该专利方法。

2) 时间性

时间性是指专利权的保护具有一定的时间期限。不同类型的专利在不同国家的保护期限有所不同，不同国家计算保护期限的起始时间也各不相同。我国《专利法》规定，发明专利权的期限为二十年，实用新型专利权的期限为十年，外观设计专利权的期限为十五年，均自申请日起计算。

3) 地域性

专利权的保护范围仅限于授予该专利的国家或地区，是对专利权的空间区域限制。如果专利权人希望在其他国家享有专利权，就必须向该国政府申请专利并通过该国的专利审查。除非有国际条约或双边协定的特别规定，否则任何国家都不会承认其他国家或者国际性知识产权机构授予的专利权。

3. 专利术语

1) 与人相关的专利术语

(1) 专利申请人：提交专利申请并请求授予专利权的人，包括单位或个人。

(2) 专利权人：持有专利权的个人或实体。

(3) 专利代理人：代为办理专利权申请的人。

2) 中国专利文献编号体系

(1) 申请号。中国专利说明书的编号体系经历 1989 年、1993 年和 2003 年的三次调整后分为四个阶段。2003 年 10 月 1 日以后为第四阶段，国家知识产权局启用了包括校验位在内共 13 位的新专利申请号及其专利号，制定并于 2004 年 7 月 1 日启用了新的专利文献号标准。

新专利申请号包括 12 位数字、1 个圆点"."和 1 个校验位，按年进行编排，如 200510102344.5。其中，前 4 位数字表示申请的年份，第 5 位数字表示要求保护的专利申请类型：1 为发明，2 为实用新型，3 为外观设计，8 为进入中国国家阶段的发明专利的国际申请，9 为进入中国国家阶段的实用新型专利的国际申请，第 6～12 位数字表示当年申请顺序号，其后采用 1 个圆点"."来分隔申请号和校验位，最后 1 位数字是计算机校验位。

(2) 公开/授权公告号。公开/授权公告号由国别代码、专利文献号、专利文献种类标识代码三部分按顺序排列组成。中国国别代码为 CN。专利文献号有 9 位数字，第 1 位数字表示申请的种类，第 2～9 位(共 8 位)数字为文献流水号，表示文献公布或公告的排列顺序。最后 1 个字母或 1 个字母加 1 个数字表示专利文献种类标识代码。其中，公开号是仅对发明专利申请的，表示未审查授权，授权后才有授权公告号。

下面为几个示例：

发明专利申请公开号，如"CN102102675A"；发明专利授权公告号，如"CN101184265B"；实用新型专利授权公告号，如"CN201908404U"；外观设计专利授权公告号，如"CN301471528S"。

(3) 专利号。专利号是专利申请正式获得授权后的专利编号，国家知识产权局颁发的专利证书上的专利号为"ZL+申请号"。

3) 国际专利分类号

专利是按其技术内容或主题进行分类的，以便于查找。目前大多数国家采用《国际专利分类表》(IPC)对专利进行分类。IPC 是一种等级分类系统，按照等级递降顺序划分技术知识体系，即部、大类、小类、大组和小组，较低等级的内容是其所从属的较高等级内容的细分。

IPC 分为 8 个部：A-人类生活必需；B-作业、运输；C-化学、冶金；D-纺织、造纸；

E-固定建筑物；F-机械工程、照明、加热、武器、爆破；G-物理；H-电学。

一个完整的分类号由代表部、大类、小类和大组或小组的类号构成，根据等级递降顺序分割技术知识的整体。以分类号"A45B19/08"为例：A-部；A45-大类；A45B-小类；A45B19/00-大组；A45B19/08-小组。

1.3.2 专利检索

1.3.2.1 中国专利检索

常见的国内专利文献检索工具如下。

1) 国家知识产权局网站专利检索及分析系统

国家知识产权局网站专利检索及分析系统(https://pss-system.cponline. cnipa.gov.cn)提供常规检索、高级检索、命令行检索、药物检索、导航检索和专题库搜索六种检索方式。常规检索界面如图 1-31 所示，提供了一种方便、快捷的检索模式，帮助用户快速定位检索对象。

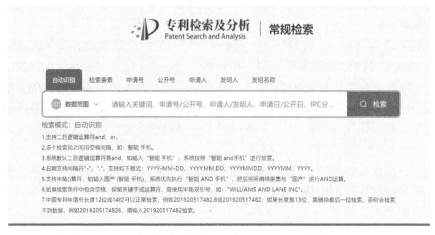

图 1-31　国家知识产权局网站专利检索及分析系统常规检索界面

导航检索根据一定的分类规则逐级细化目标来进行检索。该系统按照国际专利分类表(IPC)、联合专利分类(CPC)和国民经济分类三种方式提供导航检索服务，帮助用户快速缩小检索范围，浏览目标领域专利文献。

2) 中国专利信息网

中国专利信息网(http://www.patent.com.cn)是一个综合性网站，提供多种与专利相关的服务和资源，包括专利检索、专利管理、专利咨询、数据处理服务和专利翻译等。用户注册后即可凭用户名、密码进行登录，进行专利检索等操作。中国专利信息网的首页如图 1-32 所示。

3) 中国知网和万方数据知识服务平台专利数据库

中国知网(http://www.cnki.net)和万方数据知识服务平台(https://www.wanfangdata. com.cn/)也提供了专利检索功能。中国知网的专利检索界面如图 1-33 所示，其专利数据库文献来源主要为国家知识产权局、知识产权出版社，收录了 1985 年至今中国专利共

图 1-32　中国专利信息网首页

5660 余万项(不含在港澳台地区申请的专利)，同时还收录了 1970 年至今来自美国、日本、英国等多个国家、组织和地区的境外专利 1.1 亿余项。万方数据知识服务平台专利检索界面如图 1-34 所示，其专利数据库覆盖世界主要国家和地区的专利数据共 1.6 亿余条。

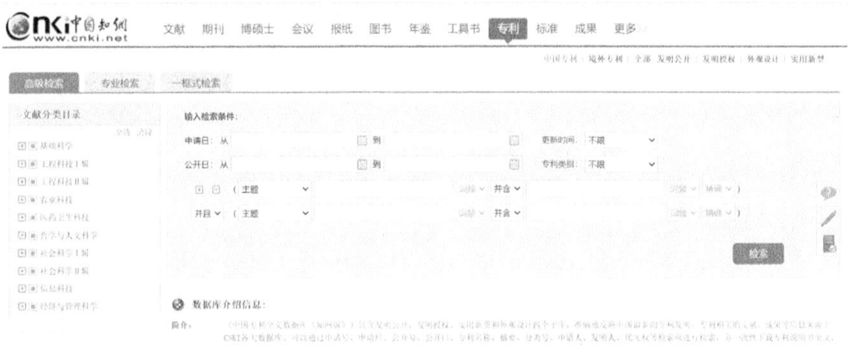

图 1-33　中国知网的专利检索界面

图 1-34　万方数据知识服务平台专利检索界面

1.3.2.2 国外专利查询

1) 欧洲专利数据库

欧洲专利局专利信息网(Espacenet 数据库，https://worldwide.espacenet.com/)主界面如图 1-35 所示。该网站提供了多个数据库可供检索：①欧洲专利局(European Patent，EP)数据库，包含最近两年由欧洲专利局授予的专利，可检索专利的著录信息，显示和下载专利全文的扫描图像，数据库每周三更新一次。②专利合作条约(PCT)数据库，包含所有通过《专利合作条约》提交的国际专利申请，提供国际阶段的专利申请信息，包括国际检索报告和国际初步审查报告。③世界专利数据库(WORLDWIDE)，收录超过 100 个国家和地区的专利文献信息，涵盖世界上大部分重要的专利颁发机构，同时提供多个语言版本的专利信息。

Espacenet 数据库提供了智能检索(Smart search)、专利分类号检索(Classification search)和高级检索(Advance search)三种检索方式。

图 1-35   欧洲专利局专利信息网主界面

2) 美国专利数据库

美国专利商标局(United States Patent and Trademark Office，USPTO)开设了专利数据库(http://patft.uspto.gov/)，免费提供美国专利检索服务，网站页面如图 1-36 所示。用户可以免费检索该数据库，并可浏览检索到的专利题目、文摘及包括附图在内的专利说明书等信息。USPTO 专利数据库的全称为"美国专利全文和页面图片数据库"，收录了 1790年以来所有的美国专利。

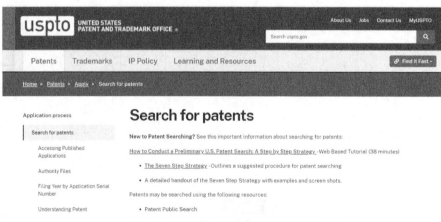

图 1-36   USPTO 专利数据库检索界面

USPTO 专利数据库包括授权专利数据库和公开专利数据库两部分：①Issued Patents(PatFT)是授权专利数据库，可以检索已授权的美国专利，该数据库收录了 1790 年 7 月 31 日至今的美国专利，免费提供专利说明书全文，其中 1975 年前的专利只提供图像格式(TIFF 格式)的专利说明书，1976 年后的专利还提供 HTML 格式的专利全文。②Published Applications(AppFT)是公开专利数据库，可检索 2001 年 3 月 15 日以来公开(未授权)的专利，全部免费提供图像格式和 HTML 格式全文。USPTO 专利数据库每周更新，提供快速检索(Quick search)、高级检索(Advanced search)和专利号检索(Patent number search)三种检索方式。

3) 世界知识产权数字图书馆

世界知识产权数字图书馆(World Intellectual Property Digital Library，https://www.wipo.int/reference/en/)由世界知识产权组织建立，包括国际专利数据库、海牙体系（HAQUE）外观设计数据库、马德里体系（MADRID）商标数据库、JOPAL 科技核心期刊题录库、印度专利库。目前国际专利数据库收录了 1997 年以来的 PCT 国际专利，内容包括题录、文摘、图形，每周更新一次。

1.3.3　标准概述

标准文献是技术标准、管理标准及其他具有标准性质的文件组成的一种特定形式的技术文献体系。狭义上的标准文献是指，按规定程序编制并经过公认的权威机构批准的一整套在特定范围(领域)内必须执行的规格、定额、规划、要求等规范性文献。标准文献是对某一领域内知识、技术或产品的规范性文件，具有权威性、准确性和可操作性。标准涉及工农业、工程建设、交通运输等多个领域，包括产品、安全、方法、卫生、环境保护等多种类型。

标准文献是一种重要的科技出版物和科技情报来源。通过标准文献可以了解一个国家的经济技术政策、生产水平、资源情况和标准化程度等。采用先进标准，有利于促进企业的技术改造、设备更新和质量提高。

1. 标准的分级和种类

(1) 依据《中华人民共和国标准化法》，我国的标准分为国家标准、行业标准、地方标准和团体标准、企业标准。各级标准的适用对象、适用范围、内容特性要求和审批权限由相关法律法规和规章做出规定。

(2) 按照约束力，我国标准可以分为强制性标准、推荐性标准(/T)和指导性技术文件(/Z)三种。

(3) 按照标准化对象，我国标准可以分为技术标准、管理标准和工作标准三大类。

2. 标准的有效期

标准的有效期(标龄)：自标准实施之日起，至标准复审重新确认、修订或废止的时间。在不同的领域和国家，标准的有效期可能有所不同。国际标准化组织(ISO)发布的标准通常每五年进行一次复审，国际电工委员会(IEC)发布的标准根据技术发展和市场需求进行持续更新和修订。我国国家标准的有效期一般为五年，每五年进行一次复审，对标准的适用性、技术进步情况等进行审查。

3. 标准号

我国的标准号由国家标准代号、顺序号和颁布年代号组成，国家标准代号由大写汉字拼音首字母构成，强制性国家标准代号为 GB，推荐性国家标准代号为 GB/T，国家标准化指导性技术文件的代号为 GB/Z，国家军用标准的代号为 GJB。国外标准号的形式各不相同，但基本结构均为标准代号、专业类号、顺序号和年代号。其中，标准代号大多采用缩写字母，专业类号因其所采用的分类方法不同而不同，有字母、数字、字母和数字混合三种形式，标准号中的顺序号和年代号的形式与我国类似。

4. 标准文献分类

1) 国际标准分类法

国际标准分类法(ICS)是由国际标准化组织制定和维护的标准文献分类法，主要用于国际标准、区域标准、国家标准和相关标准化文献的分类、编目、订购与建库，使标准文献能够被有效索引和检索，从而促进标准文献在世界范围的传播。根据标准化对象所属的领域和学科特点，ICS 划分出三级类目，由三级类构成，第一级设 40 个大类。第一级大类被分为 407 个二级类，其中 134 个二级类被细分为 896 个三级类。2019 年 1 月出版的《国际标准分类法(第七版)》中一级分类目录如表 1-1 所示。

表 1-1　《国际标准分类法(第七版)》中一级分类目录

序号	类别	序号	类别
01	综合、术语学、标准化、文献	49	航空器和航天器工程
03	社会学、服务、公司(企业)的组织和管理、行政、运输	53	材料储运设备
07	数学、自然科学	55	货物的包装和调运
11	医药卫生技术	59	纺织和皮革技术
13	环境、保健与安全	61	服装工业
17	计量学和测量、物理现象	65	农业
19	试验	67	食品技术
21	机械系统和通用件	71	化工技术
23	流体系统和通用件	73	采矿和矿产品
25	机械制造	75	石油及相关技术
27	能源和热传导工程	77	冶金
29	电气工程	79	木材技术
31	电子学	81	玻璃和陶瓷工业
33	电信	83	橡胶和塑料工业
35	信息技术、办公设备	85	造纸技术
37	成像技术	87	涂料和颜料工业
39	精密机械、珠宝	91	建筑材料和建筑物
43	道路车辆工程	93	土木工程
45	铁路工程	95	军事工程
47	造船和海上建筑物	97	服务业、文娱、体育

2) 中国标准文献分类法

中国标准文献分类法(CCS)发布于 1989 年，是由我国组织编制的专用于标准文献的分类法。CCS 采用二级分类，一级主类的设置以专业划分为主，二级类目的设置采用非严格等级制的列类方法。其中，一级分类包含 24 个大类，由单个大写拉丁字母表示，每个一级大类下又细分为 100 个二级类目，由双数字表示。例如，B 可以表示农业，B10 可以表示农业中的土壤与肥料。CCS 一级分类目录如表 1-2 所示。

表 1-2　CCS 一级分类目录

序号	类别	序号	类别
A	综合	N	仪器、仪表
B	农业、林业	P	工程建设
C	医药、卫生、劳动保护	Q	建材
D	矿业	R	公路、水路运输
E	石油	S	铁路
F	能源、核技术	T	车辆
G	化工	U	船舶
H	冶金	V	航空、航天
J	机械	W	纺织
K	电工	X	食品
L	电子元器件和信息技术	Y	轻工、文化与生活用品
M	通信、广播	Z	环境保护

1.3.4　标准检索

1.3.4.1　中国标准文献检索工具

1) 国家科技图书文献中心中外标准数据库

国家科技图书文献中心(NSTL，http://www.nstl.gov.cn)标准文献检索系统收录了中文标准 54 万余条，外文标准 200 万余条，主要涵盖国际组织标准、美国标准、欧洲标准、亚洲标准、大洋洲标准等数据库。

NSTL 中外标准数据库提供标准名称、发起人、机构、关键词和标准号 5 个检索项，可选择 AND、OR 和 NOT 逻辑运算符对不同的检索项进行组配，同时可以通过限制标准分类、出版国家和出版时间等条件来提高检索效率。NSTL 中外标准数据库高级检索界面如图 1-37 所示，用户注册后可以通过系统进行原文传递。

2) 国家标准全文公开系统

国家标准全文公开系统(http://www.sac.gov.cn/)由国家标准化管理委员会标准信息中心搭建。该系统可以检索国家标准目录，获取标准题录信息，了解标准化动态、国家标

图 1-37　NSTL 中外标准数据库高级检索界面

准制订计划和修改通知等信息。目前，该系统收录现行有效的强制性国家标准 2000 余项，推荐性国家标准 42000 余项以及指导性技术文件 600 余项。国家标准全文公开系统提供普通检索、分类检索和高级检索三种检索方式，其中高级检索界面如图 1-38 所示，用户可以通过标准号、标准名称、标准类别、ICS 分类、发布日期等多个检索字段进行标准检索。

图 1-38　国家标准全文公开系统高级检索界面

3) 中国标准服务网

中国标准服务网(http://www.cssn.net.cn)创建于 1998 年，是中国标准化研究院主办、中国标准化研究院标准信息研究所负责运营的国家级标准信息服务网站。该网站可以免费注册并检索包括国家标准、行业标准、国际标准化组织(ISO)标准、国际电工委员会(IEC)标准、在线标准平台(ASTM)标准、韩国标准等近 1000 种、覆盖全球 100 多个国家的标准，提供标准号、主题词、国际标准分类号、发布机构等多种检索项。中国标准服务网首页如图 1-39 所示。

图 1-39　中国标准服务网首页

1.3.4.2　国际标准文献检索工具

1)　国际标准化组织

国际标准化组织(ISO, https://www.iso.org/home.html)是目前世界上最大、最具权威的非政府性国际标准合约机构之一，负责当今世界上多数领域的标准化活动，其成员涵盖160 多个国家和地区的标准化机构。ISO 网站具有国际标准数据库的全文检索和标准号检索功能，提供分类目录浏览服务，能够按照国际标准分类法、标准名称、文献号等多种途径进行检索，检索界面如图 1-40 所示。该网站可以检索 ISO 所有的已颁布标准，同时提供在线订购全文的服务。

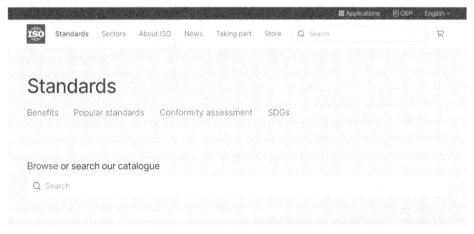

图 1-40　国际标准化组织检索界面

2)　国际电工委员会

国际电工委员会(IEC，http://www.iec.ch)是世界上成立最早的国际性电工标准化机构，于 1906 年成立，主要负责有关电气工程和电子工程领域的国际标准化工作。IEC 网站首页如图 1-41 所示。IEC 的标准涵盖了广泛的技术领域，包括电气工程、电子工程、通信和电磁兼容性等，提供电工标准出版物的多功能检索途径，包括标准编号、标题、出版日期范围、技术委员会等，并具备布尔逻辑检索功能和国际标准分类检索功能，检索方式与 ISO 类似。

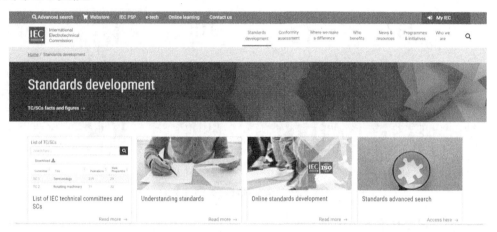

图 1-41 国际电工委员会网站首页

1.4 文献阅读方法

1.4.1 文献的作用

阅读和研究与课题相关的文献资料有助于构思所研究的问题，同时可以帮助人们理解更多的研究途径。本小节讨论文献综述的重要性以及全面有效地进行文献综述的方法。

文献综述描述了和研究相关的理论展望和先期成果，其作用就是回顾各领域中已有研究成果和自身研究的共性。研究者应熟悉与自身研究主题相关的文献，这不仅可以使研究者能准确说明自己研究的问题，同时还可以带来许多其他益处，具体如下所述[5]。

(1) 帮助研究者熟悉和掌握本领域已有研究成果。通过系统的文献回顾，可以较为全面地了解该领域的研究现状，这对选择和确定自己的研究课题非常重要。回顾文献能够将研究者自己的研究置于当前的研究背景中去考虑，便于确立所研究内容在该领域中的位置，也能够更加清楚地认识到自己的工作对增加人们的认知、学科理论的发展和解决实际问题所具有的意义和贡献。

(2) 为研究者提供研究思路和研究方法的参考。通过文献回顾，研究者可以了解前人在探索该问题时采取的研究角度、研究策略和具体的研究方法。这些角度、策略和方法代表了相关研究者的探索道路，为自身的研究设计、资料收集和分析提供了一种可供借鉴和参考的框架。文献回顾不仅可以使研究者在不同于先前研究的框架中重新安排自己的研究，同时还能帮助研究者发掘一些新的方面去探讨问题。此外，文献回顾还能帮助研究者发现并利用先前研究中关键变量的操作方法和测量指标。

(3) 为解释研究结果提供必要的背景资料。文献回顾的重要作用之一是为研究者提供与所研究领域相关的背景资料。这些背景资料不仅为研究者在选择研究问题时提供了参考框架，而且为研究者解释自己的研究结果和发现提供了依据。任何社会研究都可能产生一些研究者预料之外或与其期望相反的结果，文献回顾所提供的这种背景资料对研究者正确地理解并合理地解释这些结果至关重要。

1.4.2　文献阅读方法

阅读文献的方法有泛读和精读两种。泛读是文献阅读的基础。当拿到选题或确定研究方向后，首要任务是查找大量相关文献来进行泛读，快速了解相关研究的基本情况，筛选出相关且权威的文献。通过泛读可以一般性地了解该文献对研究题目的参考价值，并决定是否需要精读。泛读文献的步骤如下：首先，根据题目选择要阅读的文献；其次，阅读论文的摘要、引言、各章节题目和结论部分，大致了解文献的核心内容和主要结论，从而判断是否需要精读。

精读的目的是全面了解文献中的理论、方法和结论，吸取自己可借鉴的内容。精读时需要特别关注作者的论点、论据、论证方法、分析逻辑以及所使用相关文献和资料等。精读文献应多次深入阅读、与其他文献参照阅读，弄清楚该文献的内容实质和论证方法，从而提高自身的分析能力。同时，在阅读时要按照规范保留记录，并注意不受权威意见的束缚，分析不同见解的论证依据和方法，最终形成自己的研究思路。

文献阅读应尽可能从最新的研究成果着手，这样能够较早地了解到该领域最新的研究进展，也可以从最新的研究进展中获取之前研究的相关信息。阅读时应首选本领域的综述性期刊文章，这类文章综合了不同来源的文献资料，可以给读者提供该领域的发展过程脉络。通过对不同观点的解释、分析和比较，指出要注意的理论和方法问题，为后续的研究工作奠定全面的理论框架基础。

1.4.3　文献阅读笔记

一份高质量的文献阅读笔记应使读者无需阅读原文就能掌握这篇文献的大致内容。对于理工科论文而言，好的文献阅读笔记应该包括以下 7 个方面。

(1) 写作动机。文献阅读笔记开篇就应该明确文献所处的研究领域和背景，明确文献所解决的科学问题或工程难题。

(2) 主要贡献。概括文献的主要创新点和贡献，总结文献得出的重要结论及其意义。

(3) 理论基础。梳理文献所依赖的基本理论和相关背景知识。

(4) 研究方法与模型。详细描述文献中使用的研究方法，概述文献中提出或使用的模型，总结具体的研究过程。

(5) 结果分析与讨论。对文献研究得到的结果进行讨论，分析其合理性、可靠性和局限性。

(6) 思考和拓展。指出文献的优点、不足及未来可能的研究方向和改进建议，记录阅读过程中产生的个人思考和启发，考虑文献内容在自己研究领域中的应用和可能的拓展方向，这是写文献阅读笔记最重要的目的或收获。

(7) 参考文献。列出文献中提到的重要参考资料，以便进一步查阅。

1.4.4　文献评估、梳理和综合

对文献的阅读，最好有一个总结性的文字材料，以便梳理思路。许多文献综述并未提供新的研究发现，只是简单重复他人的报告或陈述。这种文献回顾并不能获得任何新知识，还不如直接阅读原始文章。一篇优秀的文献综述不仅要报告相关文献，还应评估、组织和综合他人的研究成果。但是，需要批判性地阅读他人的研究成果，评估其方法和结论。不能轻信他人的文章、数据和结论，应当自己判断其真实性。

在阅读文献后，不仅要评估，还需要理清文献综述的思路。参考其他作者如何组织相关文献很有益处。此外，必须综合文献综述中的内容，将不同的研究观点和研究结果整合起来。这里有一些可供借鉴的例子：

(1) 对比与研究课题有关的不同理论观点。

(2) 展示研究课题随时间的变化和深入情况。

(3) 描述研究发现的主要趋势。

(4) 识别研究发现中的差异或矛盾，并提供可能的解释。

(5) 确定贯穿全文的主题。

通过这种方式进行文献综述，综述本身也可能为该知识领域作出新的贡献。事实上，有价值的文献综述常常会直接发表。

习　　题

1.1　假设你正在撰写一篇关于"人工智能在医疗领域的应用"的综述文章，请列出至少三种不同的图书检索途径，并简要说明每种途径的优势。

1.2　为了研究"全球气候变化对海洋生态系统的影响"，请设计一个学术论文检索策略，包括选择合适的数据库、使用的关键词和如何设置检索式。

1.3　解释什么是专利号，并说明如何在国家知识产权局专利局网站上查询一个具体的专利信息(以专利号"CN101234567A"为例)。

1.4　请列举两种查询国际标准的途径，并以 ISO 9001:2015《质量管理体系　要求》为例，说明如何通过其中一种途径查询该标准的具体内容。

1.5　阐述在阅读学术论文时，如何有效进行批判性阅读，并给出三个具体的实施步骤。

参 考 文 献

[1] 黄建琼, 陈章斌. 文献检索实用教程[M]. 2 版. 北京: 清华大学出版社, 2023.

[2] 陈彩红, 谢剑敏. 中外教育数字图书馆的建设模式: 以中国教育数字图书馆"3C"工程与英国电子图书馆计划 eLib 为例[J]. 图书馆学刊, 2012, 34(7): 49-51.

[3] 宋姬芳. 以信息资源建设助推大学图书馆"十四五"知识服务能力提升:以中国人民大学图书馆为例[J]. 图书情报工作, 2022, 66(5): 63-71.

[4] 李孝弟, 杨霞. 域出版的发展瓶颈及网刊转型升级的再思考[J]. 苏州教育学院学报, 2020, 37(1): 45-53.

[5] 风笑天. 论社会研究中的文献回顾[J]. 华中师范大学学报(人文社会科学版), 2010, 49(4): 40-46.

第 2 章

实验设计与数据处理

2.1 实验设计概述

2.1.1 实验设计的类型

20 世纪 20 年代，费希尔(Fisher)率先在农业实践中引入了实验设计策略，这一创举标志着实验设计方法论的正式启航。随后，该方法在统计学家与跨学科科学家的共同努力下，经历了显著的演进与丰富，催生了一系列高效且创新的实验设计技术[1]。这些技术不仅深刻影响了科学研究的方法论体系，而且在农业、工业、医学及众多其他领域展现出其不可或缺的价值与影响力，成为推动科技进步与知识创新的重要工具。

2.1.1.1 实验设计的概念

在进行具体的实验之前，要对实验的有关影响因素和环节做出全面的研究和安排，从而制订出行之有效的实验方案。

▶定义 2.1 实验设计(design of experiments，DOE)，也称为试验设计，就是对实验进行科学合理的安排，以达到最好的实验效果。

实验设计是实验过程的依据，是实验数据处理的前提，也是提高科研成果质量的一个重要保证。

一个精心策划且周全的实验设计，能够巧妙布局各类实验变量，有效管控误差来源，确保数据解析的高效性，最终实现以最小资源消耗(人力、物力及时间)收获最多的高质量的研究资料。相反，若实验设计存在瑕疵，则不仅会无谓地消耗资源，还可能削弱研究成果的可靠性和实用性，造成不可忽视的损失。

费希尔在农业实验领域的卓越贡献在于他创造性地运用了均衡排列的拉丁方设计，这一突破成功解决了长期困扰科学家的实验条件不均衡的难题，并随之提出了影响深远的方差分析方法，从而奠定了现代实验设计的基础。随后，这一方法迅速在农业和生物科学领域广泛传播与应用，极大地推动了这些学科的进步。进入 20 世纪 30 年代，实验设计的触角进一步延伸至工业领域，英国的纺织业率先引入这一技术，开启了工业实验设计的新篇章。第二次世界大战的爆发加速了实验设计方法的普及，美国军工企业敏锐地意识到其巨大价值，迅速将其应用于生产实践中，极大地提升了军备生产的效率与质量。第二次世界大战结束后，实验设计的浪潮席卷全球，美国的化工、电子、机械制造行业以及西欧的众多行业纷纷效仿，将其视为提升产品性能、优化生产流程的关键工具。时至今日，实验设计已成为理工农医等各个领域不可或缺的通用技术，为科学研究与技术创新提供了强有力的支撑。

根据设计内容的不同，实验设计可以分为专业设计与统计设计。实验的统计设计使得实验数据具有良好的统计性质(如随机性、正交性、均匀性等)，由此可以对实验数据进行所需要的统计分析。实验设计和实验结果的统计分析是密切相关的，只有按照科学的统计设计方法得到的实验数据才能进行科学的统计分析，得到客观有效的分析结论。反之，大量不符合统计学原理的数据可能是毫无意义的，统计学家也会对它束手无策。因此，对实验工作者而言，关键是用科学的方法设计实验，获得符合统计学原理的科学有效的数据[2]。对实验结果的统计分析，很多方法可以借助统计软件由实验人员自己完成，必要时还可以请统计专业人员帮助完成。

2.1.1.2　实验设计的类型

实验的目的和方式千差万别，根据不同的实验目的，实验设计可以划分为以下五种类型。

1) 演示实验

演示实验的目的是演示一种科学现象，中小学的各种物理、化学、生物实验课所做的实验都是这种类型的实验。只要按照正确的实验条件和实验程序操作，实验结果就必然是事先预定的结果。对演示实验的设计主要是专业设计，其目的是使实验操作更简便易行、实验结果更直观清晰。

2) 验证实验

验证实验的目的是验证一种科学推断的正确性，可以作为其他实验方法的补充实验。本书中讲述的很多实验设计方法是对实验数据做统计分析，通过统计方法推断出最优实验条件，然后对这些推断出来的最优实验条件进行补充性验证实验来给予验证。

验证实验也可以是对已提出的科学现象的重复验证，检验已有实验结果的正确性。例如，由英国罗斯林研究所伊恩·威尔穆特教授等通过体细胞克隆法培育的第一只克隆羊"多利"在 1996 年 7 月 5 日"出生"之后，世界各地的生物学家纷纷做验证实验，最初有许多验证实验是失败的，不少人对其正确性产生怀疑，但是随着时间的推移，越来越多的验证实验宣告成功，并且产生克隆牛、克隆猪等。这种验证实验着重于实验条件，而不是统计技术。

3) 比较实验

比较实验(comparative experiments)的目的是检验一种或几种处理的效果，如对生产工艺改进效果的检验，对一种新药物疗效的检验。该实验的设计需要结合专业设计和统计设计两方面的知识，对实验结果的数据分析属于统计学中的假设检验问题。本章会讲述有关比较实验的统计方法。

4) 优化实验

优化实验(optimization experiments)的目的是高效率地找出实验问题的最优实验条件。优化实验是一项尝试性的工作，有可能获得成功，也有可能不成功，所以常把优化实验称为试验(test)，把以优化为目的的实验设计称为试验设计。例如，目前流行的正交设计和均匀设计的全称分别是正交试验设计和均匀试验设计。但是，在英文中实验设计和试验设计是同一个名称"design of experiments"，都简称 DOE。

优化实验是一个十分广阔的领域，几乎无所不在。在科研、开发和生产中，可以达到提高质量、增加产量、降低成本以及保护环境的目的[3]。随着科学技术的迅猛发展和市场竞争的日益激烈，优化实验将会愈发显示其巨大的优势。

优化实验的内容十分丰富，是本书主要讲述的内容，可以划分为以下几种类型。

(1) 按实验因素的数目不同，优化实验可以划分为单因素优化实验和多因素优化实验。

(2) 按实验的目的不同，优化实验可以划分为指标水平优化和稳健性优化。指标水平优化的目的是优化实验指标的平均水平，如增加化工产品的回收率，延长产品的使用寿命，降低产品的能耗。稳健性优化的目的是减小产品指标的波动 (标准差)，使产品的性能更稳定，用廉价的低等级元件组装出性能稳定的高质量产品。

(3) 按实验的形式不同，优化实验可以划分为实物实验和计算机实验(computer experiments)。实物实验包括现场实验和实验室实验两种情况，是主要的实验方式。计算机实验是根据数学模型计算出实验指标，在物理学中有广泛应用。

现代计算机的运行速度很快，人们往往认为对已知数学模型的情况不必再做实验设计，只需要对所有可能情况进行全面计算，找出最优的条件。实际上，这种观点是一种误解，在因素和水平数目较多时，即使高速运行的大型计算机也无力承担所需的运行时间。例如，为了研究 Si(100)2×1 半导体表面原子结构，美国的贝尔(Bell)实验室和国际商业机器公司(IBM)等几家大的研究机构都投入了巨大的人力和物力进行了多年的研究工作，但是始终没有获得有效的进展 。Si(100)2×1 的各个原胞中有 5 层共 10 个原子，每个原子的位置用三维坐标来描述，每个坐标取 3 个水平，全面计算需要 3^{30} 次，每次计算都包含众多复杂的步骤和公式，需要几个小时才能完成，因此对这个问题的全面计算是不可能实现的。后来，我国学者建议采用正交实验设计方法，并与美国学者合作，经过两轮 Lzr(3^{13})与几轮 Lg(3^4)正交实验，仅做了几十次实验就找到了 Si(100)2×1 半导体表面原子结构模型的最优结果。原子位置准确到原子距的 2%，达到了当今这一课题所能达到的最高精度，得到了世界的公认。

(4) 按实验的过程不同，优化实验可以分为序贯实验和整体实验。序贯实验是从一个起点出发，根据前面实验的结果决定后面实验的位置，使实验的指标不断优化。序贯实验形象地称为"爬山法"。0.618 法、分数法、因素轮换法都属于爬山法。整体实验是在实验前就把所要做实验的位置确定，要求设计的实验点能够均匀地分布在全部可能的实验点之中，然后根据实验结果寻找最优的实验条件。正交设计和均匀设计都属于整体实验设计[4]。

5) 探索性实验

探索性实验作为探究未知领域的重要手段，致力于揭示研究对象的本质特性、构成要素、独特属性及其与外界的相互作用规律。此类实验不仅拓宽了科学认知的边界，而且深化了人们对自然现象的理解。在教育体系中，从小学到大学，探索性实验课程均被视为培养学生科研思维与问题解决能力的关键途径。这些课程鼓励学生像科学家一样，独立确定选题、设定实验参数、设计实验流程、精确收集并分析数据，从而培养其严谨的科研态度与创新能力。

在工程技术领域，探索性实验则转化为一种开发性设计活动，要求设计者融合深厚的专业知识与先进的实验方法，如比较实验与优化实验技术，以实现设计方案的优化与创新[5]。以 Si(100) 2×1 半导体表面原子结构的研究为例，该领域内的探索性实验充分利用了优化设计策略，有效减少了实验迭代次数，提高了研究效率与成果质量，展现了探索性实验在推动科技进步中的重要作用。

2.1.2　实验设计的要素与原则

一个完善的实验设计方案应该考虑到如下问题：人力、物力和时间满足要求；重要的观测因素和实验指标没有遗漏并做了合理安排；重要的非实验因素都得到了有效的控制；实验中可能出现的各种意外情况都已考虑在内并有相应的对策；对实验的操作，实验数据的收集、整理、分析都已经确定了科学合理的方法。从设计的统计要求看，一个完善的实验设计方案应该符合三要素与四原则。在讲述实验设计的要素与原则之前，首先介绍实验设计的几个基本概念[6]。

2.1.2.1　实验设计的基本概念

▶定义 2.2　实验因素(factor)简称因素或因子，是实验的设计者希望考察的实验条件。因素的具体取值称为水平(level)。

▶定义 2.3　按照因素的给定水平对实验对象所做的操作称为处理 (treatment)。接受处理的实验对象称为实验单元。

▶定义 2.4　衡量实验结果好坏程度的指标称为实验指标，也称为响应变量(response variable)。

实验设计方法是由费希尔在农作物产量实验中提出的，这里以农作物产量实验为例说明以上几个概念。

在大豆产量实验中，考察氮肥施加量对大豆产量(千克/亩，1 亩≈666.67 平方米)的影响，每亩地的施肥量分别为 0kg、1kg、2kg、3kg。这个实验中氮肥施加量是实验因素，它取 0kg、1kg、2kg、3 kg 共 4 个水平。按每一种施肥量的水平所做的施肥操作就称为 1 种处理，共有 4 种处理，其中施肥量为 0kg 的处理称为空白处理。播种大豆的地块就是实验单元，大豆的亩产量就是实验指标。

实验因素的数目可以是一个、两个和多个，分别称为单因素实验、双因素实验和多因素实验。上面的大豆产量实验属于单因素实验。如果同时考察氮肥和磷肥施加量对大豆产量的影响，就属于双因素实验。假如磷肥施加量也取 0kg、1kg、 2kg、3 kg 这 4 个水平，氮肥和磷肥施加量不同水平的搭配方式共有 16 种，称为 16 个处理。进一步考察大豆的品种对产量的影响，现在共有甲、乙、丙 3 种大豆。这时实验中共有氮肥施加量、磷肥施加量、大豆品种这 3 个因素，属于多因素实验，其中大豆的品种有甲、乙、丙共 3 个水平。3 个因素不同水平的全部搭配方式共有 48 种，称为 48 个处理。

2.1.2.2　实验设计的三个要素

从专业设计的角度看，实验设计的三个要素是实验因素、实验单元和实验效应，其中实验效应用实验指标反映[7]。下面对有关问题做进一步的介绍。

1) 实验因素

实验设计的核心任务之一在于明确界定可能影响实验结果的各项因素，并基于专业理解，初步界定这些因素的变动范围。面对众多潜在影响因素时，深入的专业分析是必要的，旨在区分关键因素与非关键因素，从而精准选择适宜的实验设计策略以高效配置这些因素。在设定因素水平时，需权衡实验效率与结果精度：水平设置过密，虽能捕捉细微差异，但会导致实验量激增，资源消耗加大，效率降低；水平设置过疏，则可能遗漏关键影响趋势，影响结论的有效性。针对经验不足的情况，推荐采用筛选实验作为前置步骤，以科学筛选并优化因素及其水平组合，确保实验既经济高效又富有洞察力。

实验因素应该尽量选择数量因素，少用或不用品质因素。数量因素就是对其水平值能够用数值大小精确衡量的因素，如温度、容积等；品质因素水平的取值是定性的，如药物的种类、设备的型号等。数量因素有利于对实验结果做深入的统计分析，如回归分析等。

在确定实验因素和因素水平时要注意实验的安全性，某些因素水平组合的处理可能会损坏实验设备(如高温、高压)、产生有害物质，甚至发生爆炸。这需要参加实验设计的专业人员能够事先预见，排除这种危险性处理，或者做好预防工作。

2) 实验单元

在工程实验中，实验对象是材料和产品，只需要根据专业知识和统计学原理选用实验对象。在医学和生物实验中，实验单元也称为受试对象，选择受试对象不仅要依照统计学原理，还要考虑生理和伦理等问题。仅从统计学的角度看，需要考虑以下问题。

(1) 在选择动物为受试对象时，要考虑动物的种属品系、窝别、性别、年龄、体重、健康状况等差异。

(2) 在以人作为受试对象时，除考虑人的种族、性别、年龄、体重、健康状况等一般条件外，还要考虑一些社会背景，包括职业、爱好、生活习惯、居住条件、经济状况、家庭条件和心理状况等。

这些差异都会对实验结果产生影响，这些影响是不能完全被消除的，可以通过采用随机化设计和区组设计降低其影响程度。

3) 实验效应

实验效应作为衡量实验处理成效的关键指标，需通过具体、量化的实验指标来直观展现。在选择这些指标时，应优先考虑数量化的指标，以减少主观判断的干扰，提高数据的客观性和准确性。同时，应尽量避免使用定性指标，因其往往依赖于主观判断，难以保证结果的稳定性和可重复性。对于实验指标的选取，还应强调其客观性。客观性强的指标能够更真实地反映实验现象的本质，减少人为因素对实验结果的影响。因此，在可能的情况下，应优先选择能够直接测量、不易受主观判断影响的指标。

然而，在实际操作中，有些指标虽然其数据来源是客观的，但在结果的解读和判断上却可能受到主观因素的影响，这类指标被称为半客观指标。对于这类指标，必须事先制定严格的读取和评判标准，以确保不同实验者之间能够保持一致的判断标准。此外，为了进一步提高判断的准确性和一致性，还可以考虑对实验者进行统一的技术培训，以减小主观因素对实验结果的影响。

2.1.2.3 实验设计的四个原则

费希尔在实验设计的研究中提出了三个原则，即随机化原则、重复原则和局部控制原则。长期以来，人们通过理论研究和实践经验对这三个原则给予进一步的发展和完善，把局部控制原则分解为对照原则和区组原则，形成了实验设计的四个基本原则，分别是随机化(randomization)原则、重复(replication)原则、对照(contrast)原则和区组(block)原则。目前，这四个实验设计原则已经是被人们普遍接受的保证实验结果正确性的必要条件。随着科学技术的发展，这四个原则的内容也在不断发展完善中。

1) 随机化原则

▶定义 2.5 随机化是指每个处理以概率均等的原则，随机地选择实验单元。

例如，有 A、B 两种处理方式，将 30 只动物分为两组，A 组 10 只，B 组 20 只。在实际分组时可以采用抽签的方式，把 30 只动物按任意顺序编为 1~30 号，用外形相同的纸条写出号码 1~30，从中随机抽取 10 个号码，对应的 10 只动物分配给 A 组，剩余 20 只动物分配给 B 组。

在科学研究实践中，偏离随机化原则，无论出于何种目的，均可能扭曲实验结果的客观性与准确性，引入不必要的偏差。以营养学领域的饲料效果评估为例，虽常以实验动物体重增长作为营养价值的指标，但此过程也受动物初始健康状况、摄食习性等多重因素交织影响。若研究者预设偏好，刻意将体质更强健、食量更可观的雄性动物分配至预期表现更佳的实验组，实则人为放大了组间的自然差异，进而误导实验结论的真实性。随机化实验设计正是为消除此类偏见而设，它作为一项关键策略，能够有效平衡实验条件，确保各组间的可比性与公正性。此外，随机化原则还促进了统计分析方法的有效应用，因为统计学原理多奠基于独立样本之上。遵循随机化原则设计并执行的实验，其数据自然满足独立性的统计要求，为后续的数据分析奠定了坚实基础。

值得注意的是，本书后续讨论均预设实验遵循了随机化原则，并假定所得数据满足统计独立性标准。相反，任何预先掺杂主观偏好的实验设计，即便后续采用复杂的统计手段，也难以完全弥补其初始数据失真带来的根本性缺陷，往往导致研究效率低下，成果价值受限。

2) 重复原则

由于实验的个体差异、操作差异以及其他影响因素的存在，同一处理对不同的实验单元所产生的效果也是有差异的。通过一定数量的重复实验，该处理的真实效应就会比较确定地显现出来，可以从统计学上对处理的效应给予肯定或否定。

从统计学的观点看，重复例数越多(样本量越大)，实验结果的可信度就越高，但是这就需要花费更多的人力和物力。实验设计的核心内容就是用最少的样本例数保证实验结果具有一定的可信度，以节约人力、经费和时间。

在实验设计中，"重复"一词有以下两种不同的含义。

(1) 独立重复实验。在相同的处理条件下对不同的实验单元做多次实验，这是人们通常意义下所指的重复实验，其目的是降低由样品差异而产生的实验误差，并正确估计这个实验误差。

(2) 重复测量。在相同的处理条件下对同一个样品做多次重复实验，以排除操作方法产生的误差。遗憾的是，这种重复在很多场合是不可实现的。如果实验的样品是流体(包括气体、液体、粉末)，可以把 1 份样品分成 k 份，对每份样品分别做实验，以排除操作方法产生的误差。在医学实验中，常对受试者按时间顺序做多次观察，如在减肥效果的实验中，对受试者每隔 1 周测量 1 次体重，连续测量 5 周作为 1 个实验周期。这样得到的 5 次测量数据不是在同 1 个实验条件下的 5 次独立实验数值，而是 5 个相互关联的数值，也属于重复测量实验。

3) 对照原则

有比较才有鉴别，而对照是比较的基础。对照原则是主要用于比较实验的一个原则。除因素的不同处理外，实验组与对照组中的其他条件应尽量相同。只有高度的可比性，才能对实验观察的项目做出科学结论。对照的种类有很多，可根据研究目的和内容加以选择。常用的有以下几种。

(1) 空白对照。对照组不施加任何处理因素。这种方法简单易行，但容易引起实验组与对照组在心理上的差异，从而影响实验效应的测定。临床疗效观察一般不宜采用此种对照。

(2) 安慰剂对照。对照组要采用一种无药理作用的安慰剂，这是因为精神心理因素也会对机体与疾病产生重要影响。安慰剂对照实验要采用双盲实验，受试者(患者)事先不知道自己服用的是安慰剂还是药物(第一盲)；实验者(医生)事先也不知道每个受试者服用的是安慰剂还是药物(第二盲)。例如，在研究降压药效果的实验中，负责测量血压的医务人员并不知道谁服用的是安慰剂，谁服用的是降压药。

(3) 实验条件对照。对照组不施加处理因素，但施加与处理因素相同的实验条件。例如，考察某种注射药剂对实验动物的作用，对照组的动物要注射相同剂量的生理盐水。考察某种烟熏药物的灭虫作用，对照组要做不含药物的烟熏处理。凡对实验效应产生影响的实验条件，都应该采用这种方法。安慰剂对照可以看作实验条件对照的一个特例，是针对人体疾病治疗的实验条件对照。

(4) 标准对照。用现有的标准方法或常规方法作对照，这是工程技术实验的常用方法。

(5) 历史或中外对照。将实验结果与历史上或国外同类实验结果相比较，这也是工程技术实验的常用方法。在医学实验中，由于医疗环境总是在不断地改善中，历史对照组总是处于不利的地位，新方法往往"显著有效"，这是许多人喜欢历史对照的原因。另外，中外对照的医疗环境往往有较大差异，所以使用中外对照的结果也往往不准确。

对照组在实验中是一种处理，在统计分析中作为实验因素的一个水平。例如，氮肥施加量的 4 个水平 0kg、1kg、2kg、3kg 中，施肥量 0kg 就是空白对照组。

4) 区组原则

▶定义 2.6　人为划分的时间、空间、设备等实验条件称为区组。

区组也是影响实验指标的因素，但并不是实验者所要考察的因素，也称为非处理因素。任何实验都是在一定的时间、空间范围内并使用一定的设备进行的，把这些实验条件都保持一致是最理想的，但是这在很多场合是无法实现的。解决的办法是把这些区组因素也纳入实验中，在对实验做设计和数据分析中也都作为实验因素。

例如，大豆产量实验中，实验者所要考察的是氮肥施加量对大豆单产量的影响，但是地块土壤的状况对单产量也有影响，有的地块土壤松软，有的地块土壤坚硬。这里地块土壤的状况就是在实验中所要考察的区组。

2.1.2.4　实验设计四个原则之间的关系

实验设计的四个原则之间有密切的关系，区组原则是核心，贯穿于随机化原则、重复原则和对照原则之中，它们相辅相成、互相补充。有时仅把随机化原则、重复原则和对照原则称为实验设计的三个原则，这并不意味着区组不是重要的原则，而是区组原则是贯穿于这三个原则之中的一个原则。

1) 区组原则与随机化原则的关系

按照实验中是否考察区组因素，随机化设计分为以下两种。

(1) 完全随机化设计。每个处理随机地选取实验单元，这种方式适用于实验的例数较大或实验单元差异很小的情况。例如，大豆产量实验中，把实验地块分为 100 块，对氮肥的 0kg、1kg、2kg、3kg 这 4 种处理，每种处理随机地选出 25 个地块作为实验单元。在具体实施随机化分组时，仍然可以采用抽签的方法，把 100 个地块按任意顺序从 1～100 编号，用外形相同的纸条写号码 1～100。首先随机地抽出 25 个号码，这 25 个号码对应的地块分配给第 1 个处理。其次从剩余的 75 个号码中随机抽出 25 个号码，对应的地块分配给第 2 个处理。再次从剩余的 50 个号码中随机抽出 25 个号码，对应的地块分配给第 3 个处理。最后剩余的 25 个地块分配给第 4 个处理。有些实验的实验单元之间差异很小或不能事先判断其差异。例如，考察某种铸件抗冲击力的实验，用几个不同的冲击力水平对铸件做实验，铸件的抗冲击力不能事先判断，只能采用完全随机化方法分配实验单元。

(2) 随机化区组设计。在大豆施加氮肥的 4 个水平的实验中，如果实验地块仅分为 16 块，这时采用完全随机化设计，不同处理所分配到的地块土壤的性状就会好坏不均，导致实验结果不准确。这时就要采用随机化区组设计，使好地块和差地块在几个处理中均衡分配。在这个实验中地块的好坏是区组因素，按照随机化区组设计的要求，在选取的 16 个实验地块中要分别包含 8 个好地块和 8 个差地块，4 个施肥量的处理分别随机选取 2 个好地块和 2 个差地块。这种方式就是随机化区组设计，其目的就是把性状不同的实验单元均衡地分配给每个处理。有关随机化区组设计方法会结合本书后面的内容继续介绍。

实验设计的各处理和各区组内的实验次数都相同时，称为平衡设计(balanced design)。

平衡设计也是实验设计的一个基本思想，这样做有利于实验数据的统计分析。

2) 区组原则与重复原则的关系

重复是指在相同条件下对每个处理进行两次或两次以上的实验，其目的是消除并估计实验的误差。实验的重复次数和区组因素有关，如前面的大豆施肥量实验中，实验地块分为 16 块，如果不考虑地块好坏的区组因素，这时 4 种施肥量的处理中每个处理都分配到 4 个实验地块，重复次数为 4 次；如果考虑地块好坏的区组因素，按随机化区组设计方法，每个处理都分配到 2 个好地块和 2 个差地块，此时实验是重复次数为 2 次的重复实验；如果地块好坏这个区组因素按照好、一般、差和很差分为 4 个水平，这时按照随机化区组设计方法，每个处理中都是分配到 1 个好、一般、差和很差的地块，此时实验就是无重复实验。

3) 区组原则与对照原则的关系

区组原则与对照原则之间既有相同点，又有差异。

(1) 区组原则与对照原则的相同点。同属于费希尔提出的局部控制原则，都是将实验单元按照某种分类标准进行分组，使同一组内的实验单元尽量接受同样的处理，以减少组内实验条件的差异。

(2) 区组原则与对照原则的差异。从适用的范围看，对照原则仅针对比较实验，区组原则既适用于比较实验，又适用于优化实验；从实验中的作用看，比较实验的目的就是检验处理组和对照组之间是否有显著差异，如前面所述，对照组可以看作处理因素的一个水平，如氮肥施加量的 0kg 水平就是空白对照组。在统计分析中，对照组的比较实验属于单因素实验。区组因素被看作影响实验指标的其他因素，与实验因素共同构成多因素实验。例如，氮肥施加量问题中，氮肥的施加量是处理因素，作为区组因素的土壤状况是影响大豆单产量的另外一个因素。因此在统计分析中，区组设计属于两因素或多因素实验。另外，在考虑区组因素的比较实验中，处理组和对照组要按照相同的区组因素分配实验单元，这样实验结果才有可比性。

2.2 比较实验与方差分析

比较实验的目的是水平对比，两个处理之间的水平对比用 t 检验进行，多个处理之间的水平对比要用方差分析进行。t 检验与方差分析的方法是初等统计的内容，本书不再详细讲述这些方法的原理和公式，仅结合实例介绍用 Matlab 软件做数据分析的方法，解释对输出结果的分析，并结合实验设计对有关的问题做进一步介绍。

2.2.1 t 检验

两个处理间的水平比较属于统计学中两个总体均值是否有显著差异的 t 检验问题，这类检验问题有很多不同的使用条件，在不同的条件下所得到的检验结果是有差异的[8]。在分析实验数据时，要正确判断实验的条件。

2.2.1.1 检验的有关问题

首先通过一个例子来说明影响两个总体均值 t 检验的使用条件。

例 2-1　研究一种新安眠药的疗效，采用双盲实验，将 14 名失眠症患者随机分为安慰组(服用安慰剂)和服药组，安慰组 6 人，服药组 8 人。统计 48h 内每个人的睡眠时间(表 2-1)，检验这种新安眠药是否有效。

本例看似简单，但是要想得到正确可靠的统计分析结果还需要正确解决以下两个方面的问题。

(1) 等方差与异方差问题。两个处理下睡眠时间的方差都是未知的，可以分为等方差与异方差两种情况，这两个不同的前提条件可能会导致统计分析得到不同的结论。

(2) 单侧检验还是双侧检验。如果根据专业知识可以认为这种新的安眠药无效，但不会对睡眠产生不利影响，就可以做单侧检验，否则就要做双侧检验。单侧检验也称为单尾检验(one-tailed test)，双侧检验也称为双尾检验(two-tailed test)。

表 2-1　48h 内每个人的睡眠时间　　　　　　　　　　　　　(单位：h)

序号		A	B	C	D	E	F	G	H	I
1	安慰组	8.2	5.3	6.5	5.1	9.7	8.8	—	—	
2	服药组	9.5	8.9	9.2	10.1	9.3	8.3	8.8	7.7	

2.2.1.2　用 Matlab 软件做统计分析

在 Matlab 中进行两总体 t 检验(two-sample t-test)是一种常用的统计方法，用于比较两个独立样本的均值是否存在显著差异。Matlab 提供了多种函数来进行这种检验，其中 ttest2 函数是最直接的一个。下面将介绍如何使用 ttest2 函数进行两总体 t 检验：

1) 准备数据

首先，需要准备两组数据，这两组数据应该分别代表两个独立总体的样本。在 Matlab 中，可以将这些数据作为向量或矩阵的列来存储。

假设有两组数据：

```
group1=[1, 2, 3, 4, 5];
group2=[2, 3, 4, 5, 6];
```

2) 使用 ttest2 函数

其次，使用 ttest2 函数来比较这两组数据的均值是否存在显著差异。ttest2 函数的基本语法是

$$[h, p, ci, stats] = ttest2(X, Y)$$

其中：

X 和 Y 是两个样本数据向量或矩阵的列。

h 是一个逻辑值，表示检验结果：如果 $h=1$，则表明在显著性水平(默认为 0.05)下，两个总体的均值有显著差异；如果 $h=0$，则表明两个总体的均值没有显著差异。

p 是检验的 p 值，用于判断假设是否显著。

ci 是两个总体均值之差的置信区间。

stats 是一个结构体，包含额外的统计信息，如 t 统计量、自由度等。

下面给出一个关于此函数的应用实例。

假设有两个火箭发动机 A 和 B，在相同的测试条件下进行了推力测量，得到了如表 2-2 所示两组推力数据，检验这两组数据(两个不同火箭发动机的推力)的均值是否存在显著差异。

表 2-2　推力数据 (单位：kN)

发动机 A	1000	1010	1005	1008	1002
发动机 B	1015	1020	1018	1017	1016

现在用 Matlab 的 ttest2 函数来比较这两个发动机推力的均值是否存在显著差异，Matlab 程序如图 2-1 所示。

代码

```
%发动机A的推力数据

engineA_thrust = [1000,1010,1005,1008,1002];
%发动机B的推力数据

engineB_thrust = [1015,1020,1018,1017,1016];
%进行两总体t检验
[h,p,ci,stats]=ttest2(engineA_thrust,engineB_thrust)

%显示结果
disp(['是否存在显著差异（h = 1表示有显著差异）:',num2str(h)])
disp(['p值:',num2str(p)])
if h == 1
    disp('在选定的显著性条件下，两个发动机的平均推力存在显著差异')
else
    disp('在选定的显著性条件下，两个发动机的平均推力没有显著差异')
end
disp(['平均推力之差的置信区间: ',num2str(ci)])
disp(['t统计量: ',num2str(stats.tstat)])
disp(['自由度: ',num2str(stats.df)])
```

图 2-1　Matlab 程序示意图

最后，得到如图 2-2 所示的输出结果，在选定的显著性水平(通常默认为 0.05)下，两个火箭发动机(发动机 A 和发动机 B)的平均推力存在显著差异。具体来说，$h=1$ 表示两个总体均值在统计上有显著差异，$p=3.2485\mathrm{e}\text{-}04$ 是一个非常小的 p 值，远远小于常用的显著性水平 0.05，这进一步证实了本书结论，即两个发动机平均推力之间的差异是统计上显著的。

置信区间 ci=[-16.8920,-7.5080]表明，有 95%的置信度认为两个发动机的平均推力之差位于这个区间，即平均推力的差异最小为 7.5080kN，最大为 16.8920kN。

tstat=-5.9960 是 t 统计量的值，表示样本均值与总体均值之间差异的大小和方向(负值表示发动机 A 的平均推力小于发动机 B)。df=8 表示自由度，这是在计算 t 统计量和 p 值时使用的自由度数量，它基于两个样本的大小和方差齐性的假设(在这个情况下，Matlab

的 ttest2 函数默认使用 Welch 的 t 检验，该检验不要求方差齐性)。综上所述，根据这些数据，可以确信两个火箭发动机在平均推力上存在显著差异。

```
h =

    1


p =

    3.2485e-04


ci =

  -16.8920   -7.5080


stats =

    包含以下字段的 struct:

    tstat: -5.9960
       df: 8
       sd: 3.2171

是否存在显著差异（h = 1表示有显著差异）:1
p值:0.00032485
在选定的显著性条件下，两个发动机的平均推力存在显著差异
平均推力之差的置信区间: -16.892     -7.50798
t统计量: -5.996
自由度: 8
```

图 2-2 Matlab 输出结果图

根据上文使用 Matlab 的 ttest2 函数进行两总体 t 检验的示例，对例 2-1 使用 Matlab 软件进行分析，可以得到如表 2-3 所示的 t 检验输出结果。从表 2-3 看到，安慰组 48h 内平均睡眠约为 7.267h，服药组平均睡眠为 8.975h，服药组平均多睡 8.975h-7.267h=1.708h。接下来进一步看这个差异是否显著，表中第 9 行的数值-2.330460986 是 t 统计量的值。本小节在双样本等方差假设下，进行以下分析。

首先进行单侧检验。表 2-3 中第 10、11 行是与单侧检验有关的结果，分别表示用 P 值法和临界值法做检验的结果，这两种方法的检验结论是相同的，数学关系是等价的。先看 P 值法，第 10 行的 "$P(T \leqslant t)$单尾=0.019019294" 是检验的显著性概率值，简称 P 值，表示判定该安眠药显著有效所犯错误的概率。这个错误是指该安眠药无效但判定它有效(当该安眠药有效且判定它有效时是正确判断)，即弃真错误，也称为第 I 类错误。在显著性检验中，对给定的显著性水平 α，当 $P \leqslant \alpha$ 时就拒绝原假设。本例中，$P \approx 0.019 < \alpha = 0.05$，因此拒绝原假设，认为这种安眠药显著有效。

表 2-3 Matlab 软件中 t 检验输出结果 (单位：h)

t 检验：双样本等方差假设		
项目	安慰组	服药组
平均值	7.2666666667	8.975
方差	3.6586666667	0.545
观测值	6	8
合并方差	1.842361111	—
假设平均值	0	—
df	12	—
tstat	−2.330460986	—
$P(T \le t)$ 单尾	0.019019294	—
t 单尾临界	1.782286745	—
$P(T \le t)$ 双尾	0.038038588	—
t 双尾临界	2.178812792	—

t 检验：双样本异方差假设		
项目	安慰组	服药组
平均值	7.2666666667	8.975
方差	3.6586666667	0.545
观测值	6	8
假设平均值	0	—
df	6	—
tstat	−2.074860526	—
$P(T \le t)$ 单尾	0.041662582	—
t 单尾临界	1.943180905	—
$P(T \le t)$ 双尾	0.083825165	—
t 双尾临界	2.446913641	—

接着看临界值法，结合表 2-3 所示 Matlab 软件中 t 检验输出结果，第 11 行中"t 单尾临界 ≈1.782"是检验的临界值，但是在 Matlab 软件以及其他各种统计软件中，都不需要事先指定单侧检验的方向，因此给出的单侧检验临界值都是右侧正的临界值，这时需要使用者自己判定检验的方向。在这个单侧检验中，实际的临界值约是−1.782，当 t 小于等于临界值时就拒绝原假设。本例中，$|t|$=2.330>临界值的绝对值 1.782，因此拒绝原假设，认为这种安眠药显著有效。

可以看到，对给定的显著性水平 α，两种判断方式的结论是一致的，但用 P 值法更方便，其与临界值法相比有几个优点：第一，P 值的数值与显著性水平 α 无关，更改显著性水平时不需要重新计算，临界值则与显著性水平 α 有关，更改显著性水平时就要重新计算或查表。第二，P 值表示概率，概率具有可比性，对不同的统计量和不同的自由度，都可以用 P 值反映检验效果。第三，P 值就是放弃真错误的概率，由 P 值可以更准确地看出检验的效果。P 值法的缺点是不适合于手工计算，但是在所有的统计软件中，对检验问题都会计算出相应的 P 值，因此这个缺点可以忽略，在本书后面的各种检验问题中，都只使用 P 值法，不再使用临界值法。最后，使用双侧检验进行比对，从表 2-3 中看到，双样本等方差假设下，P 值≈0.038<0.05，因此在显著性水平 $\alpha=0.05$ 时，做双侧检验也拒绝原假设，认为这种安眠药显著有效。

2.2.1.3 正确选择检验条件

仔细观察以上两个检验的 P 值可以发现，不管是等方差还是异方差，双侧检验的 P 值都是单侧检验 P 值的 2 倍。P 值越小，检验就越显著，因此单侧检验的效率比双侧检验高。其原因也是显而易见的，单侧检验是根据专业知识认为这种新安眠药仅仅是无效，并不会对睡眠产生不利影响，这是一个有用的信息。因此，单侧检验结果是结合了专业信息和样本信息而做出的判断，检验的效率比双侧检验高。本例异方差的检验中，单侧检验的 $P≈0.0417<0.05$，可以认为这种安眠药显著有效；双侧检验的 $P≈0.0838>0.05$，不能认为这种安眠药显著有效。因此，如果根据专业知识认为单侧检验是合理的，就要采用单侧检验。

采用单侧检验时，还会分为左侧检验和右侧检验，这是一个有难度的问题，常常设错检验的方向，得到错误的检验结论。实际上，在应用中不必先写出检验的形式，可以像本例一样直接用软件计算出统计结果，分析这个结果说明什么问题，根据这个结果可以做出什么判断。具体分为以下几种情况。

(1) 本例中服药组的平均值 8.975 大于安慰组的平均值 7.267，所需要解决的问题是判断这个差异程度是否达到统计学的显著程度。首先根据专业知识认为该安眠药不会对睡眠产生不利的影响，决定采用单侧检验。从表 2-3 所示异方差检验的统计结果看到，如果单侧检验的 $P≈0.0417<0.05$，就可以(以显著性水平 $\alpha=0.05$)判定该安眠药对睡眠是显著有效的。这已经回答了人们关心的问题，同时回避了左侧检验和右侧检验的问题。

(2) 假如计算出服药组的平均值大于安慰组的平均值，而单侧检验的 P 值>0.05，这表明根据目前的实验数据还不能判定该安眠药对睡眠是显著有效的。

(3) 假如计算出服药组的平均值小于安慰组的平均值，这时即使不懂统计的人也知道这种安眠药无效，甚至怀疑这种安眠药对睡眠有不利影响，实际上是一种兴奋剂。如果确实关心这种安眠药是否是一种兴奋剂，只需要再看 P 值，假如双侧检验的 P 值≤0.05，就可以(以显著性水平 $\alpha=0.05$)判定该安眠药确实是一种兴奋剂。假如双侧检验的 P 值>0.05，就不能认为该安眠药是兴奋剂。这时为什么不用单侧检验的 P 值而改用双侧检验的 P 值？因为这时的单侧检验是以专业知识的前提条件"安眠药不会延长睡眠时间"计算出来的，而现在这个前提条件与统计结果不符，所以这时需要用双侧检验，双侧检验是不需要专业知识为前提的。

再次强调的是，双侧检验的 P 值约是单侧检验 P 值的 2 倍。在用统计软件做假设检验时，如果需要做单侧检验而软件给出的是双侧检验 P 值，这时只需要把双侧检验的 P

值除以 2。如果需要做双侧检验而软件给出的是单侧检验 P 值，这时只需要把单侧检验的 P 值乘以 2。

2.2.2　方差分析

方差分析(analysis of variance，ANOVA)是用来判断因素的水平间是否有显著差异的统计方法，按所考察的因素数目，可以分为单因素方差分析、双因素方差分析和多因素方差分析。本小节介绍单因素方差分析和双因素方差分析，本书后面的章节中还会继续介绍多因素方差分析。在方差分析中，总是要求每个处理下实验指标服从正态分布，并且方差相等。对这两个条件的要求与 2.2.1 小节 t 检验相似，可以主要根据专业知识判定，本书后续所述方差分析的内容总是假定满足这两个条件，当然还要满足实验数据独立性(符合随机化实验原则)的公共条件。

代码

2.2.2.1　单因素方差分析

在比较实验中，很多场合下需要比较多个处理的效果，也就是一个因素的几个不同水平的均值是否相等，这是 2.2.1 小节两个总体均值检验的推广。

下面介绍如何在 Matlab 中进行单因素方差分析，以及其对应的指令。

在 Matlab 中，进行单因素方差分析(one-way ANOVA)通常可以使用 anova1 函数，但需要注意的是，从 Matlab 的较新版本(特别是 R2014b 及以后)开始，anova1 函数已经被弃用，建议使用 anova2 函数的一个特例或者 fitlm 函数结合 anova 方法来执行单因素方差分析。fitlm 函数用于拟合线性模型，anova 函数则用于对拟合的模型进行方差分析。对于单因素方差分析，可以将因素作为分类变量，将响应变量作为连续变量来拟合模型。

以下是一个使用 fitlm 函数和 anova 函数进行单因素方差分析的示例。

(1) 准备数据。

首先，需要准备两组数据，其中 group 是分类变量(因子)，y 是响应变量。

假设有两组数据：

```
group = categorical([1; 1; 1; 2; 2; 2; 3; 3; 3]); % 示例分类变量
    y = [23; 29; 20; 32; 34; 30; 24; 27; 22]; % 示例响应变量
```
(2) 使用 fitlm 函数拟合线性模型：

$$mdl = fitlm(group, y);$$

(3) 使用 anova 函数进行方差分析：

$$tbl = anova(mdl);$$

(4) 显示方差分析表：

$$disp(tbl);$$

介绍完如何在 Matlab 中进行单因素方差分析之后，接下来用一个算例具体说明单因素方差分析问题。

例 2-2　某军工研究所研制一种炮弹，共提出了 4 种设计结构。为考察炮弹的直射距离，每种结构下试射 8 发炮弹，实验数据见表 2-4。实验结果是否表明不同结构炮弹的直射距离有显著差异？

表 2-4　炮弹的直射距离　　　　　　　　　　　　　　　　(单位：m)

炮弹序号	结构 1	结构 2	结构 3	结构 4
1	855	865	836	863
2	836	876	854	857
3	821	835	869	842
4	827	867	827	836
5	815	864	826	851
6	836	852	867	829
7	847	863	836	876
8	839	874	874	826

　　解： 这个问题的实验因素是炮弹结构，属于单因素实验设计。共有 4 个结构，即 4 个水平，对应 4 种处理，在方差分析中称为单因素 4 水平实验。实验因素炮弹结构可以记作 A，其 4 个水平记为 A_1、A_2、A_3、A_4。本例是平衡实验，每个水平下都做了 8 次实验。单因素方差分析也可以是不平衡实验，其数据的分析方法与平衡实验的情况完全相同。

　　用 Matlab 的单因素方差分析命令计算，得到如表 2-5 所示的输出结果。

表 2-5　炮弹单因素方差分析结果

相关数据汇总					
结构	计数	求和/m	平均直射距离/m	方差/m	—	—
结构 1	8	6676	834.5	174.29	—	—
结构 2	8	6896	862.0	172.57	—	—
结构 3	8	6789	848.6	389.13	—	—
结构 4	8	6780	847.5	303.14	—	—

方差分析表					
差异源	SS	df	MS	F	P	F crit
组间	3030.3	3	1010.1	3.8883	0.01928	2.9467
组内	7273.9	28	259.8	—	—	—
总计	10304.2	31	—	—	—	—

　　表 2-5 的输出结果分为两部分，第一部分是数据的简单汇总，计算出每个水平下数据的平均直射距离和方差。结构 2 的平均直射距离最远，为 862.0m。结构 1 的平均直射距离最近，为 834.5m。

　　表 2-5 所示输出结果的第二部分是方差分析表，这种方差分析表在本书后文中会多次用到，以下具体介绍表中的内容。

　　(1) 差异源。方差分析表中第 1 列是差异源，其中组间表示处理之间，反映因素各水平之间的差异；组内反映处理内的差异，就是随机误差。

　　(2) 离差平方和。方差分析表中第 2 列的 SS 是离差平方和(sum of squares)，组间离差平方和记作 SSA(sum of squares for factor A)，也就是因素 A 的离差平方和，计算公式为

$$SSA = \sum_{i=1}^{a} \sum_{j=1}^{n_i} (\bar{y}_i - \bar{y})^2 = \sum_{i=1}^{a} n_i (\bar{y}_i - \bar{y})^2$$

式中，a 是因素 A 的水平数，即处理数，本例中 $a=4$；n_i 是每个处理下实验数据的个数，本例中每个处理下都做了 8 次实验，即 $n_i=8$。

组内离差平方和记作 SSE(sum of squares for error)，也就是误差平方和，计算公式为

$$SSE = \sum_{i=1}^{a} \sum_{j=1}^{n_i} (y_{ij} - \bar{y})^2$$

总离差平方和(sum of squares for total，SST)与前两者之间满足平方和分解式：

$$SST=SSA+SSE$$

本例中数据为 10304.2=7273.9+3030.3。

(3) 自由度。方差分析表中第 3 列为自由度(degrees of freedom，df)，在方差分析中，组间的自由度也就是因素的自由度，是因素水平数减 1，本例中因素水平数是 4，所以因素的自由度是 3。

总自由度是数据个数减 1，故本例中总自由度是 32-1=31。

组内的自由度也就是误差的自由度，等于总自由度减因素自由度，即 31-3=28。

(4) 均方。方差分析表中第 4 列是均方(mean squares，MS)，也就是方差，等于离差平方和除以自由度：

$$MSA=SSA/(a-1)$$

$$MSE=SSE/(n-a)$$

(5) F 统计量。方差分析表中第 5 列是 F 统计量值，等于因素的均方除以误差的均方，即

$$F=MSA/MSE$$

可以对 F 值与方差分析表中第 7 列的临界值(F crit)进行比较，以判定各处理间(因素各水平间)的差异是否显著，当 $F \geq F$ crit 时认为差异显著。本例中

$$F=3.8883>F \text{ crit}=2.9467$$

因此，认为各处理间(因素各水平间)的差异显著。和 2.2.1 小节的 t 检验一样，实际上可以用 P 值判断显著性。

(6) P 值。方差分析表中第 6 列的 P 值表示认为一个因素各水平有显著差异时犯错误的概率，P 值越小，该因素各水平间的差异越显著。本例中 $P= 0.01928$，在显著性水平 $\alpha=0.05$ 时认为因素各水平间有显著差异，与用临界值判断的结论是一致的。

以上的检验结果从总体上说明炮弹结构对直射距离有显著影响，还可以进一步做多重比较，用 t 检验判断每两种结构之间的差异是否显著。

2.2.2.2 双因素方差分析

例 2-3 在例 2-2 中，发射炮弹所用的火炮是不同的，实际上使用了 4 门火炮，每种

结构的 8 发炮弹分别用 4 门火炮发射，每门火炮发射 2 发。这时要把火炮作为区组因素也考虑在方差分析之中。

这里火炮是区组因素，可以记作因素 B，这个实验可以看作双因素重复 2 次的全面实验，按表 2-6 所示输入数据。

表 2-6　含区组因素的实验数据

火炮	结构 1	结构 2	结构 3	结构 4
火炮 1	855	865	836	863
	836	876	854	857
火炮 2	821	835	869	842
	827	867	827	836
火炮 3	815	864	826	851
	836	852	867	829
火炮 4	847	863	836	876
	839	874	874	826

这时的实验设计属于随机区组设计，在数据分析中，把区组因素也要作为一个分析因素，使用可重复双因素方差分析。

2.3　数　据　处　理

2.3.1　数据处理概述

2.3.1.1　数据处理的重要性和初步流程

"数据处理"这一看似专业的技术术语，实际上与人们的日常生活息息相关。在信息化的时代，数据处理已经渗透各个行业和领域，成为现代社会不可或缺的一环。数据处理是一个涵盖数据的采集、存储、检索、加工、变换和传输等多个环节的综合性过程，每个环节都至关重要，共同构成了数据处理的完整链条。数据采集是数据处理的起点，也是确保数据准确性和有效性的关键。在现代社会，数据采集的来源广泛，可以是市场调研、用户行为记录、科学实验数据等[9]。这一阶段需要专业人员严谨操作，以确保数据的真实性和可靠性，为后续的数据处理和分析奠定坚实基础。数据存储是数据处理流程中的又一重要环节。随着数据量的激增，如何安全、高效地存储数据成为一个亟待解决的问题。云存储、分布式存储等技术的出现，为大数据的保存提供了可靠的解决方案。这些技术不仅保证了数据的安全性，还大大提高了数据的可访问性和可扩展性。

2.3.1.2　数据处理的深入流程与价值挖掘

数据检索、加工和变换是数据处理流程中的核心环节。一个高效的检索系统可以快速定位到所需的数据，为后续的数据分析提供便利。数据的加工和变换则能进一步揭示数据中的模式和趋势，将数据转化为更有价值的信息。数据的价值并不在于数据本身，而在于如何解读和利用这些数据。通过数据的加工和变换，可以发现隐藏在数据背后的规律和趋势，为决策提供科学依据。例如，在商业领域，通过对用户购买数据的分析，企业可以了解消费者的购买偏好和消费习惯，从而制订更精准的营销策略。此外，数据处理还包括数据的传输环节。在全球化和网络化的今天，数据需要在不同的系统、平台或地理位置之间进行传输。这一过程中，数据的完整性和安全性至关重要。因此，在数据传输过程中需要采取多种加密和安全措施，以确保数据不被泄露或篡改。

2.3.1.3 数据处理的意义与应用前景

数据处理不仅是一个技术过程，更是一种信息价值的挖掘和提炼。数据，作为对事实、概念或指令的表达，经过解释并赋予一定意义后，便成为有价值的信息。这些信息可以为人们提供新的视角和洞察，帮助人们更好地理解和应对复杂的世界。随着技术的不断发展，数据处理的应用前景也日益广阔。在医疗、金融、教育、交通等各个领域，数据处理都发挥着越来越重要的作用。例如，在医疗领域，通过对大量医疗数据的分析，可以帮助医生更准确地诊断疾病和制订治疗方案；在金融领域，数据处理则可以帮助银行和金融机构更好地评估风险和制订投资策略。总之，数据处理是一个复杂而关键的过程，涉及多个环节和多种技术。通过有效的数据处理，可以从海量的数据中抽取出有价值的信息，为决策提供支持，推动社会的进步和发展。随着技术的不断进步和应用领域的不断拓展，数据处理将在未来发挥更加重要的作用。

2.3.2 数据处理的作用

实验设计与数据处理以数理统计理论知识和实践经验为基础，为获得可靠的实验结果和有用信息，科学安排实验的方法论，并对所得实验数据进行分析，从而达到减少实验次数、缩短实验周期、迅速找到优化实验方案的目的。

实验设计与数据处理是一种广泛应用于工农业生产和科学研究过程中的普遍使用的科学计算方法，是产品设计质量管理和科学研究的重要工具。该方法经过百余年的发展，在各个科学领域的实验研究中起着重要的作用。建筑环境与能源应用专业通过采用一系列建筑设备，对空气进行调节，从而为建筑营造一个最佳的室内环境。对建筑设备的运行调节进行自动控制和节能控制，需要进行大量实验测试。通常需要通过实验来优化设备，并通过研究达到营造舒适环境、系统高效节能等目的。尤其在可再生能源利用、节能环保设备开发、绿色低碳等新技术的实验过程中，未知的因素较多，需要通过大量的实验来探索。

在实验过程中，由于实际情况比较复杂，观测工具又不够精确，加上观测人员在观测过程中难免产生误差等，所得实验的原始数据，如果没有经过适当处理，常常包含大量的干扰因素，不能如实反映实际情况。因此，为了在所得实验数据中提取更多有用的信息，更有效地发挥实验资料的效能，得到比较准确的科学结论，就必须对这些原始实验数据用数学工具进行一系列的实验数据处理和分析。

数据处理的方法主要有参数估计、回归分析、假设检验和方差分析等。

(1) 参数估计是对某些重要参数进行点或区间估计。

(2) 回归分析是获得反映事物客观规律性的数学表达式。

(3) 假设检验是判断各种数据处理结果的可靠程度。

(4) 方差分析是分析各影响因素对考察指标影响的显著性程度,从而找出最优的实验条件或生产条件的一种统计方法。通常将正交试验设计与方差分析有机地结合起来加以应用,以解决各种各样的实际问题。方差分析包括单因素方差分析和多因素方差分析。

2.3.3　数据处理的基本过程

2.3.3.1　误差分析

任何科学发现和新理论的创立都是在大量科学实验基础上完成的。科学实验从本质上来说,需要在受控条件下,对某些变量进行测量。可以说,科学是从测量开始的,是对自然界所发生的量变现象的研究。由于受认识能力与科学水平的限制,实验、测量得到的数值和其对应的客观真实值并非完全一致,这种矛盾在数值上表现为误差。人们经过长期的观察和研究,已经证实误差产生有必然性,即测量结果都有误差,误差自始至终存在于一切科学实验和测量中。

在科学研究和实际生产中,通常需要对测量误差进行控制,将其限制在一定的范围内,并需要知道所获得的数值的大体误差。因此,一个科学的测量结果不仅要给出其数值的大小,而且要给出其误差范围。测量与实验水平的提高,必将推动科学与技术的发展[10]。

研究影响测量误差的各种因素,以及测量误差的内在规律,其目的是科学地利用数据信息、合理地设计实验、尽量减少误差的产生,以期得到更接近于客观真实值的实验结果。

1) 测量的定义

人们通过对客观事物进行大量的观察和测量,形成了定性和定量的认识,通过归纳、整理建立了各种定理和定律,然后又通过测量来验证这些认识、定理和定律是否符合实际情况,经过如此反复实践,逐步认识事物的客观规律,并用于解释和改造世界。

测量是按照某种规律,用数据来描述观察到的现象,即对事物做出量化描述。测量是对非量化实物的量化过程。可以说,测量是人类认识和改造世界的一种不可缺少和替代的手段,它是以确定被测物属性量值为目的的一组操作。通过测量和试验,人们能对事物获得定性或定量的概念认识,并发现客观事物的规律性。广义地讲,测量是对被测量进行检出、变换、分析、处理、判断、控制等的综合认识过程。长度测量是以同性质的标准量与被测量比较,并确定被测量相对标准量的倍数(标准量应该是国际上或国家所公认的性能稳定的量值)。

长度 L 的测量值随选用标准量的大小而定。为了正确反映测量结果,常需在测量值的后面标明标准量的单位。例如,长度的被测量为 X,标准量采用国际制单位——米,测量的读数为 $X(m)$。

在测量流程中,核心在于将待测对象(被测量)与已知基准(标准量)进行有效对比。直接对比来获取量值称为直接方法,如使用天平直接衡量物体质量,但此类情况相对少见。

多数情况下，为了促进两者间的比较，需将待测对象和标准量各自转换至一个共同的、易于比较的中间媒介。以水银温度计测量水温为例，水温被转化为玻璃管中水银柱的上升高度，温度的标准量则被转化为温度计上的刻度标识，从而使得比较过程转化为水银柱高度与刻度标识的对应匹配。值得注意的是，这种转换策略并非唯一路径。例如，在采用热电阻测温时，水温的变化被转换为电阻值的变动，温度的标准量则相应地被转化为电阻刻度上的读数，从而实现了通过电阻值来间接比较温度的差异。

2) 测量的分类

一个物理量的测量，可以通过不同的方法实现。测量方法的选择正确与否，既关系到测量结果的可信赖程度，也关系到测量工作的经济性和可行性。不当或错误的测量方法，除得不到正确的测量结果外，甚至会损坏测量仪器和被测量设备。有了先进精密的测量仪器设备，并不等于就一定能获得准确的测量结果。必须根据不同的测量对象、测量要求及测量条件，选择正确的测量方法、合适的测量仪器及构造测量系统，只有进行正确操作，才能得到理想的测量结果。

从不同的角度出发可以对测量方法进行不同的分类，具体如下。

(1) 按测量的手段分类：直接测量、间接测量、组合测量。

(2) 按测量敏感元件是否与被测介质接触分类：接触式测量、非接触式测量。

(3) 按测量方式分类：偏差式测量、零位式测量、微差式测量。

(4) 按被测对象参数变化快慢分类：静态测量、动态测量。

(5) 按对测量精度的要求分类：精密测量、工程测量。

(6) 按测量时测量者对测量过程的干预程度分类：自动测量、非自动测量。

下面就几种常见的测量方法加以介绍。

1) 直接测量

在使用仪表进行测量时，仪表读数不需经过任何运算，就能直接表示测量所需要的结果，称为直接测量。例如，用磁电式电流表测量电路的支路电流，用弹簧管式压力表测量锅炉压力，暖气管道的压力表等就是直接测量。直接测量的特点是不需要对被测量与其他实测量进行函数关系的辅助运算，优点是测量过程简单而迅速、测量结果直观，缺点是测量精度不高。这种测量方法是工程上大量采用的方法。

2) 间接测量

有的被测量无法或不便于直接测量，但可以根据某些规律找出被测量与其他几个量的函数关系。这就要求在进行测量时，首先应对与被测物理量有确定函数关系的几个量进行测量，然后将测量值代入函数关系式，经过计算得到所需的结果，这种方法称为间接测量。例如，对生产过程中的纸张或地板革的厚度进行测量时无法直接测量，只有通过测量与厚度有确定函数关系的单位面积质量来间接测量。因此，间接测量比直接测量复杂，但是有时可以得到较高的测量精度。

3) 组合测量

组合测量又称"联立测量"，即被测物理量必须经过求解联立方程组，才能得出最后的测量结果。在进行组合测量时，一般需要改变测试条件，才能获得一组联立方程所要的数据。

组合测量过程中的操作手续复杂，花费时间较长，是一种特殊的精密测量方法，一般适用于科学实验或特殊场合。一个典型的例子是电阻器电阻温度系数的测量。已知电阻器阻值 R 与温度 t 之间满足关系：

$$R_t = R_{20} + \alpha t(t-20) + \beta(t-20)^2 \tag{2-1}$$

式中，R_{20} 为 $t=20°C$ 时的电阻值，一般为已知量；α、β 为电阻的温度系数；t 为环境温度。

为了获得 α、β 的值，可以在两个不同的温度 t_1、t_2(t_1、t_2 可由温度计直接测得)下测得相应的两个电阻值 R_{t1}、R_{t2}，代入式(2-1)得到联立方程：

$$\begin{cases} R_{t1} = R_{20} + \alpha(t_1 - 20) + \beta(t_1 - 20)^2 \\ R_{t2} = R_{20} + \alpha(t_2 - 20) + \beta(t_2 - 20)^2 \end{cases} \tag{2-2}$$

求解联立方程(2-2)，就可以得到 α、β 的值。如果 R_{20} 未知，显然可在 3 个不同的温度下，分别测得 R_{t1}、R_{t2}、R_{t3}，列出由 3 个方程构成的方程组并求解，进而得到 α、β、R_{20}。

4) 偏差式测量

用仪表指针的位移(偏差)决定被测量的量值，这种测量方法称为偏差式测量。应用这种方法测量时，仪表刻度事先用标准器具标定。在测量时，输入被测量，仪表指针在标尺上的示值，决定被测量的数值。这种方法测量过程比较简单、迅速，但测量结果精度较低。

5) 零位式测量

用指零仪表的零位指示检测测量系统的平衡状态，在测量系统平衡时，用已知的标准量决定被测量的量值，这种测量方法称为零位式测量。在测量时，已知标准量直接与被测量相比较，已知量应连续可调，指零仪表指零时，被测量与已知标准量相等，如天平、电位差计等。零位式测量的优点是可以获得比较高的测量精度，但测量过程比较复杂，费时较长，不适用于测量迅速变化的信号。

6) 微差式测量

微差式测量是综合了偏差式测量与零位式测量的优点而提出的一种测量方法。它将被测量与已知的标准量相比较，取得差值后，再用偏差式测量法测得此差值。应用这种方法测量时，不需要调整标准量，只需测量两者的差值。

设 N 为标准量，x 为被测量，Δ 为二者之差，则

$$x = N + \Delta \tag{2-3}$$

由于 N 是标准量，其误差很小，且 $\Delta < N$，因此可选用高灵敏度的偏差式仪表测量 Δ，即使所测 Δ 的精度较低，但因 $\Delta < x$，故总的测量精度仍很高。微差式测量的优点是反应快，而且测量精度高，特别适用于在线控制的参数测量。

7) 等精度测量与不等精度测量

等精度测量是测量过程中在影响测量误差的各种因素不改变的条件下进行的测量。

假设在相同的太空环境条件下(如地球磁场强度、太阳辐射水平相对稳定)，由同一位航天工程师使用同一套高精度的卫星跟踪与测距设备，对某颗卫星的轨道参数进行多次重复测量。然而，在实际操作中，尽管努力保持测量条件的一致性，但总会有一些微小而难以完全控制的变量影响测量结果的精确度。例如，卫星表面的微小温度波动可能影响

其反射信号的强度，进而影响测距精度；地球大气层的微小密度变化可能导致信号传播路径的微小偏差；甚至设备内部电子元件的热噪声或老化也可能对测量结果产生细微影响。这些因素综合作用，使得每次测量所得的卫星轨道参数(如位置、速度、加速度等)虽然大致相近，但在细节上存在差异，即构成了不等精度测量。为了应对这种情况，航天工程师会采用统计分析和数据处理技术，如加权平均法、卡尔曼滤波等，以尽量消除这些随机误差，提高测量结果的准确性和可靠性。

8) 在线式测量与离线式测量

测量系统状态数据的目的是应用。一类应用要求测量数据必须是实时的，即测量、数据存储、数据处理及数据应用是在同一个采样周期内完成的，如锅炉的炉膛负压控制中的负压测量数据，空调房间温、湿度控制系统中的温、湿度测量数据，集中供热调度系统中的压力、压差、温度、流量等测量数据，这些数据如果失去实时性，将无任何意义，因此应采用在线式测量方法。另一类应用则对测量数据没有实时应用的要求，一般情况下是在每一个采样周期内进行测量及存储数据，数据处理及数据应用在今后的某一时间进行，如对建筑物供热效果评价中的温度测量数据，节能墙体测试中的温度、热流测量数据，这些数据只是用于事后分析，不需要实时处理，因此可采用离线式测量方法。

在以上介绍的几种测量方法中，除等精度测量和不等精度测量方法常用于科学试验或对新测量仪器性能的检验外，其他方法均在工程测量中得到广泛的应用。需要注意的是，有时对同一测量对象，往往可以采用不同的测量方法，而不同的检测方法在不同的应用场合具有不同的特点。例如，对于体温测量，医院对病人体温的常规测量是采用水银体温计进行接触性检测，但在流行性疾病的监测中，对车站、机场等人流量较大的公共场所的人群进行体温检测时，则采用非接触的红外体温检测方法。显然，前者的特点是可靠性高，成本较低，后者的成本较高，但使用更方便。

2.3.3.2　建筑环境基本参数

建筑环境决定人们的生活品质，建筑环境评价涉及建筑热湿环境评价、空气环境评价、光环境评价、声环境评价。因此，从建筑环境基本参数出发，了解其测量方法，才能进一步改善建筑环境，提供必要的理论基础，有助于认识实验误差。

建筑环境包括热湿环境、空气环境、光环境以及声环境等，常见的建筑环境基本参数见表 2-7。

表 2-7　建筑环境基本参数

建筑环境	基本参数
热湿环境	温度、相对湿度、黑球温度、气流速度
空气环境	化学污染物(甲醛、苯、TVOC、SO_2、CO、CO_2、氮氧化物)； 物理污染物(放射性氡、可吸入颗粒物)； 生物污染物(微生物)
光环境	照度
声环境	声压级

注：TVOC 为室内有机气态物质。

2.3.3.3 建筑环境基本参数的测量方法

建筑环境基本参数的测量方法见表 2-8。

表 2-8 建筑环境基本参数的测量方法

建筑环境	基本参数		测量方法
热湿环境	温度	膨胀测温法	玻璃液体温度计、双金属温度计、定压气体温度计
		压力测温法	压力表式温度计、定容气体温度计、蒸汽压温度计
		电学测温法	热电偶温度计、电阻温度计、半导体热敏电阻温度计
		其他	光学测温法、磁学测温法、声学测温法、频率测温法
	相对湿度	干湿球法	普通干湿球湿度计、电动干湿球湿度计
		露点法	露点湿度计、光电式露点湿度计、氯化锂露点湿度计
		吸湿法	毛发湿度计、氯化锂电阻湿度计、高分子电阻式湿度传感器、金属氧化物膜陶瓷传感器、金属氧化物膜湿度传感器、电容式湿度计
	黑球温度	—	黑球温度计
	气流速度	机械法	翼式风速仪、杯式风速仪
		散热率法	恒流型热线风速仪、恒温型热线风速仪
		动力测压法	L形毕托管、T形毕托管
		激光测速法	激光多普勒测速仪、粒子图像测速法
空气环境	化学污染物	甲醛	酚试剂比色法、乙酰丙酮分光度法
		苯、TVOC	气相色谱法
		SO_2	恒电流库仑法、电导法、紫外荧光法、热导分析法、分光光度法、火焰光度法
		CO_2、CO	不分光红外吸收法、电导法、气相色谱法、容量滴定法
		氮氧化物	化学发光法、恒电流库仑法、盐酸萘乙二胺分光光度法
	物理污染物	放射性氡	静电计法、闪烁法、积分计数法、双滤膜法、气球法、径迹蚀刻法、活性炭浓缩法、活性炭滤纸法、活性炭盒法等
		可吸入颗粒物	称重法、粒子计数器
	生物污染物	微生物	沉降法、撞击法、过滤法
光环境	照度	—	照度计、亮度计
声环境	声压级	—	声级计、频谱分析仪、电平记录仪、磁带记录仪

注：相关测量方法可以参考建筑环境测试技术的相关书籍。

2.3.3.4 测量误差

人们对自然现象的研究总是通过有关物理量的测量来进行的，但是在实际测量中，无论测量仪器多么精密，方法多么先进，实验技术人员多么认真、仔细，观测值与真实值之间总是会存在不一致。测量手段不完善、环境影响、测量操作不熟练及工作疏忽等因素，都会导致测量结果与被测量真值不同。测量仪器的测量值与被测量真值之间的差异，称为测量误差。

可以说误差存在于一切科学实验的观测中，测量结果都存在误差。测量误差的存在具有必然性和普遍性，人们只能根据需要和可能，将其限制在一定的范围内，而不可能完全加以消除。

2.3.4 实验数据的误差分析

微课

2.3.4.1 真值与平均值

1. 真值

真值是在某一时刻、某一状态下，某物理量客观存在的实际大小。一般来说，真值是人们需要通过观测求得的，是客观存在的，但不一定能精确得到，只能随着技术发展、认识深入不断逼近。

1) 理论真值

实际中，有些物理量的真值是已知的，如平面三角形三内角之和恒为 180°，一个圆的圆心角为 360°，某一物理量与本身之差为 0 或者比值为 1，这种真值称为理论真值。

2) 约定真值

由于真值无法获得，计算误差必须找到真值的最佳估计值，即约定真值。约定真值通常用最大的绝对误差 ΔX 来估计其大小范围：

$$X_t \approx X \pm |\Delta X|_{max} \tag{2-4}$$

即在某一时刻和某一状态下，某量的客观值或实际值。真值一般是未知的，但从相对意义上来说，真值又是已知的，如国家标准样品的标称值、国际上公认的计量值等。

2. 平均值

在科学实验中，真值是指在无系统误差的情况下，观测次数无限多时求得的平均值，但是实际测量总是有限的，经常将有限次测量实验所求得的平均值作为真值的近似逼近。

科学实验中，平均值又分为算术平均值、均方根平均值、几何平均值、对数平均值、调和平均值、加权平均值。

(1) 算术平均值：最常用的一种平均值，当观测值呈正态分布时，算术平均值最近似真值。适用于等精度实验、实验值服从正态分布的场合。设 $x_1, x_2, \cdots, x_n$ 为各次的观测值，n 代表观测次数，则算术平均值为

$$\bar{x} = \frac{x_1 + x_2 + \cdots + x_n}{n} = \frac{1}{n}\sum_{i=1}^{n} x_i \tag{2-5}$$

(2) 均方根平均值：也称方均根或有效值，常用于计算分子的平均动能，一般应用较少。设 $x_1, x_2, \cdots, x_n$ 为各次的观测值，n 代表观测次数，则均方根平均值为

$$\bar{x} = \sqrt{\frac{x_1^2 + x_2^2 + \cdots + x_n^2}{n}} \tag{2-6}$$

(3) 几何平均值：一组 n 个观测值连乘并开 n 次方求的值。如果一组观测值是非正态分布的，当对这组数据取对数后，所得分布曲线的图形对称时，常用几何平均值。设 $x_1, x_2, \cdots, x_n$ 为各次的观测值，n 代表观测次数，则几何平均值为

$$\overline{x} = \sqrt[n]{x_1 \times x_2 \times \cdots \times x_n} \tag{2-7}$$

(4) 对数平均值：若一组测定值，取对数后遵从正态分布，则称其遵循对数正态分布，其平均值为对数平均值，适用于实验数据的分布曲线具有对数特性的场合。设有两个数值 x_1、x_2 均为正数，则它们的对数平均值为

$$\overline{x}_L = \frac{x_1 - x_2}{\ln x_1 - \ln x_2} = \frac{x_1 - x_2}{\ln \dfrac{x_1}{x_2}} = \frac{x_2 - x_1}{\ln \dfrac{x_2}{x_1}} \tag{2-8}$$

(5) 调和平均值：设 $x_1, x_2, \cdots, x_n$ 为各次的观测值，n 代表观测次数，则它们的调和平均值为

$$\frac{1}{H} = \frac{\dfrac{1}{x_1} + \dfrac{1}{x_2} + \cdots + \dfrac{1}{x_n}}{n} = \frac{\displaystyle\sum_1^n \dfrac{1}{x_i}}{n} \tag{2-9}$$

(6) 加权平均值：若对同一物理量用不同方法测定，或者由不同的人测定，计算平均值时，常对比较可靠的数值予以加重平均，称为加权平均。设 $x_1, x_2, \cdots, x_n$ 为各次的观测值，$\omega_1, \omega_2, \cdots, \omega_n$ 为各观测值相应的权重，n 代表观测次数，则加权平均值为

$$\overline{x} = \frac{\omega_1 x_1 + \omega_2 x_2 + \cdots + \omega_n x_n}{\omega_1 + \omega_2 + \omega_3 + \cdots + \omega_n} = \frac{\displaystyle\sum_1^n \omega_i x_i}{\displaystyle\sum_1^n \omega_i} \tag{2-10}$$

权重确定方法如下：
● 观测值的重复次数。
● 实验次数很多时，以实验值 x_i 在测量中出现的频率 n_i / n 作为权重。
● 根据权与绝对误差的平方成反比来确定权重。
● 根据权与方差的平方成反比来确定权重。

不考虑测量值的大小时，调和平均值≤几何平均值≤算术平均值≤均方根平均值；如果 $a > b > 0$ 时，且 $a \neq b$，存在 $a >$ 算术平均值>对数平均值>几何平均值>调和平均值$> b$ 的关系，即

$$a > \frac{a+b}{2} > \frac{a-b}{\ln a - \ln b} > \sqrt{ab} > \frac{2}{\dfrac{1}{a} - \dfrac{1}{b}} > b \tag{2-11}$$

例 2-4 在实验室称量某样品时，不同的测量者得到 4 组称量结果，见表 2-9，如果认为各测量结果的可靠程度仅与测量次数成正比，试求其加权平均值。

表 2-9　测量值、平均值和权重

组序	测量值	平均值	权重
1	100.357,100.343,100.350	100.350	3
2	100.360,100.348	100.354	2
3	100.350,100.344,100.336,100.340,100.345	100.343	5
4	100.339,100.350,100.340	100.343	3

解：由于测量结果的可靠程度仅与测量次数成正比，每组实验平均值的权值即对应的实验次数，所以加权平均值为

$$\overline{x}_\omega = \frac{\omega_1 \overline{x}_1 + \omega_2 \overline{x}_2 + \omega_3 \overline{x}_3 + \omega_4 \overline{x}_4}{\omega_1 + \omega_2 + \omega_3 + \omega_4}$$

$$= \frac{100.350 \times 3 + 100.354 \times 2 + 100.343 \times 5 + 100.343 \times 3}{3 + 2 + 5 + 3} = 100.346$$

例 2-5　假设在一次火箭发动机推力测试中，获得了两组关键数据，这些数据是关于发动机在不同燃料流量下的推力输出，其平均值分别为 $F_1 = 1000\text{kN} \pm 10\text{kN}$，$F_2 = 1000.5\text{kN} \pm 2\text{kN}$。求加权平均值。

解：根据两组数据的绝对误差计算权重(权重与绝对误差的平方成反比)：

$$\omega_1 = \frac{1}{(100\text{kN})^2} \quad \omega_2 = \frac{1}{(4\text{kN})^2}$$

$$\omega_1 : \omega_2 = 1 : 25$$

$$F_{\text{avg}} = \frac{\omega_1 \times F_1 + \omega_2 \times F_2}{\omega_1 + \omega_2} = 1000.48(\text{kN})$$

2.3.4.2　误差的表示方法

1) 绝对误差

某物理量与其真值之差称为绝对误差，是测量值偏离真值大小的反映，即

$$绝对误差 = 测量值 - 真值 \tag{2-12}$$

2) 相对误差

绝对误差与真值的比值所表示的误差称为相对误差，有时也可表示为绝对误差与测量值的比值。采用相对误差更能清楚地表示出测量的准确程度：

$$相对误差 = \frac{绝对误差}{真值} = \frac{绝对误差}{测量值 - 绝对误差} = \frac{绝对误差/测量值}{1 - 绝对误差/测量值} \tag{2-13}$$

当绝对误差很小时，测量值/绝对误差>1，此时有

$$相对误差 = \frac{绝对误差}{测量值} \tag{2-14}$$

3) 引用误差

相对误差还有一种简便实用的形式，即引用误差。为了减小误差计算中的复杂度和

划分仪器正确度等级的方便，一律取仪表的量程或测量范围上限值作为误差计算的分母(基准值)，分子取仪表量程范围内可能出现的最大绝对误差值。具体表达式如下：

$$引用误差 = \frac{绝对误差}{仪表量程} \times 100\% \tag{2-15}$$

在热工仪表中，正确度等级一般都是用引用误差来表示的，通常分成 0.1、0.2、0.5、1.0、1.5、2.5 和 5.0 七个等级。上述数值表示该仪器最大引用误差的大小，但不能认为仪表在各个刻度上的测量都是如此大的误差。例如，某仪表正确度等级为 R(引用误差为 $R\%$)，满量程的刻度值为 X，实际使用时的测量值为 x(一般 $x \leqslant X$)，则

$$测量值的绝对误差 \leqslant \frac{X \cdot R}{100}$$

$$测量值的相对误差 \leqslant \frac{X \cdot R}{x}\%$$

通过上面的分析，为了减小仪表测量的误差，提高正确度，应该使仪表尽可能地在靠近满量程刻度的区域内使用，这正是人们利用或选用仪表时，尽可能地在满刻度量程的 2/3 以上区域使用的原因。

2.3.4.3　误差的来源与分类

一个量的观测值或计算值与其真实值之差特指统计误差，即一个量在测量、计算或观察过程中由某些错误或某些不可控制因素的影响而造成的变化偏离标准值或规定值的数量。误差是不可避免的，其来源主要有下述 4 个方面。

(1) 设备仪表误差：所使用的仪器、器件、引线、传感器及提供检定用的标准器等，均可引入误差。

(2) 环境误差：周围环境的温度、湿度、压力、振动及各种可能干扰测量的因素，均能使测量值发生变化，使测量失准，产生误差。

(3) 人员误差：测量人员的分辨能力、测量经验和习惯，影响测量误差的大小。

(4) 方法误差：研究与实验方法引起的误差，如实验设计不合理、经验公式形式的选择不当及运算过程中过多的舍入而累积的误差等，都会使最终结果的误差变大。

此外，测量过程中，被测对象本身的随机而微小的变化，一般也按误差考虑。

为了研究误差的特点，按照误差产生的原因和性质，可将误差分为 3 类：随机误差、系统误差、过失误差(粗大误差)。

1) 随机误差

在实际相同条件下，对同一被测量进行多次等精度测量时，由于各种随机因素(如温度、湿度、电源电压波动、磁场等)的影响，各次测量值之间存在一定差异，这种差异就是随机误差。测量时，每一次测量的误差均不相同，时大时小，时正时负，不可预定，无确定规律。随机误差产生于众多因素的微小波动，这些影响既难发现又难排除，是伴随整个测量过程不能消除的误差。随机误差具有随机变量的一切特征，所以，必须采用数理统计的方法来研究随机误差的统计特征，以判断它对测量结果的影响。

例如，对某一个实际测量的结果进行统计分析(表 2-10)，可以发现随机误差的特点和规律。

表 2-10　测量值分布表

区间	1	2	3	4	5	6	7
测量值 x_i	4.95	4.96	4.97	4.98	4.99	5.00	5.01
误差 Δx_i	−0.07	−0.06	−0.05	−0.04	−0.03	−0.02	−0.01
出现次数 n_i	4	6	6	11	14	20	24
频率 f_i	0.027	0.040	0.040	0.073	0.093	0.133	0.160
区间	8	9	10	11	12	13	14
测量值 x_i	5.02	5.03	5.04	5.05	5.06	5.07	5.08
误差 Δx_i	0	0.01	0.02	0.03	0.04	0.05	0.06
出现次数 n_i	17	12	12	10	8	4	2
频率 f_i	0.113	0.080	0.080	0.060	0.053	0.027	0.048

表 2-10 中观测总次数为 150 次，某测量的算术平均值为 5.01，共 14 个区间，每个区间间隔为 0.01，从表中可以分析归纳随机误差的特点，具体如下。

(1) 单峰性：误差绝对值小的，密度最大，误差绝对值大的，密度最小，表 2-10 中，$|\Delta x_i| \leqslant 0.03$ 的次数为 109 次，其中 $|\Delta x_i| \leqslant 0.01$ 的占 53 次，$|\Delta x_i| > 0.03$ 的仅 41 次，可见随机误差的分布呈单峰形。

(2) 对称性：绝对值相等的误差，出现的概率相等。

(3) 抵偿性：在相同条件下对同一量进行测量，当测量次数很大时，误差的总和应为零。由于绝对值相等的正负误差出现的次数相等，误差正负相抵；全部误差的算术平均值随着测量次数的增加趋近于零，即随机误差具有抵偿性。抵偿性是随机误差最本质的统计特性。

(4) 有界性：当测量条件一定时，误差的绝对值实际上不会超出某一界限，表 2-10 中的 $|\Delta x|$ 不大于 0.07，绝对值很大的误差出现的概率接近于零。

随机误差表示测量结果偏离其真实值的分散情况。一般分布形式接近于正态分布。消除方法可采用在同一条件下对被测量进行足够多次重复测量，取其算术平均值作为测量结果的方法。

2) 系统误差

系统误差是由于偏离测量规定的条件，或者测量方法不合适，按某一确定规律引起的误差，即分析过程中某些确定的、经常性的因素引起的误差。当测量条件一定时，误差的大小和方向恒定，当测量条件变化时，误差按某一确定规律变化，这种误差称为系统误差。确定规律是指误差变化可用函数式或曲线图形描述。

对于确定存在而又无法消除的系统误差，需要正确地进行数据处理：

(1) 恒定系统误差，方向和大小均已确定不变，应采用对测量值修正的办法消除。

(2) 变化系统误差，先估计在测量过程中的变化区间$[a,b]$，$a<b$，$(a+b)/2$ 作为恒定系统误差加以修正，取区间的半宽度$(a+b)/2=e$ 作为随机误差的误差限。

系统误差的特点：

(1) 重现性，即重复测定、重复出现。

(2) 单向性，即误差或大、或小、或正、或负。

(3) 可测性，即误差恒定，可以校正。

系统误差存在与否决定了分析结果的准确度。一般来说，系统误差存在的原因如下：

(1) 方法误差，由分析方法自身不足所造成的误差。例如，在重量分析法中，沉淀的溶解度大，沉淀不完全引起的分析结果偏低。

(2) 仪器误差，由测量仪器自身的不足所引起的误差。例如，容量仪器体积不准确；分光光度计的波长不准确。

(3) 原理误差。

系统误差有其对应的规律性，不能依靠增加测量次数来消除，一般可通过试验分析方法掌握其变化规律，并按照相应规律采取补偿或修正的方法加以消减。

减小系统误差的方法：

(1) 对所使用的仪器按期严格检定，在规定的使用条件下，按操作规程正确使用，对测量仪表进行校正，在准确度要求较高的测量结果中，引入校正值进行修正。

(2) 消除产生误差的根源，即正确选择测量方法和测量仪器，尽量使测量仪表在规定的使用条件下工作，消除各种外界因素造成的影响。

3) 过失误差

测量误差明显地超出正常值的误差称为过失误差，又称粗大误差。这通常是测量人员疏忽，造成读数、记录或运算错误，或测试条件突然变化而发生测量值显著异常的结果。确切地说，在相同条件下，对同一被测量进行多次等精度测量时，有个别测量结果的误差远远大于规定条件下的预计值。这类误差一般由测量者粗心大意或测量仪器突然出现故障等造成，也称为粗大误差。过失误差其实已经不属于误差之列，所以，含有过失误差的值又称为坏值，在对实验结果进行数据处理之前，需先行剔除坏值。

2.3.5 实验数据的精准度

2.3.5.1 精密度

计量的精密度(precision of measurement)是指在相同条件下，对被测量进行多次反复测量，测得值之间的一致(符合)程度。从测量误差的角度来说，精密度所反映的是测得值的随机误差。精密度高，不一定正确度高。也就是说，测得值的随机误差小，不一定其系统误差也小。

2.3.5.2 正确度

计量的正确度(correctness of measurement)是指被测量的测得值与其"真值"的接近程度。从测量误差的角度来说，正确度所反映的是测得值的系统误差。正确度高，不一定精密度高。也就是说，测得值的系统误差小，不一定其随机误差也小。

2.3.5.3 准确度

计量的精确度也称准确度(accuracy of measurement)，是指被测量的测得值之间的一致程度，以及与其"真值"的接近程度，即测量结果与被测量真值之间的一致程度，是精密度和正确度的综合概念。从测量误差的角度来说，精确度(准确度)是测得值的随机误差和系统误差的综合反映。

在工程应用中，为了简单表示测量结果的可靠程度，引入精确度等级概念，用 A 表示。精确度等级以一系列标准百分数值$(0.001,0.005,0.02,0.05,\cdots,1.5,2.5,4.0)$进行分档。这个数值是测量仪表在规定条件下，其允许的最大绝对误差相对于其测量范围的百分数。它可以用下式表示：

$$A = \frac{\Delta A}{Y} \times 100\% \qquad (2\text{-}16)$$

式中，A 为精度；ΔA 为其测量范围允许的最大绝对误差；Y 为满量程输出。

2.3.6 测量数据的合理性检验

在实际测量中，由于偶然误差的客观存在，所得数据总存在一定的离散性，也可能由于过失误差出现个别离散较远的数据，通常称为坏值或可疑值。为将测量中可能存在的坏值剔除，需要进行测量数据的合理性检测。

判别坏值的常用方法有以下两种。

(1) 物理判别法：在观测过程中及时发现并纠正由仪器仪表、人员及实验条件等情况变化造成的错误。

(2) 统计判别法：规定一个误差范围$(\pm k\sigma)$及相应的置信概率 $1-\alpha$，凡超过该误差范围的测量值，都是小概率事件，即判断是粗大误差，认为是坏值而予以剔除。关于 k 值的求解，主要有以下几种方法。

2.3.6.1 拉伊特方法

拉伊特方法的基本思想是将测量值看成服从某一分布(按正态分布)的随机变量，以最大误差范围 3σ 为依据进行判别。

设有一组测量值 $x_i (i=1,2,\cdots,n)$，其子样平均值为 $\bar{x}$，偏差 $\Delta x_i = x_i - \bar{x}$ 按照贝塞尔公式计算：

$$\sigma = \pm\sqrt{\frac{\sum_{i=1}^{n}(x_i-\bar{x})^2}{n-1}} = \pm\sqrt{\frac{\sum_{i=1}^{n}(\Delta x_i)^2}{n-1}} \qquad (2\text{-}17)$$

如果测量值 $x_i (1\leqslant i\leqslant n)$ 的偏差$|\Delta x_i|\geqslant 3\sigma$，则认为 x_i 是含有粗大误差的坏值。

拉伊特方法的最大优点是简单、方便、不需要查表，但对小样本不准，往往会把坏值隐藏下来。例如，当 $n\leqslant 10$ 时，有

$$\sigma = \pm\sqrt{\frac{\sum_{i=1}^{n}(\Delta x_i)^2}{10-1}}$$

$$3\sigma \geqslant |\Delta x_i|$$

此时，任意一个测量值的偏差 Δx 都能满足 $|\Delta x_i| \geqslant 3\sigma$，不可能出现小于 3σ 的情况。在一些要求严格的场合，也用 3σ 判别，但 $n \leqslant 5$ 的测量同样无法剔除坏值。

微课

2.3.6.2　肖维勒方法

肖维勒方法认为，在 n 次测量中，坏值出现的次数为 $1/2$ 次，即坏值出现的概率为 $1/(2n)$。按概率积分：

$$\frac{1}{2n} = 1 - \frac{2}{\sqrt{2\pi}} \int_{-k}^{k} e^{-\frac{x^2}{2}} dx = 1 - F(x) \tag{2-18}$$

$$F(x) = 1 - \frac{1}{2n} = \frac{2n-1}{2n} \tag{2-19}$$

不同的 n 可计算 $\dfrac{2n-1}{2n}$ 的值，查概率积分表，可以求出 k。

对于一组观测值，其中离差值 $|\Delta x_i|$ 大于或等于 $k(n,\sigma)\sigma$ 者为坏值，应予以剔除。肖维勒方法中的系数 k 与 n 的关系对照见表 2-11。

表 2-11　肖维勒方法中的系数 k 与 n 的关系对照表

n	k	n	k	n	k	n	k
3	1.38	9	1.92	15	2.13	25	2.33
4	1.53	10	1.96	16	2.15	30	2.39
5	1.65	11	2.0	17	2.17	40	2.49
6	1.73	12	2.03	18	2.20	50	2.58
7	1.80	13	2.07	19	2.22	75	2.71
8	1.86	14	2.13	20	2.24	100	2.81

2.3.6.3　t 检验方法

当测量次数较小时，按 t 分布的实际误差分布范围来判断粗大误差较为合理。t 检验方法的原则：首先剔除一个与均值偏离最大的数据，然后对剩余的数据进行统计计算，以判定该次剔除是否合理，即判定已被剔除的那个数据是否含有粗大误差。

对于某一等精度重复测量数据列 $x_1, x_2, \cdots, x_n$，若认为其中的某数据 x_j 为可疑数据，将其剔除后的平均值为（计算时不包括 x_j）

$$\bar{x}' = \frac{1}{n-1} \sum_{i=1, i \neq j}^{n} x_i \tag{2-20}$$

将其剔除后的样本标准偏差为（计算时不包括 $v_j = x_j - \bar{x}$）

$$S' = \sqrt{\frac{\sum\limits_{i=1, i \neq j}^{n} (x_i - \bar{x})^2}{n-2}} = \sqrt{\frac{\sum\limits_{i=1, i \neq j}^{n} v_i^2}{n-2}} \tag{2-21}$$

根据测量次数 n 和选定的显著性水平 α ，即可由表 2-12 查得 t 检验系数 $K_\alpha(n)$ 。若

$$|x_i - \overline{x}| > K_\alpha(n)S'$$

则认为测量值 x_j 含粗大误差，剔除它是正确的。否则，就认为 x_j 不含粗大误差，应予以保留。

表 2-12　t 检验系数 $K_\alpha(n)$ 表

n	显著性水平		n	显著性水平	
	0.05	0.01		0.05	0.01
	$K_\alpha(n)$			$K_\alpha(n)$	
4	4.97	11.46	18	2.18	3.01
5	3.56	6.53	19	2.17	3.00
6	3.04	5.04	20	2.16	2.95
7	2.78	4.36	21	2.15	2.93
8	2.62	3.96	22	2.14	2.91
9	2.51	3.71	23	2.13	2.90
10	2.43	3.54	24	2.12	2.88
11	2.37	3.41	25	2.11	2.86
12	2.33	3.31	26	2.10	2.85
13	2.29	3.23	27	2.10	2.84
14	2.26	3.17	28	2.09	2.83
15	2.24	3.12	29	2.09	2.82
16	2.22	3.08	30	2.08	2.81
17	2.20	3.04	—	—	—

采用 t 检验准则判断测量数据列 $x_1, x_2, \cdots, x_n$ 中是否有数据含粗大误差的计算步骤如下：

(1) 计算样本均值 $\overline{x} = \dfrac{1}{n}\sum\limits_{i=1}^{n} x_i$ 。

(2) 剔除一个与均值 $\overline{x}$ 偏差(残差)最大的数据 x 后，根据(1)中的计算式计算剩下的 $n-1$ 个数据的样本均值 $\overline{x}'$ 与标准偏差 S' 。

(3) 根据测量次数 n 和选定的显著性水平 α ，查 t 检验系数表得到 $K_\alpha(n)$ 。

(4) 如果 $|x_j - \overline{x}'| \leqslant K_\alpha(n)S'$ ，则该数据不应剔除，判断结束。如果 $|x_j - \overline{x}'| > K_\alpha(n)S'$ ，则该数据有粗大误差，所做的剔除是正确的。尚需对剩下的 $n-1$ 个数据继续进行判断。

(5) 在剩下的 $n-1$ 个数据中剔除 1 个与均值 $\overline{x}'$ 偏差最大的数据 x_i' ，然后计算余下的 $n-2$ 个数据的样本均值 $\overline{x}''$ 与标准偏差 S'' 。

(6) 根据测量次数 $n-1$ 和选定的显著性水平 α ，查 t 检验系数表得到 $K_\alpha(n)S'$ 。如果 $|x_j' - \overline{x}''| \leqslant K_\alpha(n)S''$ ，则该数据不应剔除，判断结束。如果 $|x_j' - \overline{x}''| > K_\alpha(n)S''$ ，该数据有粗大误差，所做的剔除是正确的。尚需对剩下的 $n-2$ 个数据继续进行判断，这样一直进

行下去，直到找不到含有粗大误差的测量数据。

2.3.6.4 格拉布斯方法

格拉布斯(Grubbs)方法的原理是用显著性水平 α 来计算 k 值。这里把误差超过 $\pm k\sigma$ 的概率称为显著性水平 $\alpha = 1 - F\left(\left|\Delta x_i\right| \geqslant k\sigma\right)$，这样可得

$$1 - F(x) = \alpha \tag{2-22}$$

或

$$F(x) = 1 - \alpha \tag{2-23}$$

在大多数情况下采用的显著性水平为 0.01 或 0.05(有 1% 或 5% 的概率超出范围 $\pm k\sigma$)，对精度要求较高的测量一般有 $\alpha = 0.01$。k 由观测次数 n 和 α 所决定，列于表 2-13。

表 2-13 格拉布斯方法中的 $k(n,\alpha)$

n	α		n	α		n	α	
	0.01	0.05		0.01	0.05		0.01	0.05
3	1.15	1.15	11	2.48	2.24	20	2.88	2.56
4	1.49	1.46	12	2.55	2.29	22	2.94	2.60
5	1.75	1.67	13	2.61	2.33	24	2.99	2.64
6	1.94	1.82	14	2.66	2.37	25	3.01	2.66
7	2.10	1.94	15	2.70	2.41	30	3.10	2.74
8	2.22	2.03	16	2.74	2.44	35	3.18	2.81
9	2.32	2.11	17	2.78	2.48	40	3.24	2.87
10	2.41	2.18	18	2.82	2.50	50	3.34	2.96

采用格拉布斯方法判断测量数据的步骤如下：

(1) 数据排序。

(2) 计算包括可疑值在内的平均值及标准偏差 σ 。

(3) 从表 2-13 中查取 $k(n,\alpha)$ ，其中 α 为显著性水平，表示检验出错的概率 $\alpha = 0.01$，0.05；$1 - \alpha$ 表示置信度、置信水平。

(4) 计算偏差绝对值。

(5) 选取偏差绝对值最大的数据来检验，如果满足以下条件，则剔除：

$$\left|\Delta x_p\right| = \left|x_p - \bar{x}\right| > k(\alpha,n) \cdot \sigma \tag{2-24}$$

2.3.6.5 注意事项

(1) 可疑数据应逐一检验，不能同时检验多个数据；

(2) 剔除一个数后，如果还要检验下一个数，则应注意实验数据的总数发生了变化；

(3) 根据测量次数 n ，确定判别过失误差的准则：$n < 20$ 时，用格拉布斯方法；$n > 20$ 时，用拉伊特方法。

例 2-6　假设在一次航天器的再入大气层测试过程中,科研人员使用毕托管对飞行器表面某一点的气流速度进行了连续测量,以评估其热防护系统的工作状态。

测量得到的一系列速度值(单位：m/s)如下：

2.345,2.351,2.353,2.356,2.358,2.360,2.362,2.364,2.365,2.367,2.369,2.371,2.373,

2.375,3.456

这里,同样设定显著性水平 $\alpha=0.01$,使用格拉布斯方法来检验这组数据中是否存在异常值("坏值")。

(1) 计算平均值：

$$\bar{x} = \frac{1}{n}\sum_{i=1}^{n} x_i = 2.435$$

(2) 计算标准差：

$$s = \sqrt{\frac{1}{n-1}\sum_{i=1}^{n}(x_i - \bar{x})^2} = 0.01$$

(3) 应用格拉布斯检验：

$$G_i = \frac{|x_i - \bar{x}|}{s}$$

(4) 确定临界值。格拉布斯检验的临界值 $G(\alpha,n)$ 取决于显著性水平 α 和样本大小 n 。确定 $G(\alpha,n)=2.61$ 。

(5) 判断异常值：

对应 $x=3.456$ 时, $G_{max}=109.1$ 。

由于 $G_{max}=109.1>G(\alpha,n)=2.61$,可以得出结论： $x=3.456$ 是一个异常值,应该从数据集中剔除。

习　　题

2.1　简述实验设计中随机化原则的重要性,并给出一个实际应用场景说明其如何帮助减少偏差。

2.2　解释什么是方差分析(ANOVA),并说明 ANOVA 与 t 检验在比较多组均值时的主要区别。

2.3　假设你正在进行一项关于不同教学方法对学生数学成绩影响的研究,设计了一个包含三种教学方法(传统讲授、合作学习、翻转课堂)的实验。请设计一个简单的实验方案,包括实验设计类型、随机化过程、数据收集方法以及可能采用的统计分析方法。

2.4　在一次火箭发动机推力测试实验中,科研人员对火箭发动机喷管出口处的气流速度进行了精确测量,以验证发动机的性能是否符合设计要求。测量得到的一系列速度值(单位：m/s)如下：

2800,2802,2805,2807,2809,2811,2813,2815,2817,2819,2821,2823,2825,2827,3200

设定显著性水平 $\alpha=0.01$，使用格拉布斯(Grubbs)方法来检验这组数据中是否存在异常值。若存在，应该怎么处理异常值？

2.5 在一次卫星姿态控制系统的测试中，科研人员记录了卫星在不同时间点的姿态角(以度为单位)数据，以评估姿态控制系统的稳定性和准确性。测试数据如下：

$$0.12,0.15,0.17,0.19,0.21,0.23,0.25,0.27,0.29,0.31,0.33,0.35,0.37,0.39,5.00$$

这组数据中，最后一个值 5.00 与其他值相比，显然存在显著差异，请通过肖维勒方法来验证这一点。

参 考 文 献

[1] 田胜元. 实验设计与数据处理[M]. 北京: 中国建筑工业出版社, 1988.

[2] 何少华. 试验设计与数据处理[M]. 长沙: 国防科技大学出版社, 2002.

[3] 沙定国. 误差分析与测量不确定度评定[M]. 北京: 中国计量出版社, 2003.

[4] 黄仁和, 田爱民. 实验设计与数据处理[M]. 北京: 化学工业出版社, 2005.

[5] 吕慧, 曹贵平. "化工实验设计与数据处理"全英文课程教学探索与体会[J]. 北京:化工高等教育, 2019, 36(4): 39-43.

[6] 贾俊平. 统计学[M] . 3 版. 北京: 中国人民大学出版社, 2008.

[7] 方开泰. 均匀设计与均匀设计表[M]. 北京: 科学出版社, 1994.

[8] 方开泰. 正交与均匀试验设计[M]. 北京: 科学出版社, 2001.

[9] 郎志正. 质量管理及其技术和方法[M]. 北京: 中国标准出版社, 2003.

[10] 任露泉. 试验优化设计与分析[M] . 北京: 高等教育出版社, 2003.

第 3 章

科技报告写作

3.1 科技报告概述

科技报告即科学技术报告，是指科技人员为了描述其从事的科研、设计、工程、试验和鉴定等活动的过程、进展和结果，按照规定格式编写而成的特种文献。科技报告由课题负责人组织科研人员撰写并对内容进行审核。科技报告内容翔实、专深，附有图表、数据、研究方法等，能如实、完整、及时地描述科研的基本原理、方法、技术、工艺和过程等，使科研工作者依据科技报告中的描述可以重现实验过程或了解科研结果[1]。

科技报告的数量和质量反映了科研项目的完成情况和创新程度，同时也体现了项目负责人的科研能力和水平，是科研工作承上启下的重要保障。持续积累的科技报告是国家基础性战略资源，为科技管理部门和科研人员提供了真实的信息支撑和有效的信息保障，也确保社会公众了解政府的科研投入产出情况。

政府科技报告指政府资助科研项目所产生的科技报告。科技项目在不同的实施阶段会形成不同类型的科技报告，包括专题技术报告、技术进展报告、最终技术报告以及组织管理报告。根据科研项目专业特性和任务目标，不同的科研项目可产生并提交不同类型的科技报告，所提交科技报告的具体类型和数量取决于项目的类型、规模和任务性质。

科技报告编写规则规定，完整的科技报告通常由前置、正文和结尾三个部分构成，其中每一部分又由不同的要素组成。前置部分包含封面、题名页、辑要页、摘要、序或前言、致谢、目次、插图和附表清单、符号和缩略语说明等要素。正文部分包括引言、主体、结论和建议、参考文献等要素；正文需自拟标题，按照技术论文写作思路，分章、节撰写。结尾部分包括附录、索引、发行列表、封底等要素[2]。

按照科技报告中各要素的必要性，可将其划分为必备要素和可选要素。其中，必备要素是科技报告中必须包含的要素，包括前置部分的封面、辑要页、摘要、目次以及正文部分的引言、主体、结论和建议，剩余各要素均为可选要素。科技报告构成要素状态及功能说明如表 3-1 所示。

表 3-1　科技报告构成要素状态及功能说明

组成	要素	状态	功能
前置部分	封面	必备	提供密级、报告编号、分类号、题名、作者、完成单位、完成日期等信息
	题名页	可选	提供封面上的信息以及项目号、项目资助机构信息、发行限制信息等
	辑要页	必备	集成题名页信息和摘要、关键词、审核人等信息
	序或前言	可选	作者或他人对报告基本特征的简介等
	致谢	可选	对研究实施或报告编写等工作给予帮助的组织和个人表示感谢
	摘要	必备	简述研究的目的、方法、结果和结论等
	目次	必备	描述报告的整体结构，便于快速定位信息
	插图和附表清单	可选，图表较多时使用	描述报告的结构，便于快速定位图形信息
	符号和缩略语说明	可选	便于阅读和把握报告内容
正文部分	引言	必备	简要说明研究工作的背景、目的、范围、意义、前人的研究情况等
	主体	必备	完整描述研究对象、基本理论、研究方法、实(试)验方法、方案论证、设计依据、参数选择、工艺、重要配方、程序、实验数据及观察记录等主要数据、计算和数学推导、对结果的分析研究等
	结论和建议	必备	最终的、总体的结论以及对未来的行动建议、解决途径等
	参考文献	可选，有则必备	提供撰写报告过程中所引用的文献信息
结尾部分	附录	可选，有则必备	包含正文部分的辅助材料和补充项目
	索引	可选	提供某一特定主题及其在报告中出现的位置信息
	发行列表	可选，进行发行控制时使用	描述科技报告接收机构或个人的通信地址等相关信息
	封底	可选	描述国际标准书号、与封面相同的密级信息、出版者名称和地址或其他相关信息

3.2　科技报告写作要求

3.2.1　写作总体要求

1) 科技报告的体例

科技报告的读者主要是科研人员，而非管理者，其主要目的是促进科研人员的交流和使用。因此，科技报告需要根据科技论文的体例撰写，主要描述研究对象、过程、方法和结果等内容，而不是针对具体的项目或课题等，这与验收报告有明显的差异。

撰写科技报告时，应该根据研究对象的特点以及研究过程的阶段，详细地记录其自身的创新性内容。因此，不同类型的科技报告在撰写上会存在一定差异。科技报告的名称可针对科学技术内容自拟，没有统一要求。

2) 基本编写要求

(1) 科技报告由项目(课题)负责人组织主要完成者撰写，对内容进行把关，保证内容翔实、准确，并标注使用级别或提出密级建议。

(2) 科技报告应按照相关标准(GB/T 7713.3—2014)分章节撰写，章节安排需系统且逻辑清晰，章节结构和标题应清晰明了。

(3) 科技报告的内容应完整、真实、准确、易读，具备一定的技术含量和保存、利用价值，使本领域的专业读者根据报告描述能重复调查研究过程、评议研究结果。

(4) 正文不包含项目(课题)的财务、人才培育、专利、论文、组织管理、产学研、国际合作等情况。专利和论文情况可置于报告末尾作为附录。

(5) 科技报告的核心内容是技术和结果，不涉及项目(课题)的情况，因此报告中不使用"本项目""本课题""我们""项目(课题)组"等词语，改用"本研究""本报告"等措辞。

(6) 报告中应使用国家正式公布的简化汉字和法定计量单位。

(7) 插图、附表等应完整，确保可以打印、复制或缩微。

(8) 报告中所使用术语、代号、符号必须全文统一并符合规范要求。

(9) 科技报告一般采用 A4 纸。纸质和版面设计等应便于印刷、装订、阅读、复制和缩微。

(10) 电子版科技报告应采用通用的文件格式，如 Word、PDF 等。

3.2.2 各部分写作要求

3.2.2.1 封面

科技报告必须要有封面。封面应包含科技报告的主要元数据信息，至少包括报告编号、密级、报告名称、作者及作者单位、编制时间等五个数据项，其他元素可根据需要自行规定。封面的各数据项在著录中应完整、准确，并使用全称。常见的科技报告封面错误主要有以下几种：编号缺失、密级缺失、编号著录错误、使用范围著录格式错误、延期公开未标识延期时限、延期时限标识错误、数据项未使用全称。

3.2.2.2 基本信息表填写

1. 科技报告名称

科技报告名称是报告主题和中心思想的高度概括，应简洁明确，用词应准确反映报告最主要的研究内容，尽量避免使用不常见的缩略词、首字母缩写、字符和代号等。如报告名称不够详尽，可以采用副题名补充说明。报告名称可与项目(课题)名称不同，但应能反映项目(课题)研究对象及其技术内容或部分内容。常见的命名方式是在项目(课题)名称后面加上"进展报告""最终报告""试验报告"等词。若同一项目(课题)产生 2 份以上的报告，则报告名称不能相同。

科技报告名称的常见错误有：

(1) 报告名称无专指含义和技术内容。

例如，将科技报告的名称定为"科技报告"或"863 科技报告"。

(2) 将"科技报告"作为报告名称的一部分。

例如，"XXXXXXX"课题的科技报告。

2. 科技报告作者及作者单位

科技报告的作者是指直接参与全部或主要研究工作并做出主要贡献，以及参与撰写报告并能对报告内容负责的个人或者单位，按贡献大小进行排序。作者和作者单位一一对应，不可多个作者对应一个单位。作者和作者单位之间采用"，"或空格分隔，作者之间采用"；"分隔。作者单位应写明全称。

作者及作者单位填写常见的错误有：

(1) 作者姓名与作者单位没有一一对应。

例如：张三，李四，北京控制工程研究所。

正确格式：张三，北京控制工程研究所；李四，北京控制工程研究所。

(2) 作者单位未使用全称。

例如：张三，北大；李四，清华。

正确格式：张三，北京大学；李四，清华大学。

3. 使用范围

科技报告使用范围，即报告密级，分为公开、延期公开、秘密、机密、绝密 5 个等级。尽量撰写公开的科技报告。涉及单位知识产权、技术秘密等的科技报告可申请延期公开，延期公开时限原则上为 2～3 年，最长不超过 5 年，且需要明确标识。报告的公开范围由完成单位确定并标识。涉密科技报告的撰写、呈交和管理应严格遵循相关要求和相关保密管理办法，报告密级不宜高于项目(课题)密级。

4. 科技报告编号

科技报告编号由管理机构分配，是其唯一标识。一个科技报告可能有多个编号。完整的科技报告编号由承担单位组织机构代码、项目(课题)编号和报告顺序号三部分组成，具体形式为"组织机构代码-项目(课题)编号/报告顺序号"。

承担单位使用《全国组织机构代码编制规则》(GB 11714—1997)规定的 9 位组织机构代码，无组织机构代码的承担单位采用 9 位"0"代替。项目(课题)编号由科学技术计划制定机构编制，报告顺序号为所产生科技报告的 2 位序号，每个项目(课题)的科技报告编号均从"01"开始。组织机构代码和项目(课题)编号之间采用"-"隔开，报告顺序号与项目(课题)编号之间采用"/"隔开。

报告编号的常见错误有：

(1) 缺失报告顺序号。

例如：400008300-2009ZX09103326/。

正确格式：400008300-2009ZX09103326/01。

(2) 分隔符错误。

例如：400008300-2009ZX09103326-01。

正确格式：400008300-2009ZX09103326/01。

5. 摘要与关键词

摘要是对科技报告内容简明扼要的陈述，是原文的忠实缩写，应客观、真实地反映科技报告中的重要内容和主要信息，包括研究工作的目的、方法、结果、结论等，特别是要突出新理论、新方法、结果等最有价值的信息及创新点，形成一篇完整的、可以独立使用的短文。中文摘要字数一般为 300～600 字，英文摘要实词一般为 300 字左右，通常不超过 1000 字。摘要应避免使用图、表、化学结构式、非公知公用的符号和术语等，不涉及项目组织管理以及产出专利、论文和人才培养等内容。

科技报告的摘要和学术论文摘要的写作要求一致，切忌将在引言中已经出现的内容写入摘要；切忌对报告内容做诠释和评论；切忌简单重复题名中已有的信息；切忌使用空泛、笼统、含混之词；切忌使用第一、第二人称，不能使用"本研究""本报告"等作为主语。摘要应力求简单，结构严谨，表达简明，语义确切[3]。

每篇报告应选取 3～8 个关键词，并提供对应的英文关键词，每个词之间用"；"隔开。关键词应为有意义的实词，在报告中有明确的出处，能够反映科技报告的研究对象、学科范围、方法和结果等，应尽量采用《汉语主题词表》或各专业主题词表中的规范词汇。

摘要和关键词的常见错误有：

(1) 摘要的字数过少或过多。

(2) 摘要与引言或结论的内容完全一致。

(3) 关键词间的分隔符错误。

例如：GNSS，地震，电离层异常，地震-电离层耦合。

正确格式：GNSS；地震；电离层异常；地震-电离层耦合。

(4) 关键词使用含义宽泛的通用词。

例如：地震；实验；研究。

(5) 摘要包含非研究性内容。

6. 支持渠道

支持渠道中的项目名称、下达单位、计划名称、承担单位、合作单位、总经费、项目负责人、起止日期等信息必须填写完整准确。具体要求如下。

(1) 项目(课题)名称：填写项目(课题)任务书上的名称；

(2) 主管部门：立项和直接拨款的部门，不是项目承担单位的行政主管部门；

(3) 计划名称：填写计划的全称，如果写简称，要用小括号括起并写在全称的后面，如"国家重点基础研究发展计划(973 计划)"；

(4) 项目(课题)编号：科学技术计划制定机构编制的项目(课题)编号；

(5) 合作单位：按项目(课题)任务书填写；

(6) 总经费：总经费=国拨经费+自筹经费，按项目(课题)任务书填写；

(7) 国拨经费：按项目(课题)任务书填写；

(8) 负责人或首席科学家：按项目(课题)任务书填写；

(9) 起止日期：项目(课题)的实际起止日期，延期的项目(课题)填写延期后的真实日期；

(10) 联系人：填写能对科技报告的质量和知识产权负责的人。

3.2.2.3　目次编制的基本要求

目次是科技报告的必备要素，由章节编号、标题和页码组成，帮助读者了解报告整体结构并快速定位特定章节、内容等，目次通常不超过 4 级。电子版报告的目次应自动生成。章节编号采用阿拉伯数字，引言部分一般不编号，也可以用数字"0"作为编号，引言下面不设二级标题。主体部分章节从"1"开始编号。参考文献和附录也要列入目次，但附录中的章节和承诺书不列入目次。科技报告前置部分页码(如目录、插图清单、附表清单等)采用罗马数字从"I"开始编排。

目次编制常见问题有：

(1) 目次缺失；

(2) 章节编号未采用阿拉伯数字；

(3) 目次中缺少页码；

(4) 引言从"1"开始编号；

(5) 附录未列入目次，附录中的章节列入目次；

(6) 参考文献未列入目次；

(7) 正文部分未从 1 开始编页码。

3.2.2.4　图表清单的基本要求

科技报告中插图、附表较多时(各多于 5 个)，应分别列出插图清单和附表清单。插图清单在前，包含图序、图题和页码；附表清单在后，包含表序、表题和页码。插图较多而附表较少，或者插图较少而附表较多时，可将插图与附表合并成图表清单，并按照图在前、表在后的顺序列出。图表清单列于目录之后，另起一页，格式与目次一致。

报告中所有图、表等均采用阿拉伯数字分别编号，从引言开始一直到附录之前，按照出现的先后顺序进行连续统一编号，如"图 1""表 1"。章节较多且图表较多的中大型报告，图、表也可以分章依序分别连续编号，即前一数字为章编号，后一数字为本章内图表的顺序号，两数字之间采用半字线连接，如"图 2-1""表 2-1"。报告全文中编号方式应保持一致。

图表清单常见的错误有：

(1) 图表较多时，缺失清单；

(2) 图表编号不连续，或不正确；

(3) 清单中的图表编号与正文中的图表编号不一致；

(4) 多个图表列在同一行目次中；

(5) 图表清单中缺少页码，或页码不正确；

(6) 图表清单未另起页；

(7) 图表清单混合使用两个编号系统。

3.2.2.5　图表、公式、符号和缩略语

1) 图表

技术报告中的图表应该具备自明性和可读性。图表应有编号和图表题，图编号和图

题置于图的下方，表编号和表题置于表的上方。图表中的符号、标记、代码以及需要说明事项应作为图表注以简练的文字附于图表下方。

图表应该置于首次描述该图表的文字之后，电子版科技报告中若引用图表的描述文字与所引用的图表不同屏，则应在引用时插入内部链接。图应尽可能显示在同一页上。若图片的面积过大可分别放置于两页上，在次页上需注明"续图×"和图题。表的编排一般是内容和测试项目由左至右横读，数据依序竖读，建议采用国际通用的三线表格形式。如表需要转页接排，随后的各页需注明"续表×"和表题，且续表均应重复表头的内容。

2) 公式

公式另起行且位置左右居中时，公式的编号应置于圆括号内，标注于公式所在行的最右边，若有续行，应标注在最后一行，编号前不写"式"。公式较长必须转行时，应在"="或者"+""×"等运算符之前或"]"")"等括号之后回行，同时上下行应尽可能在"="处对齐。

公式中出现符号的意义和计量单位应注释在公式的下方，每条注释均应另行书写。此外，公式中应注意不同字符的区分，如拉丁文、俄文、希腊文、德文花体、草体，字符的黑白体、大小写、正斜体、上下角标、上下偏差，罗马数字和阿拉伯数字等。

3) 符号和缩略语

术语、代号、符号必须全文统一并符合规范要求。引用非公知公用的符号、记号、缩略语等时，应在其首次出现时加以说明。说明较多时应汇集成表置于插图和附表清单之后。符号和缩略语说明应另起一页编写。

3.2.2.6 正文部分撰写要求

科技报告正文应包括引言、主体和结论部分。报告应依次描述相关的理论、方法、假设和程序等，讨论结果并阐明结论和建议，最后以参考文献结尾。"引言"和"结论"可作为章标题，但"主体""正文"等不能作为章标题。科技报告主体部分的章节标题应该针对研究对象及其技术内容的凝练来拟定，使正文的整体章节结构清晰明了。

科技报告的正文部分应从技术内容的角度来描述，采用技术论文的体例进行撰写，主要描述研究对象、方法、过程和结果等内容。文中应避免使用"本项目""本课题""课题组"等词语，应改用"本研究"或"本报告"等表述。科技报告全文中应避免涉及组织管理内容及财务信息。

1) 引言部分

引言是科技报告的重要组成部分，通常单独成章节。引言部分应简要描述相关工作的研究背景、目的、意义、相关领域前人研究情况、理论基础以及本报告的研究设想、方法、预期结果和创新之处等，同时还可以指明本报告的读者对象。引言可以是一段话，也可以分小节论述，章标题可使用"引言"或其他更合适的名称，如"前言""概述"等。国内外研究现状、研究内容、研究目标、技术指标、技术路线、技术方案等内容较多时，则可将其作为研究概述、研究总论、技术路线等单独成章。

撰写引言时的注意事项：

(1)"课题合同规定的任务、考核指标、主要技术与经济指标"等原有标题不能直接作为引言内容和标题。应从研究背景、目标、意义等角度介绍有关研究内容和任务、主要技术指标等，并以"引言"为标题。删除有关知识产权目标、人才培养目标及项目组织管理方面的内容。

(2) 研究背景、意义、目标、概述等内容不宜以"立项依据""研制执行综述"等为标题，建议以"引言"为标题；也可将"国内外研究现状"放在引言后单独作为一章。

2) 主体部分

主体部分的撰写应参照任务书中的主要研究内容和任务，针对各技术点自拟章节标题，分章节论述。主体部分设置1～4级标题，如1、1.1、1.1.1、1.1.1.1的形式。各级标题以外需进一步划分层次的可采用(1)、①、A等形式。主体部分的一级标题要与引言的编码连续。由于各报告涉及的项目性质、学科、方法、写作目的等不同，主体部分的具体构成和撰写方法会有所差异。

主体部分是科技报告的核心内容，应完整描述项目研究的理论、假设、过程、方法和结果等，说明关键装置、仪表仪器、材料等，陈述相关工作的结果，论证结果的准确性和意义，提供必要的图表、实验和观察数据等信息。使本领域专业读者能够根据报告描述重复调查研究过程、评议研究结果。主体部分的标题要有实质的技术内容，不能使用"课题研究目标、任务、考核指标""课题实施完成情况"等作为标题。

撰写主体部分时的注意事项：

(1) 主体部分不应以"正文""主体"等作为标题；

(2) 不宜以"课题实施完成情况""项目研究和成果情况""研究工作主要进展"等作为一级标题。

3) 结论部分

科技报告应有最终的、总体的结论。结论部分应归纳描述正文中的研究成果、研究发现、创新点以及问题等内容，评价研究成果和发现的作用及影响，展望应用前景，给出同类研究的结论概述和基于当前研究结果的结论，如不能得出结论，则应在结论部分进行必要的讨论，还可以对后续的工作设想、存在的问题和解决办法提出行动建议。

结论部分的常见问题有：

(1) 缺少结论，描述完各研究任务后直接结束。

(2) 专利、论文等知识产权情况和项目成果情况不应列入结论，可作为附录置于正文后。

(3) 结论应按技术论文而非项目报告的体例撰写。"课题研究的创新点""取得的主要技术成果、创新点及未来前景""成果的其他经济、社会效果分析与评述"等不宜作为一级标题，应从技术角度进行整合改写，作为"结论"或"结论和建议"进行论述。

(4) 结论中不应包含有关人才培养、队伍建设、组织管理、国际合作等方面的非技术内容。

(5) 结论不是正文中各段小结的简单重复。

4) 参考文献部分

科技报告中所有被引用的文献都应列入参考文献列表中，未被引用但被阅读或具有补充信息的文献可以作为附录列在"参考书目"中。参考文献的数量在一定程度上反映了调查研究的全面性，参考文献的时效性和权威性反映了研究工作的新度、深度等。参考文献的著录项目和格式应按照《信息与文献　参考文献著录规则》(GB/T 7714—2015)执行。参考文献应置于报告正文后，另起一页。

参考文献部分的注意事项：

(1) 参考文献引用的标注顺序应与参考文献列表中顺序一致；

(2) 参考文献不宜分列在各章之后，应集中放在正文最后，另起一页。

3.2.2.7　附录撰写要求

附录部分是对科技报告主体内容的辅助材料和补充项目，可包含以下内容：因篇幅过大等原因不便置于正文中的材料；编入正文中会影响论述的条理性和逻辑性，但对报告完整性又必需的材料；对一般读者并非必要但是对本专业同行具有参考价值的材料；正文中未引用但具有补充和参考价值的书目。附录中可以包含辅助性的图表、数据、计算程序、设备描述等材料，每个附录都应该在正文的相关内容中被提及。

附录采用大写拉丁字母依序连续编号，如附录 A、附录 B 等。附录必须有题名，每个附录应另起一页编写。附录中章节的编排格式与正文相同，但必须在其编号前增加附录的编号，如附录 B 中的章编号应为 B1、B2 等。附录的标题应置于附录编号之后，各占一行，放置于附录内容上方居中处。

附录部分的注意事项：

(1) 附录中图、表、公式、参考文献的编号，应在数字前加上附录编号，如图 A1、表 B1、式(B2)、文献[A2]等；

(2) 如有多个附录需按顺序进行编排。

3.3　不同类型科技报告写作要求

科技报告主要分为专题报告、进展报告、最终报告和组织管理报告四大类。由于涉及的学科、选题、工作进程、方法、结果表达和写作目的不同，不同类型报告正文的结构组成和写作方法有一定的差异，因此很难做出统一规定和要求。然而，每种类型的科技报告都会有一些共同的特点。

3.3.1　专题报告

微课

专题报告包括研究/分析报告、试验/实验报告、工程/生产/运行报告等，其内容因报告属性的不同而有所差异。

3.3.1.1　研究/分析报告

研究/分析报告是科学研究机构在承担科研项目，开展科学研究、分析等活动中编写的科技报告，详细记录科学研究和分析的实际过程，篇幅可长可短，短则数十页，长至数百页甚至上千页，具有很强的专业性。研究/分析报告的内容构成一般包括以下部分。

(1) 引言。引言包括报告的主题、目的、范畴和结构。引言中应明确所涉及学科领域和相关术语的定义，还可涵盖研究的理论基础、背景及其意义等信息。目的的陈述是阐明开展研究的原因，范畴的陈述是明确报告的研究范围。

(2) 研究方法、假设与过程。简述研究/分析工作所使用的方法、假设和程序，使读者无需查阅其他文献即可评价报告的研究结果，能够为专业读者重复研究过程提供充分的信息。

(3) 研究结果分析与讨论。归纳总结研究成果、分析结论及其可靠性和意义，利用数据进行证实。不影响理解的辅助细节信息一般放置于附录中。

(4) 结论与建议。解释研究中证实的发现及其意义，重点在于基于研究结论的评价，其编写应达到可以独立阅读的程度。建议部分根据研究结论提出行动建议。

(5) 参考文献。

3.3.1.2 试验/实验报告

试验/实验报告是科技人员描述和记录某项实验(试验)的条件、过程与结果的科技报告，其他科研工作者可以依据报告中所描述和记录的内容重复实验(试验)过程。通常，试验/实验报告包括以下内容。

(1) 引言或简介。此部分包括试验/实验背景、来源、目的、范围或用途等内容，也可涉及国内外试验/实验综述、试验/实验方法的理论或原理模型和工具、数据采集方法等内容。

(2) 试验/实验材料和设备。此部分包括试验/实验所用材料的成分、构成性能等，所用试剂的技术规范，试剂或材料的数量和制备等内容，列出与实验相关的仪器设备的型号、规格、生产厂家等。如果是自制设备，应提供详细数据以及必要的图表和性能说明。

(3) 试验/实验过程和数据处理。此部分包括试验/实验的设计、大纲、测试细则、实验对象和条件、步骤、试验/实验现象或测量数据、数据说明和处理分析方法和科学计算等内容。

(4) 试验/实验结果。作为报告的核心内容，试验/实验结果包括对试验/实验观察现象的描述和分析，数据整理，图表说明，数理统计分析和误差分析，说明数据的可靠性、重要性和适用性，比较实验结果和理论计算，分析其现象和原因。

(5) 试验/实验结论和建议。在试验/实验结果的基础上，总结试验/实验结论，提出观点或论点，对结果进行讨论，评价其理论意义和实用价值，也可以指出试验/实验的不足之处，给出后续试验/实验的发展方向与建议。

此外，试验/实验报告应在文后尽可能详细地附上全部试验/实验数据和图表以供他人参考。

3.3.1.3 工程/生产/运行报告

工程/生产/运行报告是科研人员在承担工程技术类项目期间所撰写的科技报告，主要描述工程设计和建造、产品研发和生产以及设备设施运行维护等内容。一般可包含以下内容。

(1) 引言。介绍相关背景、意义，以及工程、生产或运行的概况。

(2) 主体部分。描述项目任务、工具、设备型号、预算，工程/运行完成的指标，重大技术问题的处理，重大设计和对工程/运行有较大影响的事件以及对工程/运行的测试和评估。

(3) 结论。论述工程、生产或运行的结果、水平、效能、经验教训以及工程移交和遗留问题。

3.3.2　进展报告

进展报告是项目承担单位根据管理部门要求，在规定时间节点按规定编写大纲撰写和呈交的一类科技报告，是项目实施过程跟踪、管理和监督的主要依据。进展报告中主要论述项目进展和阶段成果，包含合同规定时间内项目研究的目的、内容、方法和过程，以及在此阶段内的进展和经验教训等内容，同时包含对下一阶段研究工作的建议和安排。

进展报告包括阶段报告、中期报告、年度报告、季度报告等形式。进展报告中除必须具备管理部门要求的项目阶段执行情况、进展、结果、下一步计划等内容外，还应突出研究性和技术性，重点描述此阶段项目研究的主要内容和过程、重要结论和成果以及关键技术研发等，具体包含以下内容：

(1) 项目阶段计划的要点和调整情况。简要说明本阶段项目实施的主要任务、计划执行情况、阶段目标完成情况、研究内容调整情况及原因。

(2) 研究工作主要进展和阶段性成果。本部分是进展报告的重点内容，分层次叙述研究工作进展、取得的成果或遇到的问题，提供必要的数据、图表、对比分析以及参考文献。

(3) 下一年度或阶段的工作计划。此部分包括工作目标、主要任务、工作重点、进度安排和保障措施等。如需调整研究内容，需明确要求调整的内容，并说明理由、必要性及对项目实施的影响。

(4) 参考文献。

3.3.3　最终报告

最终报告是为了项目结题验收而编写的一类科技报告，是项目验收的必备材料。最终报告要求根据项目任务书中规定的全部任务，全面描述研究工作的目的、过程和结果，包括经验和教训，报告内容应以数据、表、图、照片等材料来充分展示所做的工作。必要时可以简要提及项目的专题报告和进展报告，但不需要详细描述项目来源等事务性的内容，也不需要涉及财务内容。

最终报告的内容一般包括：

(1) 引言。介绍报告研究内容的背景、主题、目的、结构等信息，为读者提供详细的"纲要"。

(2) 主体。描述并讨论研究方法、假设、工作程序以及研究结果，提出相关建议和方案。

(3) 讨论和总结。简要说明研究的全部结果，使其具有客观性和概括性，对研究结果进行议论和解释，推导出一般性结论，建立并验证理论，指出应用价值和研究不足。

(4) 参考文献。列出研究过程中所引用的文献资料，表明对文献作者劳动的尊重，帮助读者查找引用文献的原作，同时表明研究者对本领域研究进展的掌握程度，有助于读者认可本报告。

3.3.4 组织管理报告

组织管理报告是在项目实施过程中或验收阶段，由项目承担单位依据项目下达部门要求撰写的反映项目实施管理、进度、费用、人员、风险等情况的重要文件。组织管理报告没有固定的内容格式，通常按照管理部门要求的提纲撰写。组织管理报告通常涵盖以下内容：

(1) 引言。此部分概述项目的来源、背景和意义、研究总体目标、主要技术内容、考核指标，简要总结项目的活动与结果。

(2) 研究过程和结果。此部分简单描述项目研究和技术开发的方法、过程、数据等，详细描述项目进度、项目任务的完成情况，并列出项目实施过程中形成的论文、专利等公开成果清单。

(3) 进度管理。此部分包括项目的进度控制、实际进度与批准计划的对比。如有进度延误，需说明原因，估算未来任务完成所需要的时间，并介绍确保各项任务如期完成和预期成果交付的措施。此部分还可说明项目的质量管理，包括质量方针、目标、责任、定期评估结果、优化措施等。

(4) 费用管理。此部分描述项目经费支出情况、费用估算与预测以及经费管理与控制的制度和程序，分析经费的使用和支出情况，比较实际支出与计划支出，如有变更需说明原因。

(5) 人力资源管理。此部分介绍项目组人员的配置和职责、团队建设与发展、项目组织和信息交流等情况。

(6) 问题与建议。此部分包括完成情况、进度、经费等方面的问题与建议。

习　题

3.1　简述科技报告的定义及其重要性。

3.2　列举并解释科技报告写作中至少三个关键的细节要求。

3.3　区分并简述实验研究报告、技术总结报告和可行性研究报告的主要撰写内容和要求。

3.4　假设你参与了一项关于新型材料性能研究的项目，请设计一份科技报告的大纲。

3.5　讨论在科技报告写作中，如何平衡科学严谨性与可读性之间的关系。

参 考 文 献

[1] 贺德方, 曾建勋. 科技报告体系构建研究[M]. 北京: 科学技术文献出版社, 2014.

[2] 中华人民共和国国家质量监督检验检疫总局. 中国国家标准化管理委员会.科技报告编写规则: GB/T 7713.3—2014[S]. 北京: 中国标准出版社, 2014.

[3] 王永胜. 编辑视角下科技报告撰写与审核的若干建议[J]. 山西科技, 2019, 34(3): 71-75,79.

第 4 章

学术论文写作与专利撰写

4.1 学术论文写作

学术论文是科研工作者展示研究成果、探讨学术问题的重要载体。它通过严谨的逻辑结构、详尽的数据分析和深入的讨论，推动学科的进步与发展。学术论文注重学术性、创新性和实用性，是学术界交流与评价科研成果的主要方式。

专利写作则是将创新技术或发明以法律形式固定下来的过程。它要求清晰、准确地描述发明的技术内容、技术特征及其实现方式，以界定保护范围。专利写作不仅关乎技术的公开与保护，更是企业获取竞争优势、促进技术转移与商业化的重要手段。通过专利写作，发明者能够确保其创新成果得到法律上的认可与保护。

因此，要完成一篇学术论文或申请一项专利，首先要明确其内容要求、程序方法及一系列有关知识。本章将对此类问题进行简明扼要的讲述。

4.1.1 学术论文的结构、类型及写作步骤

学术论文是指发表在学术刊物上的、以进行学术交流为目的的书面文件，有时也称期刊论文。传统意义上，用于在学术会议上交流和讨论的会议论文是研究成果的详细摘要，对会议论文的主要观点和内容是否发表并无要求。随着学科领域专业化和学术交流频繁化，加之期刊论文发表周期滞后，在举办许多重要的、知名的学术会议时，组委会会与学术期刊编辑部联合举办，收集到的论文除在会议上交流外，经过学术期刊编辑部正常的同行严格评审，达到期刊发表水平的会在期刊上刊登。甚至有的学科学会会议文集已经按照期刊要求处理参会论文。无论是期刊论文的刊登，还是影响巨大的会议文集的出版，其目的都在于更加广泛和及时地传播相关学科领域的研究成果信息，而且在撰写格式和规范上逐渐保持一致。因此，很多会议论文的征稿通知中明确要求作者按照期刊学术论文的要求撰写，除撰写格式外，论文的原创性也在要求之列。本书讨论的学术论文写作格式和规范主要参考学会和学术刊物的规范要求[1]。

4.1.1.1 学术论文定义

学术论文是学术信息传播的书面表达方式。广义来讲，学术论文应包括各类学位论

文，如用于申请学士学位的学士学位论文，用于申请硕士学位的硕士学位论文和用于申请博士学位的博士学位论文；各类学术报告，如研究报告、实验报告；用于申请基金的基金申请项目书；用于申请专利的专利申请书等。狭义来讲，学术论文是指发表在期刊上的书面文件。本章的讨论对象是在学术期刊上发表的学术论文。

鉴于不同的内涵，学术论文的定义也不同。有人认为学术论文一般以科研成果为对象，使用科学技术语言、科学的逻辑思维方式，按照一定写作格式撰写而成，具有科学性、创新性、学术性、专业性和实用性等特点。

我国的国家标准《学术论文编写规则》(GB/T 7713.2—2022)中学术论文的定义如下：对某个学科领域的学术问题进行研究后，记录科学研究的过程、方法及结果，用于进行学术交流、讨论或出版发表，或用作其他用途的书面材料。

学术论文应提供新的科技信息，其内容应有所发现、有所发明、有所创造、有所前进，而不是重复、模仿、抄袭前人的工作。

美国科技编辑协会(Council of Science Editors)认为：学术论文是一篇能被学术界接受的原始科学出版物，它所提供的信息必须是首次披露的。论文必须提供足够的信息资料，使学术同行能够依据这些信息资料，评定所阅读到的信息资料是有价值的；按照所提供的信息资料，能重复获得作者的实验结果；依据信息资料，评价整个研究过程的学术性。此外，学术论文必须能够不加限制地为科学界所使用，并能为一种或多种公认的二级情报源所选用。

一篇完整的学术论文不同于实验报告、阶段总结、工作总结和项目汇报，它需要对实验工作数据和结果有所整理和提高，提炼出论点，而不仅仅是对研究数据的罗列和堆砌。学术论文在内容上应提供新的科学技术信息。

学术论文的特点表现在以下几个方面：

第一，创新性或独创性。学术论文报道的主要研究成果应是前人(或他人)所没有的，这些成果具有创新性和独创性。因此，没有新的观点、见解、结果和结论就不能称为学术论文。这也是学术论文不能重复、模仿、抄袭前人工作的主要依据。

第二，理论性或学术性。学术研究可以大体上分为实证研究和理论研究。实证研究通常从实验、观察或调研入手，通过获取大量研究数据作为依据，以相关的理论作为论据，从一定的理论高度对观察结果、实验数据进行分析和总结，形成一个严密的论证过程。理论研究常常从模型构建或理论假设入手，通过数理分析论证模型或理论假设的正确性。无论是实证研究还是理论研究，最后都需要形成一定的具有学术价值的学术见解，包括重要的学术结论和一些有学术价值的问题。因此，学术论文是具有一定学术价值的重要文献信息：一方面，以实验、观察或用其他研究方式的实证研究所得到的观察结果、实验数据，在学术论文撰写时需加上相应的理论作为论据进行论证，以获得具有学术价值的研究结论，而不是研究数据、结果的简单堆积；另一方面，对自己提出的科学见解或问题，要用事实和理论进行符合逻辑的论证、分析或说明，形成新的理论或对已有理论的补充完善，总之要将实践上升为理论。

第三，科学性和准确性。科学性是指正确地说明研究对象所具有的特殊矛盾，并且要尊重事实，尊重科学。具体地说，科学性表现为论点正确，论据必要而充分，论证过程严密，推理符合逻辑，数据准确可靠，处理合理，计算精确，实验可重复，结论客观。准确性是指对客观事物，即研究对象的运动规律和性质表述的接近程度，具体要求是概念、定义、判断、分析和结论要准确，对自己研究成果的估计要确切、恰当，对他人研究成果(尤其是在做比较时)的评价要实事求是。

第四，规范性和可读性。学术论文必须按一定的规范格式写作(需要参照相关的体例规范)，语言应流畅、易懂，具有良好的可读性。在文字表达方面，要求语言准确、简明、通顺，条理清楚，层次分明，论述严谨；在技术表达方面，名词术语、数字、符号的使用，图表的设计，计量单位的使用，文献的著录等都应符合相应的规范化要求。

4.1.1.2　学术论文的基本结构

一篇完整的学术论文的基本格式通常包括信息检索部分、主体部分、其他部分。

1. 学术论文的信息检索部分

学术论文的信息检索部分由论文的标题(题目)、作者的署名及通讯地址、摘要、关键词、中图分类号、基金信息等组成。该部分具有信息集中、吸引性强和有效性强的特点。

网络技术的发展使学术论文通过网络传播成为现实，为了便于读者查询和阅读，学术论文信息检索部分的标题、作者的署名及通讯地址、摘要、关键词通常可以在网络上免费获取。信息检索部分虽然不是论文的主要部分，但起到引领读者关注和激发读者阅读兴趣的作用，同时还是学术情报的重要资源。具体格式依照学科和期刊要求有所差异，但各类学术论文的信息检索部分包含的内容基本上是一致的。

2. 学术论文的主体部分

1) 学术论文的格式演变

学术论文主体部分的表达方式有一个历史演变的过程。早期的学术论文格式一般为"描述性"(descriptive)的，即以研究时间为顺序进行描述，如"首先，我观察到什么，然后又观察到什么。"(First，I saw that，and then I saw that.)，或"首先，我做了什么，然后又做了什么。"(First，I did this，and then I did that.)。直到今天，描述性论文格式仍然在部分领域或论文形式中保留下来，如快报、医学的案例报告、地质学调查报告。19 世纪后半叶，学术论文格式逐渐发展成 IMRAD 结构，即引言(introduction)、材料和方法(materials and methods)、结果(results)和(and)讨论(结论)(discussion(conclusion))。

学术论文格式之所以会发生如此变化，其原因在于：19 世纪以后科学研究发展速度加快；科学研究方法复杂化程度加深；科学研究遵循的基本原则——实验的可重复性凸显，导致研究方法的细节性描述更加详细；各国在科学技术上的投入不断增加，科学研究经费的增加促成了"经费创造科学，科学推出论文"(money produced science, and science produced papers)的格局；政策上的支持、财政上的投入以及学术评价的驱动，使学术论文稿件数量增加，虽然刊载学术论文的期刊也在不断增加，但是与学术论文产出量相比还远远不能满足需要，除通过同行评审对稿件进行遴选外，还要求论文简洁以节省学术期刊的资源。诸多因素要求学术论文应具有简洁和逻辑性强的特征，而学术论文 IMRAD 结构的最大优势就在于，其不仅结构简洁，而且逻辑性强。

2) 学术论文 IMRAD 结构特点

学术论文 IMRAD 结构特点表现在简洁和逻辑性强两个方面。

简洁表现：IMRAD 结构紧凑，节省了学术期刊的版面；IMRAD 结构清晰，在编辑、审稿专家评审过程中更加容易判读；IMRAD 结构使论文各部分相对独立，方便读者有选择性地获取有用信息。

逻辑性强表现：通过"引言"部分回答"你要研究的问题是什么"；通过"材料和方法"部分回答"你的研究是怎样进行的"；通过"结果"部分回答"你的研究有什么发现"；通过"讨论(结论)"部分回答"你的研究发现意味着什么，有什么价值"。

在学术论文中，引言、材料和方法、结果、讨论(结论)构成了论文的主体部分(也称为论文的正文部分)。该部分展示了作者基于研究结果进行分析论证获得有学术价值的结论的过程。不同类型的学术论文中该部分的写作格式有所差异，但大多数学术论文采用 IMRAD 结构。IMRAD 结构满足了现代学术论文逻辑性强、精简特征要求，更为满足不同读者群的阅读需求提供了最经济的获取信息的途径。

3. 学术论文的其他部分

由致谢、参考文献、补充材料等组成的补充信息部分是现代论文不可或缺的重要组成部分。

致谢是对为本项研究提供过帮助的组织和人员的感谢。参考文献为读者提供了论文的文献来源，为读者的进一步阅读提供了条件。参考文献实质上也是对前人工作的肯定和致谢。因此，致谢和参考文献都承担着对他人表示感谢的作用。

补充信息部分的材料是不宜放入论文中，但对读者有益的一些重要信息；或者，有些材料如果放入正文会破坏论文主体的完整性，则可放入补充信息部分，供读者选择性阅读。补充信息部分的内容正在变得复杂和多样，除对论文主体内容的补充外，也有对论文检索部分信息的补充说明。例如，为了明确署名作者的贡献，《自然》在补充信息部分增加了作者贡献列表，该作者贡献列表是作者署名的补充材料。

以上三个部分的划分主要基于研究论文，因为不同类型学术论文的作用是不同的，所以不同类型学术论文各部分的写作方式有所不同。

4.1.1.3 学术论文的类型

学术论文的类型基本上分为研究论文、研究快报、综合评述、评论性文章和文献注释论文。前面几种分类是学术界比较常见的形式，但是文献注释论文也在一些学科领域开始使用，因此，本书在此部分中将文献注释论文作为学术论文的一类进行推广。

1. 研究论文及其基本格式

对于研究论文(article，research article)，大多数期刊称其为 article，也有期刊称其为 research article，如《自然》在栏目分类中对研究论文的标注就为 research article。研究论文是对某一课题的研究中获得的数据和观察到的现象从理论上加以分析和总结所形成的科学见解，用事实和理论进行周密且符合逻辑的论证所撰写的学术论文。研究论文特别强调的是论证的完备性，由于研究论文对研究结果进行了严谨的分析、推论，获得的结论具有重要的学术价值，体现了学术论文的学术性，这类论文在学术研究中占据非常重要的地位。研究论文的基本格式是 IMRAD 结构，其中讨论部分非常重要。在此要注意实证性研究论文和理论性研究论文的区别。实证性研究论文的 M 部分是具体的实证研究材料和方法，理论性研究论文的 M 部分以建模和数值模拟、假设和推导、计算方法为主。

2. 研究快报及其基本格式

研究快报(或研究通讯，letter，rapid communication，report)是对某一研究课题中所取得的突破性进展所做的快速报道。研究快报强调的是研究成果具有重大突破，为了保证优先权，必须尽快发表。但是，研究快报缺乏周密的论证，因此学术领域允许作者在研究快报发表后进一步撰写研究论文，对研究结果进行详细论证。从规范来讲，再次发表的研究论文应引用相应的研究快报。这充分体现了研究论文的写作不仅仅是研究成果的简单报道，而是研究的延续和深入。在《自然》上，研究快报通过标注 "letters" 与研究论文加以区别；在《科学》上，研究快报的标识为 "reports"。

根据不同学科，研究快报的主体部分写作格式相对比较多样化，既有 IMRAD 格式，也有使用描述性格式，字数有严格限制。

3. 综合评述及其基本格式

综合评述(简称"综述"，review)是在广泛查阅某一研究领域的文献资料之后，运用分析和综合的方法进行鉴别、分类和归纳，从总体上进行研究和组合而形成的极有价值的文献论文。文献综述不仅要包括对已有文献内容的概括和回顾，还要着重阐述某一研究领域中事物客观发展的规律和未来的发展趋势。综述性论文的主要特点在于对他人或作者先前工作进行综合分析，梳理已有的研究方法和研究成果，关键在于作者根据自己多年的研究积累提出本领域的研究趋势或研究方向，因此，综述性论文具有极高的学术价值。通常，综述性论文以期刊编辑部定向约稿为主，但是这并不意味着综述的写作与一般学者或研究生无关。在开题报告或研究论文的前言中，都要进行文献综述，只是重点不同而已。考虑其特点，综述性论文一般篇幅较长。从引证的角度看，综述性论文被引用频次较高，由此可见其重要性。

4. 评论性文章及其基本格式

评论性文章(或文章评论，comment，communication from other article)，是期刊专门为对在本期刊上发表过的论文内容进行评价或更正的文章而设的一个栏目。《物理评论》明确要求，每一篇评论性文章都应该清晰地指明针对的是哪一篇论文。评论性文章的撰写是就原始论文的问题提出自己的见解或请求原作者对问题进行解答的过程，需要作者付出相当的智力劳动，目前很多学术组织也将该类文章视为研究成果的组成部分。该栏目为学者们提供了一个相互交流、讨论的场所，也是对研究结果进行纠错和发展的平台，促进了学术的发展。要强调的是，该栏目以学术讨论为目的，同样需要具有学术性，因此，评论性文章也需要请同行专家进行评审，同时相关信息将被反馈给原始论文(被评论的论文)作者。原始论文作者根据需要可以对其他人的评论做出回应。通常回应也会发表在同一期刊上。

在被别人评论后，如何回应是非常重要的。一篇文章能得到学者评论，说明该论文引起了关注，这是一件好事。学者的评论通常是要有依据的，所以原始论文作者应当利用好编辑提供的回应机会，就以前论文中可能存在的缺陷加以完善，合理、科学地回应评论者的观点。这符合学术讨论的要求。

5. 文献注释论文及其基本格式

文献注释(annotated bibliography)是对单篇论文的文献信息、主要观点和内容的介绍。使用文献注释的目的是让学生学会阅读文献的方法，要求在记录文献来源信息、论文主要观点和内容的同时，随时随地记录该文献对读者本人的启示，以及利用批判性思维对论文的论证、观点等进行评价。近年发现，文献注释已经应用于学术论文或学术书籍之中。

无论是哪一种类型的学术论文，其规范表达涉及：第一，编写格式的标准化；第二，文字细节和技术细节表达的标准化或规范化，包括名词术语、数字、量和单位、数学式、化学式等的规范表达，以及插图和表格的合理设计；第三，科技语言和标点符号的规范运用。

目前并没有一套完备的规范体系供所有期刊使用，具体的规范要求来自各期刊的编辑要求。作者在撰写时，要充分了解欲投寄期刊的规范要求，并严格按照要求执行。通常各期刊都会在其主页上发布"作者须知"(information for author)，这是每一位作者需要认真阅读的信息。

4.1.1.4 学术论文的写作步骤

1. 学术论文的写作与科研

有人认为，学术论文在科研活动完成以后专门撰写即可，但是学术论文撰写实际上应该贯穿于学术研究之中，几乎可以说，学术论文写作与学术研究是同步进行的。学术论文写作大概可以分为以下几个步骤。

第一步，选择研究主题。这是学术研究和学术论文的起点，在正式研究开始之前，研究主题常常来自对日常生活或科研问题的兴趣之中，激发人们对解决问题的渴望。

第二步，缩小主题，确定研究目标。学术研究应立足于从点入手，过于宽泛的主题往往无法深入研究。从具体问题入手是确定研究目标的最好途径。

第三步，获取有关信息。有了明确的研究目标以后，对于相关领域的研究状况需要有全面把握，这就需要查阅相关文献，了解前人对相同研究目标做过了哪些研究，研究对象是什么，采用了哪些研究方法和手段，取得了哪些研究成果，还存在哪些问题。这一过程需要从对单篇文献的阅读注释到对众多文献的综合研究才能完成。

第四步，制订并实施科研计划。在研究过程中，收集原始数据是关键。对采集到的数据应及时进行处理和加工，在处理过程中，还会用到已有的研究数据。图表的制作是对数据和信息进行处理的最为直观和有效的方法。一方面，图表对于数据采集的数量和质量进行验证，可以及时修正和补充数据的不足，避免在研究后期或研究结束后因实验数据不足而形成研究缺陷。另一方面，由于图表在论文中具有自明性特征，研究者可以在正式开始撰写学术论文正文之前，将可用于正式发表的图表确定下来。

第五步，撰写论文。

第六步，修改论文，直至被期刊接受。

微课

2. 提纲撰写

提纲犹如骨架，对构建论文的逻辑性非常重要。提纲不仅在研究论文撰写中非常必要，而且在学位论文写作中也非常重要，常常最后成为学位论文的目录部分。

学者们有各自学术论文的写作习惯，但是如何提高学术论文的写作效率仍然是学者们共同关注的话题。怀特塞兹(Whitesides)教授基于其学术论文写作和指导学生进行科学研究及学术写作的经验，撰写了一篇文章 *writing a paper*[2]。

怀特塞兹认为，学术研究的目的在于形成并论证假说，从测试中得出结论，并把结论传授给他人。他强调，论文的提纲对研究工作和写作都非常重要，好的论文提纲也是研究工作的好计划。在研究工作开始时，应有完善的提纲；在研究过程中，要反复修改和完善计划或提纲；在研究结束时，应有充分的总结。学术研究最有效的做法是及时理解、分析、总结和形成假设，而非在研究完成以后才开始收集和整理数据。提纲会大大提高论文的写作效率。提纲不仅仅是列出论文各段的内容，还需要按照目的、假说、结论来精心组织数据。

怀特塞兹建议提纲包含以下三个部分的内容。

(1) 引言：为什么我要做这项工作，主要的目的和假设是什么？

(2) 结果和讨论：结果是什么？化合物是怎样合成与表征的？测试方法是什么？

(3) 结论：意味着什么？证实或否定了什么假设？我学到了什么？结果为什么有所不同？

由此可见，怀特塞兹的提纲与现代学术论文正文的 IMRAD 结构是完全一致的。

在撰写学术论文的过程中，IMRAD 结构构成了论文的核心主体，是论文正文的精髓所在。然而，在实际操作层面，作者不仅需要精心雕琢正文部分的每一个细节，还需对论文的整体架构拥有全面而深刻的理解。这涵盖了从标题与摘要的精练概括，到引言部分的巧妙铺陈，进而深入到文献综述的广泛梳理。紧接着，对研究方法进行详细的描述。随后，通过翔实的研究结果展示，以及针对这些结果所展开的深入讨论，最终形成结论部分的精练总结。当然，论文的完整性还离不开详尽的参考文献列表，它作为学术诚信与研究基础的体现，不可或缺。

当清晰地把握了论文的基本结构框架后，便可以深入探讨论文写作的具体方法和策略。怀特塞兹将论文写作方法归纳为以下三点：

(1) 在一个项目开始时，就应该着手撰写可能的论文提纲，而不要等到论文结束的时候，这是因为研究可能永远没有结尾可言。

(2) 整理提纲要围绕易于接受的数据进行，包括方程式、图表，而不是围绕正文。

(3) 不应按照时间顺序，而应按照重要性来整理论文数据。论文写作的一个重要细节是要考虑各部分的权重。新手常常按照时间顺序来写论文：常常爱从开始时的失败写起，一直写到最后的成功来描述实验过程。这种方法是完全错误的。应该从最重要的结果写起，然后是次重要的结果。读者通常不关心怎么得到的结果，只关心结果是什么。短文章比长文章更易读。

怀特塞兹教授提供的论文写作技巧不仅可以应用于实验研究，对于理论研究的学者也是适用的。理论性研究论文强调的是对已有理论的验证、完善和修正，因此，原有理论及论证过程实际上相当于"材料和方法"部分。通过模拟计算得到的数据与实验数据同等重要，处理方法和过程应该相同。

3. 学术论文的写作流程

为了提高研究和写作效率，学者们推荐的写作流程具体如下所述。

第一步，制作图和表格，通过实验或计算不断完善，最终定稿。

第二步，撰写方法、结果和讨论，对研究过程中涉及的材料、研究过程和结果的细节进行客观、翔实的记录和描述。图和表格的制作，虽然是为得到理想结果，但过程却是繁杂的，需要通过不同的方式来验证，做到结果的真实可靠。

第三步，撰写结论和引言。结论需要通过讨论论证获得，故结论放在此处符合逻辑。引言部分的信息需要在项目开始之初进行积累，随着研究的深入和需要而不断完善，在正文其他部分基本完成之后，才能将本研究在整个学科领域中的位置和作用展示出来，才能很好地利用相关信息。

第四步，撰写摘要和题目。摘要部分为读者提供全文最重要的信息，只有正文定稿以后方能对摘要部分的写作游刃有余。题目更是一篇文章的画龙点睛之笔，如何利用有限的文字概括全篇论文的信息、引发读者的兴趣，是题目的重任。人们常常在开始写作之前草拟一个题目，这非常正常，但是论文撰写过程中，信息不断被修改和完善，因此对最终论文题目进行确认或修正是必不可少的。

总之，写作的习惯因人而异，提高效率是关键，只有通过不断地练习方能提高写作技能。对于论文每一部分的撰写要求和规范将在随后的几章里详细介绍。

4. 学术论文写作中的普遍问题

作者，尤其是刚开始进行写作的青年学者，在学术论文的写作中常常出现一些共同的问题。本书通过分析审稿专家的评审意见，将问题归纳如下。

第一，缺乏足够的知识积累，对学科前沿了解不够。主要表现为引言部分综述不够完善，参考文献缺乏相应学科的前沿成果，如没有最新的、主要的和重要的文献，或文献过于陈旧。

第二，没有创新，重复前人工作。

第三，难以辨别作者自己和他人的成果，逻辑性混乱，缺乏必要的推导过程。

第四，写作不规范，如标点符号使用不恰当，造成阅读困难；文献标注不准确、不完备，容易产生剽窃的嫌疑；公式编排不规范；专业术语使用不准确；语言语法错误。

一篇论文提交后，会有很多人为之服务和付出。编辑和同行专家将花费时间来考察、修改、编辑文章；出版单位会花费时间和资源组织同行评审和建立评审制度；研究者会花费时间来查找和阅读。因此，作为论文撰写者，在撰写论文之际应该思考一个问题：这篇文章是否值得人们花时间?毕竟学术质量和学术价值是学术交流系统的核心。

通常期刊编辑部会将以下论文拒之门外：无法引起读者科学兴趣的报道；过时工作的重复报道；重复发表的文章，这主要指作者将一篇论文同时投寄多种期刊；结论有明显错误或有悖一般认知而不能接受的论文；"Salami"式文章，即作者为了追求论文数量，将本该是一篇的论文进行分割，形成多篇论文，该类论文由于数据太少而没有任何意义。

由于论文写作和学术研究的密切关系，在实际的写作实践中，为了提高研究和写作效率，学者们学术论文的写作步骤一般从列提纲开始，然后按照重要程度安排写作程序。

4.1.2　SCI 论文写作中常见语法和用词问题

4.1.2.1　英文科技论文

英文科技论文写作是进行国际学术交流必需的技能，在科技英语期刊或国际学术会议上发表的科技论文在文章结构和文字表达上都有其特定的格式和规定。

1. 英文科技论文的结构

一般来说，一篇完整规范的英文科技论文由以下部分构成：Title(标题)、Abstract(摘要)、Keywords(关键词)、Introduction(引言)、Method(方法)、Results(结果)、Discussion(讨论)、Conclusion(结论)、Acknowledgement(致谢)、References(参考文献)和 Appendix(附录)。

读者关注最多的是 Title(标题)和 Abstract(摘要)部分，根据这些内容来决定是否阅读全文。

2. 英文科技论文的标题

英文科技论文的标题一般由名词词组或名词短语构成，在必须使用动词的情况下，as for the 一般用分词或动名词形式，避免写成完整的陈述句，标题中的单词首个字母要大写且介词、冠词要小写。对于值得争议的问题，偶尔可用疑问句作为论文的标题，以点明整个论文讨论的焦点。例如，*Can ERP Meet Your E-Business Needs*? (ERP 能满足你的电子商务需求吗?)

有的标题由两部分组成，用冒号(:)隔开，一般来说，冒号前面一部分是研究的对象、内容或课题，冒号后面一部分具体说明研究的重点或方法。

例如，*Microelectronic Assembly and Packaging Technology*：*Barriers and Needs*(微电子装配和封装技术：障碍和需要)

3. 英文科技论文的摘要

英文科技论文摘要是对一项科学研究工作的总结，是对研究目的、研究方法和研究结果的概括[3]。

(1) 摘要的特点。摘要置于主体部分之前，其目的是让读者首先了解论文的内容，以便决定是否阅读全文。摘要字数限制在 100～150 字，内容包括研究目的、研究方法、研究结果和主要结论。

(2) 摘要的内容与结构。摘要的内容一般包括以下几个方面。

目的(objectives，purposes)：包括研究背景、范围、内容、要解决的问题及解决这一问题的重要性和意义。

方法和材料(methods and materials)：包括材料、手段和过程。

结果与讨论(results and discussions)：包括数据与分析结果。

结论(conclusions)：主要结论以及研究的价值和意义等。

概括地说，摘要必须回答"研究什么""怎么研究""得到了什么结果""结果说明了什么"等问题。

4. 英文科技论文的正文

英文科技论文的正文一般包括 methods(方法)、results(结果)、discussions(讨论)三个部分。这三个部分主要描述研究课题的具体内容、方法，研究过程中所使用的设备、仪器、条件，并如实公布有关数据和研究结果等。conclusions(结论)是对全文内容或有关研究课题进行的总体性讨论，具有严密的科学性和客观性，反映一个研究课题的价值，同时提出以后的研究方向。

为了帮助说明论据、事实，正文中经常使用各种图表，最常用的是附图(figure)和表(table)，此外还有图解或简图(diagram)、曲线图或流程图(graph)、视图(view)、剖面图(profile)、图案(pattem)等，在文中提到时，通常的表达方法：As (is) shown in Fig.4(如图 4 所示)，As (is) shown in Tab.1(如表 1 所示)。

5. 结论

在正文最后应有结论(conclusions)或建议(suggestions)。

(1) 关于结论，可用如下的表达方式：

The following conclusions can be drawn from…(由……可得出如下结论)

(2) 关于建议，可用如下的表达方式：

It is suggested (proposed, recommended, desirable) that…

6. 结尾部分

(1) 致谢。为了对曾给予支持与帮助或关心的人表示感谢，在论文最后，作者通常对有关人员致以简短的谢词，可用如下表达方式：

I am grateful to sb. for sth.

The author wishes to express his sincere appreciation to sb. for sth.

(2) 参考文献。在论文的最后，应将写论文时所参考过的主要论著列出，其目的是表示对别人成果的尊重或表示本论文的科学根据，同时也便于读者查阅。

4.1.2.2 英文科技论文写作中常见语法问题

1. 非谓语动词

在科技英语中经常使用的语法结构相当多，有非谓语动词、从句、被动语态、长句、祈使句(说明书、手册中)及 it 句型等。

英语的每个简单句中，只能用一个谓语动词，如果读到几个动作，就必须选出主要动作当谓语，将其余动作用非谓语动词形式，这样才能符合英语语法的要求。非谓语动词(不能作谓语用)包括动词不定式、分词和动名词[4]。

(1) 动词不定式。动词不定式由 to+动词原形构成，但在有些情况下 to 可以省略。动词不定式在语法功能上可作主语、宾语、表语、定语和状语。

(2) see、hear、watch、notice、have、make、let 等表示感觉的动词后，作宾语补足语的动词不定式不带 to。

(3) "too…to…"结构表示"太……而不能"。

(4) 复合结构不定式(for sb. to do sth.)，可作主语、表语、宾语、定语和状语，for 本身无意义，sb.可称为不定式的逻辑主语。

(5) "疑问词+不定式"可作主语、表语或宾语。

(6) 不定式的时态形式所表示的时间关系：

一般式表示的动作和谓语动词表示的动作同时发生，或在谓语动作之后，或没有时间限制。完成式表示的动作在谓语动词表示的动作之前。进行式动作与谓语动作同时发生。

(7) 不定式的被动式。名词、代词为不定式的逻辑宾语时，一般用不定式被动式。

2. 分词

(1) 分词形式：有现在分词和过去分词两种形式。

现在分词：一般主动式 doing，一般被动式 being done，完成主动式 having done，完成被动式 having been done。

(2) 现在分词和过去分词的区别。

① 语态不同。现在分词表示主动概念，及物动词的过去分词表示被动概念。例如：the moving film (动人的电影)，a moved girl (受感动的姑娘)，a running machine(一台转动的机器)，a stolen car(一辆被盗的汽车)。

② 时间关系上不同。现在分词表示正在进行的动作，过去分词往往表示已经完成的动作。例如：a developing country(发展中的国家)，a developed country(发达的国家)。

(3) 现在分词的基本用法。

作定语、作表语、作宾语补足语、作状语、完成主动式用法；分词所表示的动作发生在句中谓语动词所表示的动作之前，一般在句中作时间或原因状语用，不能作定语用；一般被动式用法；表示正在发生的被动动作，在句中作定语或状语；完成被动式用法；表示发生在谓语动作之前的被动动作，在句中多作状语。

(4) 过去分词的基本用法。

作定语、作表语、作宾语补足语、作状语。

3. 动名词

(1) 动名词形式与现在分词相同。

(2) 动名词的完成式。动名词的一般式所表示的动作为一种时间要领不强的或泛指的动作，或与句中谓语动作同时发生，或在谓语动作之后发生的动作。如果动名词的动作发生在谓语动作之前，则要用完成式。

(3) 动名词的被动式。如果动名词的逻辑主语为动名词所表示动作的承受者，这个动名词就要用被动式。

(4) 动名词与不定式作主语、宾语的用法比较。

forget to do sth.忘记要做某事；forget doing sth.忘记做过某事 。

remember to do sth.记住要做某事；remember doing sth.记住做过某事。

regret to do sth.遗憾(要)做某事；regret doing sth.懊悔做了某事。

stop to do sth.停下(原事)去做某事；stop doing sth.停止做某事。

mean to do sth.决意/打算做某事；mean doing sth.意味/表明做某事。

try to do sth.设法去做某事；try doing sth.尝试用某一方法做某事。

go on to do sth.继续做不同的事；go on doing sth.继续做相同的事。

4.1.2.3　英文科技论文中定语从句

在复合句中修饰名词或代词的从句是定语从句，被定语从句修饰的词叫作先行词。定语从句必须放在先行词后面。

(1) 关系代词引导的定语从句。关系代词 who(whom, whose)、which、that 的作用：连词，把主句和从句连接起来；代词，代替前面的先行词；一定的语法作用，在从句中作主语、宾语或定语。

例如：I have a friend who likes listening to classical music.我有一个朋友喜欢听古典音乐。(who 在从句中作主语，代替前面的 a friend)。

(2) 介词+which(whom)引导的定语从句。如果 which 或 whom 在定语从句中原为介词的宾语，那么这个介词可以提到从句前，构成介词+which(whom)引导的定语从句。

例如：There are scientific ways in which man solves problems.有一些人类解决问题的科学方法。

(3) 关系副词引导的定语从句。关系副词 when、where、why 等引导的定语从句分别用来修饰表示时间、地点、原因的先行词。这些关系副词在从句中均作状语。

例如：I still remember the day when I first came to the university.我还记得第一次来到大学的那天。

(4) 限制性定语从句和非限制性定语从句。

① 限制性定语从句。限制性定语从句与先行词关系密切，从句是整个句子不可缺少的部分。如果去掉它，句子的意思就不完整或不明确。从句和主句之间不用逗号隔开。

② 非限制性定语从句。非限制性定语从句与先行词关系比较松散，只是对先行词的附加说明。如果去掉该从句，句子的意思仍然清楚。从句和主句之间常用逗号隔开。

4.1.2.4　英文科技论文中时态、被动语态

1. 英语时态

英语时态是一种动词形式不同的时态，用于表示不同的时间与方式。

(1) 一般现在时。一般现在时表示经常发生、习惯性的动作，客观真理或现在的某种情况等。

(2) 现在进行时。现在进行时表示现阶段或说话时正在进行的动作及行为。

(3) 一般将来时。一般将来时表示将要发生的动作或存在的状态及打算、计划或准备做某事。

(4) 现在完成时。过去发生或已经完成的动作对现在造成的影响或结果，或从经过开始，持续到现在的动作或状态。

(5) 一般过去时。过去某个时间里发生的动作或状态；过去习惯性、经常性的动作或行为。

(6) 过去进行时。过去进行时表示过去某段时间或某一时刻正在发生或进行的行为或动作。

(7) 过去完成时。以过去某个时间为标准，在此以前发生的动作或行为，或在过去动作之前完成的行为，即"过去的过去"。

(8) 将来完成时。在将来某个时刻(前)将完成的动作。

2. 被动语态翻译技巧

英语中有两种语态：主动语态和被动语态。主动语态表示主语是动作的执行者；被动语态表示主语是动作的承受者，即行为动作的对象。被动语态的常见句式：主语(受动者)+be +过去分词+(by+施动者)。

例如：The window was blown by wind.窗户被风吹开了。

4.1.2.5　英文科技论文中强调句型和倒装句型

1. 强调句型

强调句型本质上是一种修辞方式，是人们为了表达自己的意愿或情感而使用的一种形式，下面简单归纳它的几种结构。

(1) 用强调句型 "It is(was)+被强调的部分+that(who)+原句其他部分" 强调说话人的意愿。

例如：It was Dr. James who gives us a lecture. 是詹姆斯博士给我们演讲。

(2) 用 "What引导的名词性从句+is (was)+其他成分" 来强调主语或宾语。

例如：What impressed me was her image.给我印象最深的是她的形象。

(3) 用助动词 "do (does/did)+动词原形" 来表示强调。

例如：He does know the place well.他的确很熟悉这个地方。

2. 倒装句型

英语中的自然语序通常是"主语在前，谓语在后"。

例如：The boy rushed out.

如果谓语动词的一部分或全部放在主语的前面，这样的语序称为倒装语序。倒装语序又分为完全倒装和部分倒装两种。

例如：Now comes your turn.(完全倒装)现在轮到你了。

Only in this way can we lose weight.(部分倒装)只有通过这种方式，我们才能减肥。

常见的倒装句如下所述。

(1) 疑问倒装。

例如：Can you operate the new machine?你能操作这台新机器吗?

(2) There be 句型的倒装。

例如：There are many forms of energy.能量有多种形式。

(3) 表示祝愿的倒装。

例如：May you succeed!祝你成功!

(4) 以 here、there、now、then、thus 等副词为句首的倒装句。谓语动词通常是 be 动词，come、go、exist、follow 等不及物动词。

例如：Here is the book you want.你要的书在这儿。

There goes the bell.铃响了。

(5) 表示否定或基本否定的词与词组放在句首的倒装句。这些词和词组主要有：never(从不)、seldom(很少)、scarcely(几乎不)、hardly(几乎不)、rarely(很少)、little(几乎不)、not(没有)、nowhere(没有地方)、hardly…when…(一……就)、no sooner…than…(一……就)、in no case(决不)、in no way(决不)、on no account(决不)、at no time(从不)、under/in no circumstances (决不)、not only…but also…(不但……而且……)。

例如：Rarely did Tom leave his lab those days.那几天汤姆很少离开他的实验室。

No sooner had they got to the plant than they started to work.他们一到工厂就开始工作了。

(6) "only+状语"放在句首的倒装句。

例如：Only by working hard can one succeed.只有努力才能成功。

4.1.3　论文的投稿与发表

目前，国际学术出版界，尤其是有一定影响力的学术期刊，施行同行评审制度，这类学术期刊就是通常所说的同行评审期刊。同行评审制度在保障所发表学术论文的质量方面起到了关键性作用，同行评审期刊在学术文献中的地位也越来越重要。因此，在投稿和发表学术论文时，作者应该了解学术论文投稿、评审和发表过程中的规则。

我国学者对国际学术界的贡献越来越大，从在国际期刊上发表的论文数量可知，我国已经成为学术论文产出大国。但与此同时，不少学术论文在投稿和发表中也存在不符合规范要求的问题。例如，同一篇论文同时投寄两个或更多个期刊；已经以中文发表的论文再次投稿；稿件中出现剽窃现象，尤其突出的是针对论文小部分内容的剽窃。以上行为时有发生，但是更为普遍的不规范行为则表现为投寄的稿件明显与期刊刊登内容的研究方向不一致；体例格式不符合期刊的要求；作者不采纳审稿专家的建议；不能恰当地答复审稿专家的意见；英语表达不规范；被拒的稿件未经修改直接提交。

某国际著名的出版机构，针对在国际期刊上投稿论文的普遍问题,提出了一些建议:根据期刊的研究范围和其声誉选择合适的期刊投稿；每篇论文只投稿一个期刊；注意期刊的要求；关注稿件格式；仔细检查英语写作。

本章将针对以上问题重点讨论有关论文投稿和发表的规则及注意事项。

4.1.3.1 投稿前准备

在科研得到一定研究成果时，就要开始考虑如何将研究结果公布于众。什么样的稿件可以投寄期刊？这是在投寄之前应该慎重考虑的问题。

1. 对稿件的自我审核

根据学术论文的基本要求，作者可以从以下几个方面对稿件进行自我审核。

1) 研究成果是否具有创新性

论文撰写不是在研究结束以后才进行，而是与研究同步，因此在研究工作开始之际作者实际上就已经进入论文准备阶段。论文的质量不仅与写作有关，更与研究有关。

想要有高质量的论文产生，作者需在研究过程中核对自己的研究观点是否具有创新性：所做的工作是新出现的或者有趣的吗？具有挑战性吗？与当前的热点问题有关吗？是否解决了某个难点问题？是否提供了某些重大难题的解决途径？如果回答都是肯定的，作者可以开始准备起草论文。

2) 确定论文类型

在着手撰写论文时，应根据研究结果确定论文的类型。

研究论文是最重要的论文，是对重要研究成果充实的、完整的表达，通过严密的逻辑论证得到重要的研究结论。作者需要考虑的问题：论文如果要成为一篇完整的研究论文，研究材料和结果是否充分？能否实现完备的论证？是否得到了有意义、有价值、重要的结论？以上几个问题若能得到完美解决，便可按照研究论文的形式进行撰写。

快报/短讯是对重要而原始的研究进展的快速报道和早期交流，在篇幅上比研究论文短，具体长度通常有严格的限制。如果研究结果需要尽快被展示出来，可按照快报/短讯的形式进行撰写并尽快投寄，及时与同行分享研究成果。

评述性(综述)文章是对某一特定话题最新进展的总结，虽然评述的观点已正式发表，但评述性(综述)文章是相应领域研究的总结和学科发展的展望，对他人的研究具有指导意义。如果作者是一位经历多年研究的学者，在相关领域查阅过大量文献，有自己对文献的独到理解，并研究和总结了相关领域的研究成果，对下一步研究有明确的思路，就可以撰写评述性(综述)文章，以对他人研究起到引导和指导作用。

对于青年学者而言，采用哪种稿件形式，可以向导师和同事征求建议，有时候"旁观者"看得更清楚。

3) 读者是谁

在论文撰写过程中，作者应考虑读者是谁。不同的期刊面向不同的读者群，论文应该以吸引读者阅读为目的。针对不同的读者群，撰写论文的策略和方式完全不同。

4) 选择正确的期刊

每种期刊都有自己的办刊宗旨、读者对象、侧重点和研究兴趣，在选择投稿期刊时不应盲目地任意选择。投稿之前，应该对这些都有所了解，减少投稿的盲目性。不能一味地选择最好的期刊，而应根据论文的实际情况寻找与之匹配的期刊。

选择期刊时一般从以下几个方面进行考虑。

第一，期刊的办刊宗旨、研究领域。有些期刊看似是综合性期刊，却有其特定的研究领域，如某些学报，要判断其属于自然科学领域还是社会科学领域。

第二，期刊刊登的论文类型。有的期刊只刊登综述性论文，有的期刊只刊登快报，有的期刊会刊登各种类型的论文。

第三，期刊面向的读者群。如《自然》和《科学》都是面向极其广泛的读者，相较于很多专业性期刊，它们希望吸引更多各行业各专业的读者。

第四，期刊通常会根据学科的发展需要，在做出近期规划时，针对当前的热点话题重点集中刊登相关论文。作者可以通过阅读近期的摘要了解期刊关注的话题，期刊也常常在其主页发布相关信息。

通过关注以上几个方面内容，作者可准确选择中意的、合适的期刊，提高论文录用的概率，避免因期刊选择不当而影响出版周期。对于刚刚步入学术领域的青年学者而言，往往需要得到导师或同事的帮助，如果必要的话可模仿他们的处理方法来处理自己的论文。另外，关注撰写论文时引用的参考文献，了解发表这些文献的期刊情况，也可能帮助作者选择恰当的期刊。

需要特别强调的是，在大多数情况下，一稿多投是国际学术界道德和制度规范中严厉禁止的。有作者抱有通过投寄多种期刊来提升发表概率的侥幸心理，认为一稿多投被发现的可能性不大，但是，由于同行研究人员的人数有限，很多同行专家同时是多个期刊的评委，一稿多投的行为常常会被发现。

为了顺应时代的发展，Cell 出版社推出了 Cell Press Multi-Journal Submission 审稿系统，即"一稿多投"系统。目前该系统纳入了 26 种期刊，包括 21 种 SCI 期刊和 5 种被 ESCI 目录收录的期刊。这个系统的推出，为科研人员提供了更多的选择和机会。作者在投稿时，可以同时选择多种期刊进行预审，从而大大提高了稿件被接受的概率。Cell 出版社的这一举措，受到了广大科研人员的热烈欢迎和高度评价。目前，全球已有 36 种期刊，包括 29 种 SCI 期刊支持"一稿多投"。

5) 反复阅读作者须知

从初稿(正文设计、文章的引证、术语、图表等)的准备开始就应充分参考投稿指南或作者须知，这样可以节省作者和编辑的时间。提交没有充分准备的稿件是不尊重他人的表现。

学术论文的体例要求往往来源于期刊的要求，各期刊都有自己的规范标准。尤其在一些细节上，期刊之间的要求是有差异的。因此，认真阅读欲投寄期刊的投稿指南是非常必要的。

投稿指南的内容包括期刊的性质和宗旨、稿件体例要求、版权问题、道德行为指南、稿酬支付、其他约定、投稿方式、联系方式等。作者应详细阅读欲投寄期刊的投稿指南，严格按照投稿要求撰写论文，成文后依照投稿指南仔细检查文稿。为了便于评审，有些期刊要求文章每一部分分页打印：题名、作者、地址在第一页，摘要在第二页，图、表集中附在文后(也有不少期刊要求图表插入文中)。最后，作者应对文章的语法和字词进行核查，确保语言表达准确。

在投寄稿件之前，作者应对论文进行反复修改，以达到期刊的基本要求。作者，尤其是青年学者，普遍存在以下几种情况：不遵照期刊稿件格式和版面设计要求，如错误使用字体、行间距、页码等；论文的字数、页码超出稿件限定的长度，如《物理评论快报》要求稿件篇幅控制在 4 页之内；论文的主题不符合期刊要求。

许多稿件在初审阶段就被退稿。初审是由期刊编辑对论文进行格式和内容审查的过程，其目的是过滤掉有明显缺陷的论文。评审系统非常庞大，工作超负荷，编辑希望同行专家将精力用于评审那些有可能发表的文章。

2. 初审退稿原因及对策

论文在期刊编辑部初审阶段即被退稿，可能是论文撰写和投稿前的准备工作不充分造成的。

未满足交稿要求就匆忙提交论文是最易被退稿的情况。作者应该重新仔细阅读作者指南，根据作者指南的要求逐条检查论文，确保论文的每个方面都符合期刊的要求，包括论文的字数、文字和插图的布局、参考文献的格式和引用方式等。

当编辑质疑论文的参考文献是否完整时，作者应该仔细检查参考文献引用中是否有太多自引，或是否有国际读者不易获得引用文献的情况。

当论文因语言表达存在问题而被退稿时，作者一方面应仔细纠正语法和字词错误，另一方面可以请同事或导师重点检查论文的可读性。

4.1.3.2　投稿及处理

1. 期刊编辑部处理稿件流程

一般情况下，稿件经历了如下处理流程：作者向期刊编辑部投寄论文；编辑对论文进行基本形式检查，对于满足基本要求的论文，将组织同行专家对论文进行评审，对不满足期刊基本要求的论文，通常以退稿处理；同行专家对论文进行全面评审以后，向编辑反馈评审意见；编辑收集同行专家评审意见后，通常做出三种决定：拒绝出版(退稿)、接受发表、需要根据同行专家评审意见修改；对于需要修改的论文，作者修改后重新提交论文；对于接受发表的论文，期刊编辑部对论文进行排版处理，最终稿件需要作者对其进行校对，最后由出版社印刷出版[5]。

直接面对作者受理稿件发表的是期刊编辑部，作者不应与同行评审专家直接交流。但在实际运作中，期刊编辑部背后还有一个强大的专业团队：一部分是为期刊制定出版规划、监督期刊出版质量的编委会，通常由学科内知名学者构成，他们同时担任同行评审专家对稿件进行评审；另一部分是由更加庞大的同行专家组成的同行评审专家，他们不定期地接受期刊的邀请，参与对论文的评审。

国际上，成为同行评审专家标志着被业界认可，同时，参与评审是每一位学者的责任和义务。同行评审专家的评审意见仅仅为稿件是否刊登提供参考，期刊主编是最终决定是否刊登稿件的人。无论是编委会成员，还是外请专家，都要对学术论文做出实质性、专业性的评价，以保证学术期刊的质量。

每一位同行评审专家独立地对论文进行评审，并向主编提出是否接受发表被评审稿件的建议。论文最终是否发表的决定权在于主编。期刊编辑部的主编可能由一人或多人组成，其主要责任是对稿件做出是否录用的决定。然而，作为主编，他或他们不可能对所有的稿件做出详细的判断，通常需要依赖编委会或期刊涉及领域专家的建议。

期刊编辑部的编辑有明确的分工，论文的责任编辑主要负责与论文作者的沟通、论文格式的检查、发表论文的编辑等具体工作。出版商负责对所接受发表论文的印刷和发行工作。

2. 投稿

1) 投稿方式和投稿信

目前主要的投稿方式包括网络投稿、电子邮件投稿、普通邮件投稿等，具体使用哪种投稿方式要根据期刊要求而定。网络投稿使用比较普遍，作者需要先注册，可以随时查询稿件的处理状态。作者应充分利用相关资源，随时跟踪和关注自己的论文投稿进度，并配合编辑做好稿件的处理工作。

投稿时，向编辑提供相关信息至关重要。在传统的投稿中，与稿件一起提交给编辑的信件(covering letter)必不可少；在网络投稿中，相关的内容已在投稿选项中提交。信件内容包括论文提交的期刊名、论文的类型；论文未一稿多投的申明；其他相关信息申明，如有无利益冲突问题、人体和动物实验的相关许可、知情同意等；通讯作者及所有作者的姓名、地址、电话和电子邮箱，以及发件人的传真号码；推荐审稿专家名单和欲回避审稿专家名单。

2) 同行评审专家的推荐

针对近年来我国论文大量退稿中存在的与推荐审稿专家相关的突出问题，本书重点强调有关推荐同行评审专家的国际规则。按照国际学术界规则，作者有责任和义务向编辑部推荐同行评审专家名单，这些名单仅仅作为参考，供编辑在选择同行评审专家时参考。这一规则不是说编辑必须按照作者的要求选择，而是为了让稿件的评审更加公正和客观，避免由于编辑专业知识的局限而无法找到合适的同行评审专家，耽误审稿速度。许多稿件因期刊编辑部找不到合适的评审专家而一拖再拖，也存在找到的评审专家因不熟悉该研究方向、低估稿件的意义而轻易退稿的现象。

作者在提供同行评审专家的名单和通讯地址时需真实、详细。因此，在投稿的同时，提供一些熟悉稿件工作的同行评审专家是必要的，这就需要在阅读文献时留意相关信息，做些记录；推荐的同行评审专家要尽可能熟悉该稿件所做的工作，或者估计他们对此稿件感兴趣，至少了解问题的背景和研究的意义，以加快审稿速度，获得中肯的意见。作者应在研究过程中特别留意和关注同行的研究，在文献阅读中除研究内容的研读外，对研究者信息的关注也非常必要，从论文的参考文献中寻找同行评审专家是一个不错的选择。

为了公正、公平，避免观点不同导致退稿的情况发生，作者也可以向期刊编辑部建议欲回避评审专家名单。

实际中，很多期刊要求投稿者提供评审专家名单，以及详细通讯地址、邮箱、电话号码和传真号码等信息。有的期刊规定，不提供评审专家名单的稿件将被进行拒稿处理。《中国科学》在"投稿信息"中明确指出：提供 6～8 位非本单位同行专家的详细通讯方式和研究领域，也可提出要求回避的同行专家名单，以备稿件送审时参考。《应用数学快报》(*Applied Mathematics Letters*)要求：为了缩短评审过程，在邮件中提供 6 位可能的评审专家名单，包括完整的姓名和地址。《应用数学快报》编辑部在给作者的邮件中还特别强调：作者若没提供该研究领域的评审专家名单，或缺少评审专家的信息(全名、完整地址和电子邮箱)，将会拒绝其稿件！

3. 稿件评审过程

同行评审专家由编辑选取，其人数可能依据不同的期刊而不同，通常是 2～3 人。同行评审专家提出评审意见，向作者提供改进的建议，并帮助主编做出是否刊用的结论。当所有的同行评审专家一致认为稿件质量优秀、可以刊登时，稿件被接纳的可能性最高；当几位同行评审专家的意见出现分歧时，期刊编辑部可能以多数人意见为依据对稿件进行取舍；在无法做出判断时，期刊编辑部会增加评审人数，以尽量对稿件做出准确评判。

作者收到评审意见后，如果认为评审意见有失公正，可提供充分证据为自己的观点辩护。很多学者经常处于与编辑、评审专家辩论之中，也有很多经过辩论使得论文成功录用的案例。这在一些探索性很强的专业领域是极其常见的事，因此，作者不要轻易放弃自己的权利。

同行评审专家对稿件进行评审的基本内容包括稿件的主题与期刊研究范围的相关性；研究内容的新颖性、研究结论的重要性和研究工作的创新性程度；实验描述是否清楚、完整；讨论和结论是否合理；参考文献的覆盖，即引用是否必要、合理；文字表达和图表表达是否简洁、清楚。

影响同行评审专家做出评审结果的因素是多方面的，作者的信誉是必须强调的重要因素，因为学术研究的基础就是研究者的诚实和守信。

同行评审专家的意见由编辑汇总后发给论文的第一作者或通讯作者。评审意见中评审结果的类型如下：第一种，修改。修改分为修改后发表和重大修改后重审两类。修改后发表是指论文基本符合期刊录用要求，但存在一些技术性问题，编辑要求作者对论文做相应的修改。修改稿通常由编辑审核，无须再提交同行评审专家评审。重大修改后重审是指论文还存在一些重要问题，期刊是否录用取决于这些问题是否得到解决。作者需要非常重视这些实质性问题，并认真修改。修改稿还需要同行评审专家评审，是否由原来的同行评审专家评审由编辑决定。第二种，退稿。论文被期刊拒绝录用，作者有权对论文进行其他处理，包括投寄其他期刊。第三种，发表。能直接发表的情况比较少，有修改要求的情况比较多。

4. 属于研究内容(目的和范围)的退稿原因及对策

退稿的原因是值得作者关注的，它对作者进一步改进稿件非常重要。以下是普遍的退稿原因及相应对策：当编辑因"论文的兴趣有限，或仅涉及局部问题(样本类型、地理、特定产品等)"退稿时，作者应检查论文是否对具体涉及的读者有吸引力；当退稿原因为"论文是众所周知的方法的常规应用"时，作者应检查论文是否对现有方法添加了重要的、有价值的内容，或者探讨了对现有研究方法的显著扩展；当退稿原因为"论文有一点新的进展，但是涉及的范围有限"时，作者应检查论文是否提供了与期刊性质一致的观点，是否从结果中得出了正确的结论；当退稿原因为"新颖性和显著性没有立即显现或充分证明"时，作者应检查论文的工作是否扩充和改进了现有的知识体系。

5. 评审意见的处理

针对不同的评审结果，作者的处理方式也有所不同。

1) 修改

为了达到发表的目的，作者应根据评审专家和编辑的建议与意见进行修改。经过修改的文章，作者可以再次投寄同一期刊。有些期刊按照原始论文编号继续处理，也有些期刊可能会将修改稿重新编号，作为新投寄稿件处理。

作者应认真修改论文稿件，仔细研究评审意见和编辑要求，对论文进行全面的、完整的修改，而不是仅仅修改专家指出的部分。

对已经修改过的论文进行进一步评审非常常见。在提交修改稿时，作者要认真准备一封详细的答复信，即修改说明：复制专家的每一个评审意见，将答复直接写在下面；明确阐述论文中的修改细节，指出所在页和行数；对一些典型问题，除说明修改之处外，可提供一些必要的讨论。对于能接受的评审意见，作者需提供准确的答复；对于不认同的评审意见，作者应用令人信服的、可靠的和有礼貌的方式辩驳。

修改说明不仅运用于论文评审中，在论文投寄之前的论文撰写过程中也可以用到。在对论文进行反复修改的过程中，修改说明能节省导师和同事很多时间，提高论文修改的效率。对于初学者而言，应该有意识地接受该方面的训练。

2) 退稿

编辑通常会在退稿信中逐条叙述拒绝的原因，作者应该仔细阅读。退稿的原因包括论文存在严重的缺陷；论文超出期刊的研究范围；论文的论点、数据等出现原则性的错误；等等。

每个人都有被退稿的经历，作者应设法弄清楚稿件为什么被拒绝。作者已经受益于编辑和评审专家的付出，得到了他们的建议，应重新评估自己的研究工作，并决定是否在别处提交。

在没有做出重大修改之前，将被退稿的稿件直接投寄到其他期刊并不能节省时间，由于同行的局限性，论文最初的评审专家可能恰好是重新投寄期刊的评审专家，论文未修改的状态可能被发现，而且这种情况发生的概率并不低。

建议作者在投稿信中注明论文被拒情况和相关的期刊，包括评审报告和作者详细的答复，解释为什么稿件要重新投寄现在的期刊(如"现在的期刊更加合适")，并表示稿件已经在上次投稿的基础上进行了完善。

3) 发表

编辑直接接受、无需修改就计划发表在即将出版的期刊上的论文非常少见，大多数发表的文章被反复修改过。最终正式发表前，作者还需要对排版的论文进行校对。

学术论文的发表对研究者而言非常重要。为了顺利发表论文，作者应认真阅读期刊的征稿要求，在投稿时认真审阅稿件的内容和格式，不要因为准备不充分而在初审阶段被编辑拒稿。作者应正确对待编辑反馈的审稿意见，完善论文，通过修改说明向编辑和评审专家说明修改状况。论文被接受发表不等于发表工作已经结束，作者还需要对样稿进行校对。在稿件处理过程中，作者需配合编辑完成每一步稿件处理工作，以促使稿件尽快发表。

4.2 专 利 撰 写

4.2.1 发明专利撰写

目前，知识产权保护越来越得到国家层面的重视，对于科研院所、高校、研发型企业等技术集中产生区，如何将自主研发技术采用合理的形式进行保护是摆在人们面前有待解决的一个问题。虽然在大环境的影响下，多数技术人员(含科研人员)知道对于自主研发技术可以通过申请专利进行保护，但是技术人员并不了解申请专利的具体内涵，不明白什么样的申请文件才能更好地对技术进行保护。即使申请文件最后经专利代理人撰写，也会因专利代理人欠缺研发阶段的具体参与而导致申请文件并不能完全有效地对自主研发技术进行保护，这也是目前国内专利申请质量不高的主要原因之一。

本书分析自主研发技术申请专利的思路，同时介绍专利申请相关知识，使技术人员能够有的放矢，确切地把握专利申请的要点，更好地保护自主研发技术。

4.2.1.1 研发阶段专利的产生

1. 立项

在立项阶段的检索必不可少，通过检索相关文献、专利可全面获取本项技术的研究现状及研发热点，同时可以规避现有专利的保护范围，降低侵犯他人专利的风险。另外，还可借鉴现有研究成果，缩短研发过程。

若在立项阶段未能确定正确的研发路线，投入大量的人力、物力之后，仍然产出有限。在极端情况下，盲目立项研发，得到的是已授权的专利技术，不仅获得专利授权无望，还不能自由使用自己研发的技术，得不偿失。

2. 研究开发

在研究开发过程中，应分阶段总结研发结果，评价是否可以申请专利；国内的专利申请是先申请制，即两个以上的申请人分别就同样的发明创造申请专利时，专利权授予最先申请的人，所以提早申请在无形中增加了专利的授权率。当然专利申请还需考虑其他商业因素和策略。此阶段需注意：专利申请并不要求是完善的技术方案或者已投产的技术方案，具有实施可能性即可。

4.2.1.2 专利申请文件的撰写

1. 专利的类型

《中华人民共和国专利法》(简称《专利法》)规定，发明创造是指发明、实用新型和外观设计。

发明，是指对产品、方法或者其改进所提出的新的技术方案。

实用新型，是指对产品的形状、构造或者其结合所提出的适于实用的新的技术方案。

外观设计，是指对产品的整体或者局部的形状、图案或者其结合以及色彩与形状、图案的结合所作出的富有美感并适于工业应用的新设计。

注意：

(1) 我国的专利类型有三种，分别是发明、实用新型和外观设计。

(2) 方法只能申请发明专利。

(3) 实用新型所保护的"产品"和发明所保护的"产品"的范围不同，实用新型保护的"产品"是经过产业方法制造的有确定形状、构造且占据一定空间的实体。

(4) 同样的发明创造只能授予一项专利权。但是，如果同一申请人同日对同样的发明创造既申请实用新型专利又申请发明专利，先获得的实用新型专利权尚未终止，且申请人声明放弃该实用新型专利权的，可以授予发明专利权。

(5) 发明专利权的期限为二十年，实用新型专利权的期限为十年，外观设计专利权的期限为十五年，均自申请日起计算。

2. 不授予专利权的客体

(1) 对违反法律、社会公德或者妨害公共利益的发明创造，不授予专利权。

(2) 对违反法律、行政法规的规定获取或者利用遗传资源并依赖该遗传资源完成的发明创造，不授予专利权。

(3) 对于以下各项不授予专利权：科学发现；智力活动的规则和方法；疾病的诊断和治疗方法；动物和植物品种(例外：对于动物和植物的生产方法可授予专利权)；原子核变换方法和用该方法获得的物质；对平面印刷品的图案、色彩或者两者的结合作出的主要起标识作用的设计。

注意：

(1) 科学发现是指对自然界中客观存在的物质、现象、变化过程及其特性和规律的揭示，科学理论是对自然界认识的总结，是更为广义的发现。它们都属于人们认识的延伸。这些被认识的物质、现象、过程、特性和规律不同于改造客观世界的技术方案，不是专利法意义上的发明创造，因此不能被授予专利权。例如，从自然界找到一种以前未知的以天然形态存在的物质，仅仅是一种发现，不能被授予专利权(如果是首次从自然界分离或提取出来的物质，其结构、形态或者其他物理、化学参数是现有技术中不曾认识的，并能被确切地表征，且在产业上有利用价值，则该物质本身以及取得该物质的方法均可依法被授予专利权)。

应当注意，发明和发现虽有本质不同，但两者关系密切。通常，很多发明是建立在发现的基础之上的，进而发明又促进了发现。

(2) 智力活动是指人的思维运动，源于人的思维，经过分析和判断产生出抽象的结果，或者必须经过人的思维运动作为媒介，间接地作用于自然产生的结果。智力活动的规则和方法是指导人们进行思考、表述、判断和记忆的规则和方法。由于其没有采用技术手段或者利用自然规律，也未解决技术问题和产生技术效果，因而不构成技术方案，如仪器和设备的操作说明，信息表述方法，计算机程序本身均非专利的保护客体。

如果一项权利要求在对其进行限定的全部内容中既包含智力活动的规则和方法，又包含技术特征，则该权利要求就整体而言并不是一种智力活动的规则和方法，属于专利的保护客体。

(3) 原子核变换方法和用该方法获得的物质关系到国家的经济、国防、科研和公共生活的重大利益，不宜为单位或私人垄断，因此不能被授予专利权。

3. 专利申请文件的要求

申请发明或者实用新型专利的，应当提交请求书、说明书及其摘要和权利要求书等文件。申请外观设计专利的，应当提交请求书、该外观设计的图片或者照片以及对该外观设计的简要说明等文件；申请人提交的有关图片或者照片应当清楚地显示要求专利保护的产品的外观设计。

注意：

(1) 发明、实用新型、外观设计专利的请求书不同，发明专利请求书对应编号：110101；实用新型专利请求书对应编号：120101；外观设计专利请求书对应编号：130101。表格获取途径：国家知识产权局官网→首页"政务服务"中的"表格下载"→与专利申请相关(通用类)。

(2) 请求书中的发明人应当是个人，不得填写单位或集体，如不得写成"XX 课题组"等。发明人应当使用本人真实姓名，不得使用笔名或者其他非正式的姓名。发明人个数不限。

(3) 发明或者实用新型专利权的保护范围以其权利要求的内容为准，说明书及附图可以用于解释权利要求的内容。

外观设计专利权的保护范围以表示在图片或者照片中的该产品的外观设计为准，简要说明可以用于解释图片或者照片所表示的该产品的外观设计。

(4) 发明专利可以没有说明书附图和摘要附图；实用新型专利必须提交说明书附图和摘要附图。

4. 发明/实用新型专利的形式要求

(1) 权利要求书有几项权利要求的，应当用阿拉伯数字顺序编号，编号前不得冠以"权利要求"或者"权项"等词。

权利要求中可以有数学式，必要时也可以有表格，但不得有插图。

权利要求书应当用阿拉伯数字顺序编写页码。

(2) 说明书应当包括以下各部分，并在每一部分前面写明标题：技术领域；背景技术；发明内容；附图说明；具体实施方式。说明书无附图的，说明书文字部分不包括附图说明及其相应的标题。说明书文字部分可以有化学式、数学式或者表格，但不得有插图。

说明书文字部分写有附图说明的，说明书应当有附图；同理，说明书有附图的，说明书文字部分应当有附图说明。

说明书文字部分写有附图说明但说明书无附图或者缺少相应附图的，会接到补正通知书，此时需要取消说明书文字部分的附图说明，或者在指定的期限内补交相应附图。倘若补交附图，申请日将变更为向专利局提交或者邮寄补交附图之日。仅取消文字附图说明的，保留原申请日[6]。

说明书应当用阿拉伯数字顺序编写页码。

(3) 说明书附图应当使用包括计算机在内的制图工具和黑色墨水绘制，线条应当均匀清晰，不得着色和涂改，不得使用工程蓝图。

剖面图中的剖面线不得妨碍附图标记线和主线条的清楚识别。

几幅附图可以绘制在一张图纸上，一幅总体图可以绘制在几张图纸上，但应当保证每一张上的图都是独立的，而且当全部图纸组合起来构成一幅完整总体图时又不互相影响其清晰程度，附图的周围不得有与图无关的框线。附图总数在两幅以上的，应当使用阿拉伯数字顺序编号,并在编号前冠以"图"字,如"图1"。该编号应当标注在相应附图的正下方。

附图应当尽量竖向绘制在图纸上,彼此明显分开。当零件横向尺寸明显大于竖向尺寸,必须水平布置时,应当将附图的顶部置于图纸的左边。一页图纸上有两幅以上的附图,且有一幅已经水平布置时,该页上其他附图也应当水平布置。

附图标记应当使用阿拉伯数字顺序编号。说明书文字部分中未提及的附图标记不得在附图中出现,附图中未出现的附图标记不得在说明书文字部分中提及。申请文件中表示同一组成部分的附图标记应当一致。

附图的大小及清晰度应当保证在该图缩小到 2/3 时,仍能清晰地分辨出图中各个细节,以能够满足复印、扫描的要求为准。

同一附图中应当采用相同比例绘制,为使其中某一组成部分清楚显示,可以另外增加一幅局部放大图。附图中除必需的词语外,不得含有其他注释。附图中的词语应当使用中文,必要时,可以在其后的括号里注明原文。

流程图、框图应当作为附图,并应当在其框内给出必要的文字和符号。一般不得使用照片作为附图,但特殊情况下,如显示金相结构、组织细胞或者电图谱时,可以使用照片贴在图纸上作为附图。

说明书附图应当用阿拉伯数字顺序编写页码。

(4) 说明书摘要:摘要文字部分应当写明发明的名称和所属的技术领域,清楚反映所要解决的技术问题,解决该问题的技术方案的要点以及主要用途。未写明发明名称或者不能反映技术方案要点的,需补正;使用了商业性宣传用语的,可能会被通知删除或者由审查员删除,审查员删除的,会通知申请人。

摘要文字部分不得使用标题,文字部分(包括标点符号)不得超过 300 个字

(5) 摘要附图:说明书有附图的,申请人应当提交一幅最能说明该发明技术方案主要技术特征的附图作为摘要附图。摘要附图应当是说明书附图中的一幅。摘要附图的大小及清晰度应当保证在该图缩小到 4cm×6cm 时,仍能清楚地分辨出图中的各个细节。

5. 外观设计的形式要求

(1) 名称:使用外观设计的产品名称对图片或者照片中表示的外观设计所应用的产品种类具有说明作用。

使用外观设计的产品名称应当与外观设计图片或者照片中表示的外观设计相符合,准确、简明地表明要求保护的产品的外观设计。产品名称一般不得超过 20 个字。产品名称通常还应当避免下列情形:

含有人名、地名、国名、单位名称、商标、代号、型号或以历史时代命名的产品名称;

概括不当、过于抽象的名称,如"文具""炊具""乐器""建筑用物品"等;

描述技术效果、内部构造的名称,如"节油发动机""人体增高鞋垫""装有新型发动机的汽车"等;

附有产品规格、规模、数量单位的名称,如"21 英寸电视机""中型书柜""一副手套"等;

以外国文字或无确定中文意义的文字命名的名称，如"克莱斯酒瓶"，但已经众所周知并且中文含义确定的文字可以使用，如"DVD 播放机""LED 灯""USB 集线器"等。

(2) 图片或者照片应当清楚地显示要求专利保护的产品的外观设计。

就立体产品的外观设计而言，产品设计要点涉及六个面的，应当提交六面正投影视图；产品设计要点仅涉及一个或几个面的，应当至少提交所涉及面的正投影视图和立体图，并在简要说明中写明省略视图的原因。

就平面产品的外观设计而言，产品设计要点涉及一个面的，可以仅提交该面正投影视图；产品设计要点涉及两个面的，应当提交两面正投影视图。

就包括图形用户界面的产品外观设计而言，应当提交整体产品外观设计视图。图形用户界面为动态图案的，应当至少提交一个状态的上述整体产品外观设计视图，对其余状态可仅提交关键帧的视图，所提交的视图应当能唯一确定动态图案中动画的变化趋势。

必要时，申请人还应当提交该外观设计产品的展开图、剖视图、剖面图、放大图以及变化状态图。

此外，还可以提交参考图，参考图通常用于表明使用外观设计的产品的用途、使用方法或者使用场所等。

色彩包括黑白灰系列和彩色系列。

若简要说明中声明请求保护色彩，提供的图片的颜色应当着色牢固、不易褪色。

4.2.2　实用新型专利撰写

实用新型专利只保护产品。一切方法以及未经人工制造的自然存在的物品不属于实用新型专利保护的客体。

一项发明创造可能既包括对产品形状、构造的改进，又包括对生产该产品的专用方法、工艺或构成该产品的材料本身等方面的改进。但是，实用新型专利仅保护针对产品形状、构造的改进技术方案[7]。应当注意以下两方面。

(1) 权利要求中可以使用已知方法的名称限定产品的形状、构造，但不得包含方法的步骤、工艺条件等。

(2) 如果权利要求中既包含形状、构造特征，又包含对方法本身提出的改进，如含有对产品制造方法、使用方法或计算机程序进行限定的技术特征，则不属于实用新型专利保护的客体。

1. 产品的形状

产品的形状是指产品所具有的、可以从外部观察到的确定的空间形状。

对产品形状所提出的改进可以是对产品的三维形态所提出的改进，如对凸轮形状、刀具形状做出的改进；也可以是对产品的二维形态所提出的改进，如对型材的断面形状的改进。

无确定形状的产品，其形状不能作为实用新型产品的形状特征，具体如下所述。

(1) 不能以生物的或者自然形成的形状作为产品的形状特征。例如，不能以植物盆景中植物生长所形成的形状作为产品的形状特征，也不能以自然形成的假山形状作为产品的形状特征。

(2) 不能以摆放、堆积等方法获得的非确定的形状作为产品的形状特征。

(3) 允许产品中的某个技术特征为无确定形状的物质，如气态、液态、粉末状、颗粒状物质，只要其在该产品中受该产品结构特征的限制即可。

(4) 产品的形状可以是在某种特定情况下所具有的确定的空间形状。例如，具有新颖形状的冰杯、降落伞等。又如，一种用于钢带运输和存放的钢带包装壳，由内钢圈、外捆带、外护板以及防水复合纸等构成，若其各部分按照技术方案所确定的相互关系将钢带包装起来后形成确定的空间形状，这样的空间形状不具有任意性，则钢带包装壳属于实用新型专利保护的客体。

2. 产品的构造

产品的构造是指产品的各个组成部分的安排、组织和相互关系。

产品的构造可以是机械构造，也可以是线路构造。机械构造是指构成产品的零部件的相对位置关系、连接关系和必要的机械配合关系等；线路构造是指构成产品的元器件之间确定的连接关系。

复合层可以认为是产品的构造，如产品的渗碳层、氧化层等属于复合层结构。

物质的分子结构、金相结构等不属于实用新型专利给予保护的产品构造。

3. 技术方案

技术方案是指对要解决的技术问题所采取的利用了自然规律的技术手段的集合。技术手段通常是由技术特征来体现的。

未采用技术手段解决技术问题，以获得符合自然规律的技术效果的方案，不属于实用新型专利保护的客体。

产品的形状以及表面的图案、色彩或者其结合的新方案，没有解决技术问题的，不属于实用新型专利保护的客体。产品表面的文字、符号、图表或者其结合的新方案，不属于实用新型专利保护的客体。例如：仅改变按键表面文字、符号的计算机或手机键盘；以十二生肖图案装饰的开罐刀；仅以表面图案设计为区别特征的棋类、牌类，如古诗扑克等。

4. 说明书

(1) 说明书应当对实用、新型做出清楚、完整的说明，以所属技术领域的技术人员能够实现为准。所属技术领域的技术人员能够实现，是指所属技术领域的技术人员按照说明书记载的内容，就能够实现该实用新型的技术方案，解决其技术问题，并且产生预期的技术效果。

(2) 内容部分应当描述实用新型所要解决的技术问题、解决该技术问题所采用的技术方案、对照背景技术写明实用新型的有益效果，并且所要解决的技术问题、所采用的技术方案和有益效果应当相互适应，不得出现相互矛盾或不相关联的情形。

(3) 记载的实用新型内容应当与权利要求所限定的相应技术方案的表述一致。

(4) 具体实施方式部分至少应给出一个实现该实用新型的优选方式，并且应当对照附图进行说明。

(5) 应当用词规范、语句清楚，用技术术语准确地表达实用新型的技术方案，并不得使用"如权利要求……所述的……"一类的引用语，也不得使用商业性宣传用语及贬低他人或者他人产品的词句。

(6) 文字部分可以有数学式或者表格，但不得有插图，包括流程图、方框图、自线图、相图等，它们只可以作为说明书的附图。

(7) 应当用阿拉伯数字顺序编写页码。

5. 权利要求书

(1) 权利要求书应当以说明书为依据，清楚、简要地限定要求专利保护的范围。

(2) 应当记载实用新型的技术特征。

(3) 独立权利要求应当从整体上反映实用新型的技术方案：除必须用其他方式表达的外，独立权利要求应当包括前序部分和特征部分，前序部分应写明要求保护的实用新型技术方案的主题名称，实用新型主题与最接近的现有技术共有的必要技术特征，特征部分使用"其特征是……"或者类似的用语，写明实用新型区别于最接近的现有技术的技术特征。

(4) 从属权利要求应当用附加技术特征对引用的权利要求做进一步的限定，其撰写应当包括引用部分和限定部分，引用部分写明引用的权利要求的编号及与独立权利要求一致的主题名称，限定部分写明附加的技术特征。

(5) 一项实用新型应当只有一个独立权利要求，并应写在同一项实用新型的从属权利要求之前。

(6) 做出记载但未记载在说明书中的内容应当补入说明书中。

(7) 不得包含不产生技术效果的特征。

(8) 一般不得含有用图形表达的技术特征。

(9) 应当尽量避免使用功能或者效果特征来限定实用新型，特征部分不得单纯描述实用新型功能，只有在某一技术特征无法用结构特征来限定，或者技术特征用结构特征限定不如用功能或者效果特征来限定更为恰当，而且该功能或者效果在说明书中有充分说明时，使用功能效果特征来限定实用新型才被允许。

(10) 不得使用技术概念模糊或含义不确定的用语。

注意：

(1) 每一项权利要求仅允许在权利要求的结尾处使用句号；一项权利要求可以用一个自然段表述，也可以在一个自然段中分行或者分小段表述，分行和分小段处只可用分号或逗号，必要时可在分行或分小段前给出其排序的序号。

(2) 不得加标题。

(3) 有几项权利要求的，应当用阿拉伯数字顺序编号。

(4) 可以有化学式或者数学式，但不得有插图，通常也不得有表格。除绝对必要外，不得使用"如说明书……部分所述"或者"如图……所示"的用语。

(5) 技术特征可以引用说明书附图中相应的标记，以帮助理解权利要求所记载的技术方案。但是，这些标记应当用括号括起来，并放在相应的技术特征后面，权利要求中使用的附图标记，应当与说明书附图标记一致。

(6) 从属权利要求只能引用在前的权利要求。引用两项以上权利要求的多项从属权利要求只能以择一方式引用在前的权利要求，并不得作为被另一项多项从属权利要求引用的基础，即在后的多项从属权利要求不得引用在前的多项从属权利要求。

(7) 权利要求书应当用阿拉伯数字顺序编写页码。

4.2.3 外观设计专利撰写

外观设计是产品的外观设计，其载体应当是产品，不能重复生产的手工艺品、农产品、畜产品、自然物不能作为外观设计的载体。

1. 图片的绘制

图片应当参照我国技术制图和机械制图国家标准中有关正投影关系、线条宽度以及剖切标记的规定绘制，并应当以粗细均匀的实线表达外观设计的形状，不得以阴影线、指示线、虚线、中心线、尺寸线、点划线等线条表达外观设计的形状。可以用两条平行的双点划线或自然断裂线表示细长物品的省略部分。图面上可以用指示线表示剖切位置和方向、放大部位、透明部位等，但不得有不必要的线条或标记。图片应当清楚地表达外观设计。

图片可以使用包括计算机在内的制图工具绘制，但不得使用铅笔、蜡笔、圆珠笔绘制，也不得使用蓝图、草图、油印件。对于使用计算机绘制的外观设计图片，图面分辨率应当满足清晰度的要求。

2. 照片的拍摄

(1) 照片应当清晰，避免对焦等因素导致产品的外观设计无法清楚地显示。

(2) 照片背景应当单一，避免出现该外观设计产品以外的其他内容，产品和背景应有适当的明度差，以清楚地显示产品的外观设计。

(3) 照片的拍摄通常应当遵循正投影规则，避免因透视产生的变形影响产品外观设计的表达。

(4) 照片应当避免因强光、反光、阴影、倒影等影响产品的外观设计的表达。

(5) 照片中的产品通常应当避免包含内装物或者衬托物，但必须依靠内装物或者衬托物才能清楚地显示产品的外观设计时，则允许保留内装物或者衬托物。

3. 图片或者照片的缺陷

外观设计专利的图片或者照片不能存在以下缺陷，否则需要补正。

(1) 视图投影关系有错误，如投影关系不符合正投影规则、视图之间的投影关系不对应或者视图方向颠倒等。

(2) 外观设计图片或者照片不清晰，图片或者照片中显示的产品图形尺寸过小；或者显然图形清晰，但因存在强光、反光、阴影、倒影、内装物或者衬托物等而影响产品外观设计的正确表达。

(3) 外观设计图片中的产品绘制线条包含应删除或修改的线条，如视图中的阴影线、示线、虚线、中心线、尺寸线、点划线等。

(4) 表示立体产品的视图有下述情况的：

各视图比例不一致。

产品设计要点涉及六个面，而六面正投影视图不足，但下述情况除外：

① 后视图与主视图相同或对称时可以省略后视图；

② 左视图与右视图相同或对称时可以省略左视图(或右视图)；

③ 俯视图与仰视图相同或对称时可以省略俯视图(或仰视图)；

④ 大型或位置固定的设备和底面不常见的物品可以省略仰视图。

(5) 表示平面产品的视图有下述情况的：

① 各视图比例不一致；

② 产品设计要点涉及两个面，而两面正投影视图不足，但后视图与主视图相同或对称的情况以及后视图无图案的情况除外。

(6) 细长物品，如量尺、型材等，绘图时省略了中间一段长度，但没有使用两条平行的双点划线或自然断裂线断开的画法。

(7) 剖视图或剖面图的剖面及剖切处的表示有下述情况的：

① 缺少剖面线或剖面线不完全；

② 表示剖切位置的剖切位置线、符号及方向不全或缺少上述内容(但可不给出表示从中心位置处剖切的标记)。

(8) 有局部放大图，但在有关视图中没有标出放大部位。

(9) 组装关系唯一的组件产品缺少组合状态的视图；无组装关系或者组装关系不唯一的组件产品缺少必要的单个构件的视图。

(10) 透明产品的外观设计，外层与内层有两种以上形状、图案和色彩时，没有分别表示出来。

六面正投影视图的视图名称，是指主视图、后视图、左视图、右视图、俯视图和仰视图。其中主视图所对应的面应当是使用时通常朝向消费者的面或者最大程度反映产品整体设计的面。例如，带杯把的杯子的主视图应是杯把在侧边的视图。

视图名称应当标注在相应视图的正下方。

对于成套产品，应当在其中每件产品的视图名称前以阿拉伯数字顺序编号标注，并在编号前加"套件"字样。例如，对于成套产品中的第 4 套件的主视图，其视图名称为"套件 4 主视图"。

对于同一产品的相似外观设计，应当在每个设计的视图名称前以阿拉伯数字顺序编号标注，并在编号前加"设计"字样。例如：设计 1 主视图。

组件产品是指由多个构件相结合构成的一件产品。其可分为无组装关系的组件产品、组装关系唯一或者组装关系不唯一的组件产品。

对于组装关系唯一的组件产品，应当提交组合状态的产品视图。对于无组装关系或者组装关系不唯一的组件产品，应当提交各构件的视图，并在每个构件的视图名称前以阿拉伯数字顺序编号标注，并在编号前加"组件"字样。例如，对于组件产品中的第 3 组件的左视图，其视图名称为"组件 3 左视图"。对于有多种变化状态的产品的外观设计，应当在其显示变化状态的视图名称后，以阿拉伯数字顺序编号标注。

4. 简要说明

简要说明应当包括下列内容：

(1) 外观设计产品的名称。

(2) 外观设计产品的用途。简要说明中应当写明有助于确定产品类别的用途。对于具有多种用途的产品，简要说明应当写明所述产品的多种用途。

(3) 外观设计的设计要点。设计要点是指与现有设计相区别的产品的形状、图案及其结合，或者色彩与形状、图案的结合，或者部位。对设计要点的描述应当简明扼要。

(4) 指定一幅最能表明设计要点的图片或者照片，该图片或者照片用于出版专利公报。

下列情形应当在简要说明中写明：

(1) 请求保护色彩或者省略视图的情况。如果外观设计专利申请请求保护色彩，应当在简要说明中声明。如果外观设计专利申请省略了视图，申请人通常应当写明省略视图的具体原因，如因对称或者相同而省略；如果难以写明的，也可仅写明省略某视图，如大型设备缺少仰视图，可以写为"省略仰视图"。

(2) 对同一产品的多项相似外观设计提出一件外观设计专利申请的，应当在简要说明中指定其中一项作为基本设计。

(3) 对于花布、壁纸等平面产品，必要时应当描述平面产品中的单元图案两方连续或者四方连续等无限定边界的情况。

(4) 对于细长物品，必要时应当写明细长物品的长度，采用省略画法。

(5) 如果产品的外观设计由透明材料或者具有特殊视觉效果的新材料制成，必要时应当在简要说明中写明。

(6) 如果外观设计产品属于成套产品，必要时应当写明各套件所对应的产品名称。

(7) 对于包括图形用户界面的产品外观设计专利申请，必要时说明图形用户界面的用途、图形用户界面在产品中的区域、人机交互方式以及变化状态等。

简要说明不得使用商业性宣传用语，也不能用来说明产品的性能和内部结构。

5. 外观设计保护的客体

构成外观设计的是产品的外观设计要素或要素的结合，其中包括形状、图案或者其结合以及色彩与形状、图案的结合。

可以构成外观设计的组合：产品的形状；产品的图案；产品的形状和图案；产品的形状和色彩；产品的图案和色彩；产品的形状、图案和色彩。

形状是指对产品造型的设计，也就是产品外部的点、线、面的移动和变化、组合面呈现的外表轮廓，即对产品的结构、外形等同时进行设计、制造的结果。

图案是指由任何线条、文字、符号、色块的排列或组合在产品的表面构成的图形。图案可以通过绘图或其他能够体现设计者图案设计构思的手段制作。产品的图案应当是固定、可见的，而不应是时有时无的或者需要在特定条件下才能看见的。

色彩是指用于产品上的颜色或者颜色的组合，制造该产品所用材料的本色不是外观设计的色彩。产品的色彩不能独立构成外观设计，除非产品色彩变化的本身已形成一种图案。外观设计要素，即形状、图案、色彩是相互依存的，有时其界限是难以界定的，如多种色块的搭配即成图案。

适于工业应用是指该外观设计能应用于产品上并形成批量生产。

富有美感是指在判断是否属于外观设计专利权的保护客体时，关注的是产品的外观给人的视觉感受，而不是产品的功能特性或者技术效果。

6. 不授予外观设计专利权的情形

(1) 取决于特定地理条件、不能重复再现的固定建筑物、桥梁等。例如,包括特定的山水在内的山水别墅。

(2) 因包含气体、液体及粉末状等无固定形状的物质而导致其形状、图案、色彩不固定的产品。

(3) 产品的不能分割或者不能单独出售且不能单独使用的局部设计,如袜跟、帽檐、杯把等。

(4) 对于由多个不同特定形状或者图案的构件组成的产品,如果构件本身不能单独出售且不能单独使用,则该构件不属于外观设计专利保护的客体。例如,一组由不同形状的插接块组成的拼图玩具,只有将所有插接块共同作为一项外观设计申请时,才属于外观设计专利保护的客体。

(5) 不能作用于视觉或者肉眼难以确定,需要借助特定的工具才能分辨其形状、图案、色彩的物品。例如,其图案在紫外灯照射下才能显现的产品。

(6) 要求保护的外观设计不是产品本身常规的形态,如手帕扎成动物形态的外观设计。

(7) 以自然物原有形状、图案、色彩作为主体的设计,通常指两种情形,一种是自然物本身;另一种是自然物仿真设计。

(8) 纯属美术、书法、摄影范畴的作品。

(9) 仅以在其产品所属领域内司空见惯的几何形状和图案构成的外观设计。

(10) 文字和数字的字音、字义不属于外观设计保护的内容。

4.2.4 专利的发表

申请发明专利时会接到审查意见,关于材料类专利申请接到的多是评价新颖性、创造性的意见。对于评价没有新颖性的权利要求,可以通过合并权利要求、向权利要求中附加其他技术特征进行修改,只要权利要求与对比文件相比具有一个区别技术特征,那么此项权利要求即具有新颖性,后面仍需讨论修改后的权利要求是否具有创造性。因此,审查意见答复过程中的难点在于对创造性的回复。本小节首先对答复创造性问题相关的基本规定进行简单介绍,其次以实例对创造性答复的方法进行说明[8]。

1. 基本规定

1) 答复方式

申请人答复审查意见可以采用以下几种方式进行。

(1) 仅提交意见陈述书。

(2) 修改申请文件,并提交意见陈述书(需提交替换页、修改对照页、意见陈述书)。

2) 答复审查意见通知书时的修改

修改依据是《中华人民共和国专利法》第三十三条,申请人可以对其专利申请文件进行修改,但是,对发明和实用新型专利申请文件的修改不得超出原说明书和权利要求书记载的范围,对外观设计专利申请文件的修改不得超原图片或者照片表示的范围。

原说明书和权利要求书记载的范围包括原说明书和权利要求书文字记载的内容、根据原说明书和权利要求书文字记载的内容以及说明书附图能直接、毫无疑义地确定的内容。

根据《中华人民共和国专利法实施细则》(简称《专利法实施细则》)第五十一条，申请人在收到国务院专利行政部门发出的审查意见通知书后修改专利申请文件，应当针对审查意见通知书指出的缺陷进行修改(规定了接到通知书时的修改方式)。

对于虽然修改方式不符合《专利法实施细则》第五十一条的规定，但内容与范围满足《专利法》第三十三条要求的修改，只要经修改的文件消除了原申请文件存在的缺陷，并且具有被授权的前景，这种修改就可以被视为针对审查意见通知书指出的缺陷进行的修改，因而经此修改的申请文件可以接受。但是下列情况除外：

(1) 主动删除独立权利要求中的技术特征，扩大了该权利要求请求保护的范围。

例如，申请人从独立权利要求中主动删除技术特征，或者主动删除一个相关的技术术语，或者主动删除限定具体应用范围的技术特征，即使该主动修改的内容没有超出原说明书和权利要求书记载的范围，只要修改导致权利要求请求保护的范围扩大，则这种修改将不被接受。

(2) 主动改变独立权利要求中的技术特征，导致扩大了请求保护的范围。

例如，申请人主动将原权利要求中的技术特征"螺旋弹簧"修改为"弹性部件"，尽管原说明书中记载了"弹性部件"这一技术特征，但是这种修改扩大了请求保护的范围，不被接受。

(3) 主动将仅在说明书中记载的与原来要求保护的主题缺乏单一性的技术内容作为修改后权利要求的主题。

例如，一件有关自行车新式把手的发明专利申请，申请人在说明书中不仅描述了新式把手，而且描述了其他部件，如自行车的车座等。经实质审查，权利要求限定的新式把手不具备创造性。在这种情况下，申请人做出主动修改，将权利要求限定为自行车车座。由于修改后的主题与原来要求保护的主题之间缺乏单一性，这种修改将不被接受。

(4) 主动增加新的独立权利要求，该独立权利要求限定的技术方案在原权利要求书中未出现过。

(5) 主动增加新的从属权利要求，该从属权利要求限定的技术方案在原权利要求书中未出现过。

3) 允许的修改

第一类：权利要求书。

对权利要求书的修改包括以下七种方式，只要经修改的权利要求的技术方案已清楚地记载在原说明书和权利要求书中，就应该允许。

(1) 在独立权利要求中增加技术特征，对独立权利要求做进一步的限定。

(2) 变更独立权利要求中的技术特征。

对于含有数值范围技术特征的权利要求中数值范围的修改，只有在修改后数值范围的两个端值在原说明书和/或权利要求书中已确实记载且修改后的数值范围在原数值范围之内的前提下，才是允许的。例如，权利要求的技术方案中，某温度为20～90℃，对比文件公开的技术内容与该技术方案的区别是其所公开的相应温度范围为0～100℃。但是，该文件还公开了该范围内的一个特定值40℃，审查意见通知书中指出该权利要求无新颖性。如果发明专利申请的说明书或者权利要求书还记载了 20～90℃范围的特定值

40℃、60℃和 80℃,则申请人可将权利要求中该温度范围修改成 60～80℃或者 60～90℃。

(3) 变更独立权利要求的类型、主题名称及相应的技术特征。

(4) 删除一项或多项权利要求,以弥补原第一独立权利要求和并列的独立权利要求之间缺乏单一性,或者两项权利要求具有相同的保护范围而使权利要求书不简要,或者权利要求未以说明书为依据等缺陷。

(5) 将独立权利要求相对于最接近的现有技术正确划界。

(6) 修改从属权利要求的引用部分,改正引用关系上的错误,使其准确地反映原说明书中所记载的实施方式或实施例。

(7) 修改从属权利要求的限定部分,清楚地限定该从属权利要求的保护范围,使其准确地反映原说明书中所记载的实施方式或实施例。

第二类:说明书及其摘要。

对于说明书的修改,主要有以下两种情况:

(1) 说明书中本身存在不符合《专利法》及其实施细则规定的缺陷。

(2) 根据修改后的权利要求书做出的适应性修改。

具体呈现为以下几种形式:

(1) 修改发明名称,使其准确、简要地反映要求保护的主题的名称。如果独立权利要求的类型包括产品、方法和用途,则这些请求保护的主题都应当在发明名称中反映出来。

(2) 修改发明所属技术领域。

(3) 修改背景技术部分,使其与要求保护的主题相适应。如果审查员通过检索发现了比申请人在原说明书中引用的现有技术更接近所要求保护的主题的对比文件,则允许申请人修改说明书,将该文件的内容补入背景技术,并引证该文件,同时删除描述不相关的现有技术的内容。在实际中,这种修改非常少。

(4) 修改发明内容中与该发明所解决的技术问题有关的内容,使其与要求保护的主题相适应,即反映该发明的技术方案相对于最接近的现有技术所解决的技术问题。

(5) 修改发明内容中与该发明技术方案有关的内容,使其与独立权利要求保护的主题相适应,如果独立权利要求进行了符合《专利法》及其实施细则规定的修改,则允许该部分做相应修改;如果独立权利要求未做修改,则允许在不改变原技术方案的基础上,对该部分进行理顺文字、改正不规范用词、统一技术术语等修改。

(6) 修改发明内容中与该发明有益效果有关的内容,只有在某(些)技术特征在原始申请文件中已清楚地记载,而其有益效果没有被清楚地提及,但所属技术领域的技术人员可以直接、毫无疑义地从原始申请文件中推断出这种情况下,才允许对发明的有益效果做合适的修改。

(7) 修改附图说明。申请文件中有附图,但缺少附图说明的,允许补充所缺的附图说明;附图说明不清楚的,允许根据上下文做出合适的修改。

(8) 修改最佳实施方式或者实施例。这种修改中允许增加的内容一般限于原实施方式或者实施例中具体内容的出处以及已记载的反映发明的有益效果数据的标准测量方法(包括所使用的标准设备、器具)。如果由检索结果得知原申请要求保护的部分主题已成为现有技术的一部分,则申请人应当将反映这部分主题的内容删除或者明确写明其为现有技术。

(9) 修改附图。删除附图中不必要的词语和注释,可将其补入说明书文字部分;修改附图中的标记使之与说明书文字部分相一致;在文字说明清楚的情况下,为使局部结构清楚起见,允许增加局部放大图;修改附图的阿拉伯数字编号,使每幅图使用一个编号。

(10) 修改摘要。通过修改,使摘要写明发明的名称和所属技术领域,清楚地反映所要解决的技术问题、解决该问题的技术方案的要点以及主要用途;删除商业性宣传用语;更换摘要附图,使其能反映发明技术方案的主要技术特征。

(11) 修改由所属技术领域的技术人员能够识别出的明显错误,即语法错误、文字错误和打印错误。对这些错误的修改必须是所属技术领域的技术人员能从说明书的整体及上下文看出的唯一正确答案。

2. 不允许的修改

如果申请的内容通过增加、改变和/或删除其中的一部分,致使所属技术领域的技术人员看到的信息与原申请记载的信息不同,而且又不能从原申请记载的信息中直接、毫无疑义地确定,那么这种修改就是不允许的。

1) 不允许的增加

(1) 将某些不能从原说明书(包括附图)和/或权利要求书中直接明确认定的技术特征写入权利要求和/或说明书。

(2) 为使公开的发明清楚或者使权利要求完整而补入不能从原说明书(包括附图)和/或权利要求书中直接、毫无疑义地确定的信息。

(3) 增加的内容是通过测量附图得出的尺寸参数技术特征。

(4) 引入原申请文件中未提及的附加组分,导致出现原申请没有的特殊效果。

(5) 补入所属技术领域的技术人员不能直接从原始申请中导出的有益效果。

(6) 补入实验数据以说明发明的有益效果(当补交的实验数据是用于证明所属技术领域的技术人员能够从专利申请公开的内容中得到的技术效果时,是被允许的),和/或补入实施方式和实施例以说明在权利要求请求保护的范围内发明能够实施。

(7) 如果增补原说明书中未提及的附图,一般是不允许的;如果增补背景技术的附图,或者将原附图中的公知技术附图更换为最接近现有技术的附图,则一般是允许的。

2) 不允许的改变

(1) 改变权利要求中的技术特征,超出了原权利要求书和说明书记载的范围。

(2) 将不明确的内容改成明确具体的内容,从而引入原申请文件中没有的新内容。

(3) 将原申请文件中的几个分离的特征,改变成一种新的组合,而原申请文件没有明确提及这些分离的特征彼此间的关联。

(4) 改变说明书中的某些特征,使得改变后反映的技术内容不同于原申请文件记载的内容,超出了原说明书和权利要求书记载的范围。

3) 不允许的删除

(1) 从独立权利要求中删除在原说明书中明确认定为发明的必要技术特征,即删除在原说明书中始终作为发明的必要技术特征加以描述的那些技术特征;或者从权利要求中删除一个与说明书记载的技术方案有关的技术术语；或者从权利要求中删除在原说明书中明确认定的关于具体应用范围的技术特征。

例如，将"有肋条的侧壁"改成"侧壁"；又如，原权利要求是"用于泵的旋转轴密封……"，修改后的权利要求是"旋转轴密封"。上述修改都是不允许的，因为在原说明书中找不到依据。

(2) 从说明书中删除某些内容而导致修改后的说明书超出了原说明书和权利要求书记载的范围。

(3) 如果在原说明书和权利要求书中没有记载某特征的原数值范围的其他中间数值，但鉴于对比文件公开的内容影响发明的新颖性和创造性，或者鉴于当该特征取原数值范围的某部分时发明不可能实施，不能采用具体"放弃"的方式，从上述原数值范围中排除该部分，使得要求保护的技术方案中的数值范围从整体上看明显不包括该部分。由于这样的修改超出了原说明书和权利要求书记载的范围，因此除非能够根据申请书原始记载的内容证明该特征取被"放弃"的数值时，本发明不可能实施，或者该特征取经"放弃"后的数值时，本发明具有新颖性和创造性，否则这样的修改不被允许。

习　　题

4.1　请简述学术论文的主要类型及其一般结构，并说明每种类型的特点。

4.2　请列出学术论文写作的主要步骤，并简要说明每个步骤的关键内容。

4.3　请简述学术论文投稿与发表的主要流程，并说明在投稿过程中需要注意的事项。

4.4　请说明专利撰写的主要内容和格式要求，并列出在撰写过程中需要注意的事项。

4.5　请解释专利发表与学术论文发表的区别，并说明在专利发表过程中如何保护发明的新颖性。

参 考 文 献

[1] 刘光余. 期刊论文的内容特点、形式结构与写作方法[J]. 教育科学论坛, 2014(1):5-8.

[2] WHITESIDES G M. Whitesides' group: Writing a paper[J]. Advanced Materials, 2004, 16(15): 1375-1377.

[3] 国防. 语篇视角下的英文摘要写作[J]. 山东外语教学, 2009, 30(2): 108-112.

[4] 黄小宸, 赵滨丽. 学术词汇在大学英语写作教学中的应用[J]. 校园英语, 2017(30): 45.

[5] 蒙薇. 论科技论文如何高质量、快速发表[J]. 企业科技与发展, 2016(4): 152-155.

[6] 赵映诚. 专利说明书及其摘要的写作[J]. 应用写作, 2005(9): 25-26.

[7] 郭帅. 高价值专利的撰写分析：以实用新型专利为例[J]. 河南科技, 2021, 40(14): 153-155.

[8] 陈英波. 科技论文与专利写作实用教程[M]. 北京: 化学工业出版社, 2021.

第 5 章

大学生学科竞赛实践

5.1 引　言

在当今时代，大学生学科竞赛作为高等教育的重要组成部分，正日益显现出其独特的价值和意义。大学生学科竞赛不仅仅是一场智力的角逐，更是青年学子展示才华、锤炼能力、探索未知的重要平台[1]。通过参与学科竞赛，大学生能够在实际操作中深化对专业知识的理解，提升解决实际问题的能力；同时，大学生也能在激烈的竞争中培养团队协作精神、创新思维和抗压能力[2]。更为重要的是，学科竞赛为大学生提供了一个与同行交流、学习的机会，有助于他们拓宽视野、激发创新思维，从而为未来的学术研究和职业发展奠定坚实基础。因此，深入探讨大学生学科竞赛的意义，对于全面理解高等教育的培养目标，以及推动青年人才的全面发展具有十分重要的现实意义。

5.1.1　学科竞赛意义

5.1.1.1　创新思维培育

当今是一个不断创新发展的时代，谁不能保持创新，谁就会被社会所淘汰。创新是不竭发展的动力，创新是不断前进的引擎。因此，具备创新能力，拥有创新思维和掌握创新方法就显得尤为重要。

1) 创新理念

创新就是在已有事物或观点等基础上，提出独特的、新颖的，且富有成效的见解、思想和理论，可以在原有方法上提出新方法，可以在原有产品上设计制造出新产品，可以在原有服务模式上提出新服务模式。一个人要想不被社会淘汰，要想跟上时代的步伐，就要拥有创新理念，时刻思考如何创新，能否创新，怎么创新，如何通过创新开辟一条新的赛道。

2) 创新意识

每个人都具有潜在的创新能力，创新能力是可以后天激发的，并可以通过培训不断得到提高。创新无时不在，无处不有，关键是要有创新意识。很多人不想去创新，也不想去改变，即没有创新意识。一个人如果每时每刻想着创新，时刻保持想创新的思想状态，就初步具备了创新意识。创新意识是可以训练的，首先，通过改变现状达到变革的目的，尝试创新。其次，从通过专利开发的角度训练创新意识也很有效。例如，发明专利是从无到有，填补空白，那么考虑一下有没有可能从填补市场空白的角度实现创新；实用新型专利是在材料、结构和功能上实现突破取得创新，那么考虑一下可否通过使用新型材料、调整产品结构和改变产品功能的角度进行创新；外观设计专利围绕着外观轮廓的形状和颜色考虑如何实现创新，那么考虑一下可否从改变产品的外观形状和颜色开展创新。此外，创新意识还可以从技术创新的角度训练，如在原有生产技术的基础上，采用哪些新技术、新工艺实现生产技术的创新。

3) 创新思维

创新思维是人们在创新实践的基础上，提出的用于辅助人们产生创新性行为的策略和手段，是有效、成熟的创造思维的规律性总结与结构化表达。创新思维是一种超越性智慧，表现为思维的跳跃，在人的思考中实现超越。创新思维包括战略思维、逆向思维、发散思维、聚合思维和跨界思维五种主要表现形式。

(1) 战略思维。

战略思维指的是"求远"，在时间上谋划长远，在空间上谋划全面，在地域上谋划完整。战略思维要有方向性、全面性、统筹性，要围绕未来发展的方向设计和思考。古人云"不谋万世者不足谋一时，不谋全局者不足谋一域"。战略思维是人们常用到的一种创新思维模式。企业家一般都具有战略思维的定式，他们会针对市场环境和政策环境的现状以及发生的变化，敏锐地捕捉市场商业机会，从组织架构、岗位设置、人才招聘、产品研发、市场销售、企业发展、资源配置等多方面进行统筹的战略思考，制定公司的发展战略和市场策略。政治家一般也具备战略思维的定式，会针对当年的重点工作任务，从目标制定、任务实施、流程监控、措施保障、成效跟踪等方面进行统筹思考和规划。在策划创业项目时，也应该训练这种战略思维，从长远的角度规划和发展项目。

例 5-1 策划康复机器人创业项目的战略思维。

当计划做一款康复机器人时，首先应考虑这个项目是否符合国家和产业政策支持，在确认大健康产业是国家重点发展产业后，就可以进一步思考策划这个项目。

第一要考虑客户定位。这款产品为谁服务，哪些人群会成为用户，这些人是老年人还是半自理或不能自理的人，是受伤的人还是运动不方便的人，这个群体在本地区和全国甚至全球的数量，未来 5 年或 10 年这个群体的数量会有多少。

第二要考虑产品定位。要想研发这款康复机器人需要哪些关键技术，需要选用哪些新型材料，产品的外观是什么样子，产品的功能包括什么，哪些属于必须有的功能，哪些属于可升级选用的功能，产品需要建立哪些技术壁垒，需要什么样的产品包装，产品的研发需要什么样的团队成员参加，是全部自己研发还是部分外包研发。

第三要考虑产品的价格定位。针对目标客户产品的价格，高端客户的价格怎么制定，低端客户的价格怎么制定，零售和团购的价格如何制定，线上和线下的产品价格如何制定。

第四要考虑服务定位。面向客户如何开展服务，采用哪些市场策略，渠道策略与促销策略如何制定，需要多少项目启动资金，有哪些项目风险，需要做好哪些风控措施，如何进行融资与上市前准备等。

例 5-2 策划家庭智能化花园的战略思维。

目前很多城市居民喜欢在家里养绿植，如果想做一个智能化养绿植的项目，就要用战略思维思考这个项目。

第一要考虑产品形态。这个智能化养绿植的项目产品形态是什么，是为客户提供一个智能化养植花盆，还是提供智能化绿植养护解决方案。

第二要考虑产品的外观设计。如果提供智能化养植花盆，那么这个花盆采用什么材料，需要多大规格，外形轮廓如何设计，盆口采用圆形、方形、长方形、椭圆形还是六边形，花盆颜色系列是什么(是单一色彩还是复合色彩)，哪种花盆适合种植多肉植物，哪种花盆适合养植绿叶植物。

第三要考虑产品的功能。如何实现智能化养植，如何实现智能采光、智能施肥、智能浇水、智能驱虫、智能通风；围绕温度、湿度、土壤水分、土壤营养、空气流动、采光度、病虫害、枯叶监控等需要在花盆上安装多少个传感器和镜头，如何实现传感器数据和绿植影像的智能化实时监控。

第四要考虑产品涉及哪些专业知识和关键技术。智能化养植涉及绿植养植、养护和物联网及人工智能等专业知识和技术，故考虑智能化养植花盆需要哪些专业知识和关键技术，哪些专业知识和关键技术是自己掌握的，哪些是需要找别人提供技术支持的。

第五要考虑产品的生产成本。花盆的原材料采购成本是多少，需要购买哪些关键部件，花盆的设计成本是多少，生产成本是多少，包装物流成本是多少。

第六要考虑产品的市场销售。市场营销策略是什么，主要服务的客户人群是哪些，产品的价格策略如何制定，品牌宣传与市场推广如何做。

第七要对产品进行财务分析。项目的启动经费是多少，项目的研发周期有多长，研发经费需要多少，智能化养植花盆年销售额预计有多少，年利润率预计有多少，项目的投资回收期是多长时间。

第八要考虑项目的风险。这个项目有哪些风险，是否存在政策风险、市场风险、技术风险、管理风险、资金风险与团队人员风险，需要制定哪些预防措施和风控预案。

从上面两个案例可以看出，创业项目策划需要用战略思维针对方向性、整体性和全面性统筹规划，需要对创业项目的产品、技术、团队、市场、财务与风险等进行全方位的分析和思考，这样会进一步完善创业项目计划，实现创新性、实质性和落地性的突破。

(2) 逆向思维。

逆向思维指的是"求异"，也叫求异思维，是指从反方向考虑问题，要反其道而行之。逆向思维是对司空见惯的似乎已成定论的事物或观点反过来思考的一种思维方式。当其他人都朝着一个固定的思维方向思考问题，而某个人却独自朝相反的方向思索，这样的思维方式就是逆向思维。历史上被传为佳话的司马光砸缸救落水儿童就是很好地运用了逆向思维来解决问题。由于司马光不能通过爬进缸中救人的手段解决问题，因而他就转换为另一手段——砸破水缸救人，进而顺利地解决问题，这就是逆向思维的成功实践。因此，可以将逆向思维用于创业项目的策划训练。

例 5-3 策划物流无人机的逆向思维。

如果想做一款物流无人机，可以采用逆向思维的模式策划物流无人机的投递场景。

第一要考虑收货对象是谁。收货对象是自然人还是单位，是做面向个体用户服务(TOC)还是做面向企业用户服务(TOB)。

第二要考虑物流无人机投递地点。物流无人机如何投递交付，对方有没有无人机的停机坪，这个停机坪需要多大的面积，需要建设在什么地址，停机坪可以同时停几架无人机。

第三要考虑物流无人机的最大载荷重量。无人机载重货物的最大重量是多少；一次可以派送多少件物品；盛放物品的挂篮结构应该是什么样，可以堆放多大面积和多大体积的物品，这个挂篮应该采用什么材料制作，挂篮能否保证物品不遗失。

第四要考虑物流无人机的规格、续航时间与距离。无人机需要制作成何种规格，可以承受的最大重量是多少，续航时间是多少，可以飞行的距离有多远。

第五要考虑无人机的动力装置。无人机飞行动力是采用锂电池还是柴油或汽油，如果采用锂电池作为动力，是用一块锂电池，还是用多块锂电池组合使用以提高续航能力。

第六要考虑无人机飞行计划与智能信息系统。无人机的飞行计划如何制定，可否实现智能化制定，无人机的避障系统该如何设计，无人机的信息交互该如何完成，无人机的数据通信该如何保证。

第七要考虑物流无人机的设计制造。物流无人机的产品设计、功能设计和生产制造路径是怎样的，无人机的关键部件是什么，是第三方采购还是自己加工，无人机的外壳是委托加工生产还是自己研制，自主研发的物流无人机与现存的物流无人机有哪些不同和创新，需要找哪些人一起开发和制造这款物流机器人。

第八要考虑市场策略如何制定。物流无人机研制出来后，该如何推向市场；产品策略、价格策略、销售策略和宣传策略该如何制定。

第九要进行项目的市场分析。物流无人机项目的市场空间有多大，竞争对手有多少，主要的竞品都是哪些，物流无人机项目的政策符合性如何，低空飞行和航线飞行是否有政策性风险和限制，是否存在市场风险和政策风险。

(3) 发散思维。

发散思维指的是"求多"，就是在现有基础上尽可能进行发散思维，如何在产品功能、所用技术、产品用途和文化内涵等方面，利用加法的形式思考，能否增加一些新功能，能否采用一些新技术，能否扩大产品的用途，能否赋予一些新的文化元素等。发散思维可以是一个维度的发散，也可以是多个维度的共同发散。发散的维度越多，发散的内容就越丰富，产品的创新性也越多样化。发散思维可以很好地应用在创业项目计划的训练中。

例 5-4 策划陪伴机器人的发散思维。

如果想做一款陪伴机器人，最初可能只是想到陪伴小孩玩耍，陪伴小孩学英语、学语文、学算术、听歌、讲故事，那么，能否考虑一下给这款陪伴机器人增加一些功能，这样就可以陪伴女士和老年人。有些女士喜欢逛街购物，如果给这款机器人增加色彩识别和款式识别功能，并配有人工智能评估穿衣效果的功能，那么这款机器人就可以陪伴女士逛街购买衣服；有些老年人比较喜欢养生，给这款机器人增加养生知识介绍模块，那么老年人就可以拥有健康陪护机器人。如果再给机器人加上聊天模块，这款机器人就可以陪老年人聊天，解除老年人的孤独和寂寞；如果这款机器人是东方人物头像，还可以研究一些西方人物的头像，就有东西方不同人像的陪护机器人，那么这款机器人就不只是针对东方人，也可以针对西方人提供服务。如果再增加机器人报警和预警功能，那就不仅仅起到"陪聊""陪学"的作用，而是进一步起到"看护"的作用。

(4) 聚合思维。

聚合思维指的是"求专"，就是在现有基础上进一步聚合、聚集。在产品尺寸、产品重量、产品结构、产品功能、产品用途等方面，用减法思维考虑能否减掉一些内容，去繁从简，精益求精。进行产品创新，可能会带来一些新的市场机会，聚合思维应用在创业项目计划的实践中。

例 5-5　策划老年人手机的聚合思维。

现在使用智能手机的老年人很多，但是很多老年人都有不同程度的花眼。

使用手机时，老年人常因眼花看不清楚手机里面的文字。如果针对老年人开发定制一款有大字体的手机，适度减去一些只有年轻人使用的手机功能，仅满足老年人拿手机上网看新闻、微信聊天、在线支付、电话通信等基本功能的使用，手机的制造成本会显著下降。如果再通过发散思维，增加一些老年人感兴趣的健康管理功能，如通过手机可以即时测量人体的血压、血糖、脉搏、心跳，跌倒报警以及一键呼救，那么庞大的老年人手机用户规模会增加许多新的市场机会。

例 5-6　策划旅游项目的聚合思维。

策划一个旅游项目时，起初是面向所有旅游爱好者的，如果对游客人群做减法，只针对孩子和父母做亲子游，设计好旅游路线、服务产品及服务模式，突出亲子游的产品特色和服务优势，那么服务人群就聚焦了，项目也比较有特色、优势和竞争力；如果对景区做减法，只做境外的海岛游，并在海岛游里面突出旅游路线和岛上旅游服务产品特色，如深潜、浮潜、快艇、摩托艇、海上飞翔、出海捕鱼、海钓、岛上寻宝、演艺歌舞、海鲜大餐等，也会吸引很多用户；如果对内容做减法，只做境外购物美食团，吸引那些想去境外购物和吃美食的游客，也会有很大的市场机会。

(5) 跨界思维。

跨界思维指的是"求融"，就是在现有基础上，寻求融合的边界效应，跨界实现创新。跨界可以跨领域、跨地区、跨人群、跨性别。例如，教育和科技本身就是一家，科技离不开教育，教育中蕴含科技。如何在教育与科技的边界效应下实现跨界融合与创新突破，就需要有跨界的思维，围绕教育所涉及的知识原理、科学技能、教育方法和教育模式等方面进行创新；科技金融与金融科技目前已经融为一体，金融领域中融有很多科技元素，如互联网、物联网、区块链、大数据、云计算、信息安全、在线支付、面部识别、语音交互等技术；科技领域已经融入很多金融元素，如互联网金融、互联网保险、自动取款机(automated teller machine，ATM)等。目前，在文创领域跨界融合也越演越烈，从电影、电视剧发展到短视频和短剧，从唱歌、跳舞和舞台剧发展到跨界艺人，从歌手、主持人发展到比赛评委，各种跨界形式层出不穷，为人们带来了源源不断的跨界创新体验。跨界思维也可以在创业项目计划中训练。

例 5-7　策划乡村振兴项目的跨界思维。

如果想策划一个乡村振兴的项目，帮助偏远地区销售土特产，传统的销售方式通过结合互联网技术，就变成了线上网络销售加线下实体店销售的跨界销售平台。如果再结合经营农家乐开展旅游服务，就把传统的销售和旅游结合起来了，实现了传统销售+互联网销售+旅游销售的跨融合。如果再建一个农产品科普馆，加上农产品科普培训服务，就变成了传统销售+互联网销售+旅游销售+培训销售的跨界融合。利用这种跨界思维模式，还能想到很多创新服务内容。

5.1.1.2　拓宽视野

参加学科竞赛不仅是为了赢得奖项，更是一个拓宽视野、积累实战经验和学习行业前沿知识的宝贵机会。通过与来自全国各地的优秀人才交流切磋，大学生能够极大地拓宽自己的人际网络，为未来的学术和职业发展奠定坚实基础。

1) 通过学科竞赛接触行业前沿知识

学科竞赛往往聚焦于某一领域的最新发展和技术应用，因此，参加这类学科竞赛是大学生接触和学习行业前沿知识的有效途径。在准备学科竞赛的过程中，大学生需要深入研究相关领域的最新研究成果、技术动态和市场趋势。这不仅有助于他们更好地完成竞赛任务，还能让他们对所学专业的未来发展方向有更清晰的认识。此外，通过与行业专家的交流和指导，大学生可以更加深入地了解行业的实际需求，从而更有针对性地提升自己的专业技能和知识。

2) 与来自全国各地的优秀人才交流，拓展人际网络

学科竞赛汇聚了来自全国各地的优秀人才，这为大学生提供了一个难得的交流和学习的平台。在学科竞赛过程中，大学生可以结识志同道合的朋友，共同探讨学术问题，分享学习心得。这种交流不仅能够激发大学生的创新思维，还能帮助他们拓宽人际网络，为未来的学术研究和职业发展创造更多机会。通过与不同背景、不同专长的同学交流，大学生可以更加全面地了解自己所处领域的多元性，增强自己的综合素质和竞争力。

5.1.1.3　助力未来职业发展

学科竞赛经历在个人职业发展中具有不可忽视的价值，不仅能够作为求职或升学过程中的一大亮点，提升个人的竞争力，还可能为参赛者带来潜在的实习、工作或研究机会。通过参加学科竞赛，可以展示自己的专业技能、团队协作能力和解决问题的能力，从而在未来的职业生涯中脱颖而出。

1) 学科竞赛经历作为求职或升学的亮点

在求职或升学的过程中，学科竞赛经历可以作为一个显著的亮点，凸显个人的专业技能和综合素质。学科竞赛可以展示大学生的实践能力和创新思维，这在面试或人才选

拔过程中具有极大的加分效应。企业或学校在挑选人才时，更看重具有实战经验、能够在实践中灵活运用所学知识的候选人。

学科竞赛经历能够证明个人在特定领域内的深入探索和实践能力。例如，在全国性的学术竞赛中取得优异成绩，能够充分说明参赛者在某一学科领域内的扎实基础和出色表现。这种经历在求职时可以作为重要的加分项，让雇主看到求职者的专业能力和对行业的热情。

同时，学科竞赛经历也体现了个人勇于挑战和不断创新的精神。在学科竞赛中，参赛者往往需要面对各种未知的挑战和难题，这就要求他们具备强烈的求知欲和探索精神。这种精神在未来的工作中同样重要，能够帮助个人不断突破自我，实现更高的职业成就。

2) 获得潜在的实习、工作或研究机会

学科竞赛不仅是一个展示个人才华的平台，更是一个连接行业资源、拓展人际网络的重要渠道。通过竞赛，参赛者有机会与业界的专家学者、企业高管等建立联系，从而为自己未来的职业发展做铺垫。

在学科竞赛过程中，参赛者会接触到来自不同领域和行业的人，这些人往往具有丰富的经验和资源。通过与他们的交流和互动，参赛者可以了解行业的最新动态和发展趋势，同时也可以为自己争取更多的实习、工作或研究机会。

此外，参赛者在学科竞赛中的优秀表现也可能会吸引企业或研究机构的关注。他们可能会主动邀请参赛者加入其团队或项目，从而提供更多的职业发展机会和空间。

5.1.1.4 培养竞争意识与抗压能力

学科竞赛不仅是知识和技能的较量，更是一个锻炼心理素质、培养竞争意识和抗压能力的过程。通过参与学科竞赛，大学生能够在紧张的环境中学会调整心态、保持冷静，进而提升在压力下高效工作的能力。这些经验将对大学生的未来生活和职业发展产生深远影响。

1) 在学科竞赛中锻炼心理素质

学科竞赛的激烈与紧张，为大学生提供了一个锻炼心理素质的绝佳环境。在学科竞赛中，大学生需要面对来自同龄人的挑战，这就要求他们不仅要拥有扎实的专业知识和技能，还要具备良好的心理素质。通过不断地参与和体验，大学生将逐渐学会如何在紧张情况下保持冷静，如何调整自己的情绪和心态以应对各种突发状况。这种心理素质的提升，不仅对大学生的学业有帮助，而且使他们在未来的生活和工作中更加从容和自信。

2) 学习如何在压力下高效工作

学科竞赛的时间限制和严格的评判标准，要求大学生必须在有限的时间内完成高质量的作品或解决方案。这种压力环境迫使大学生学会如何在压力下高效工作，如何合理分配时间和精力，如何快速做出决策并付诸实践。这些能力在未来的职业生涯中都是极其宝贵的，无论是在紧急项目的处理上，还是在高压工作环境中的自我调适上，都将使大学生更加游刃有余。通过竞赛的锻炼，大学生不仅能够提升自己的工作效率，更将培养出一种在压力下依然能够保持高效和创造力的职业素养。

5.1.2　如何参加学科竞赛

5.1.2.1　信息获取与筛选

在参与学术竞赛或任何形式的比赛时，有效的信息获取与筛选是成功的第一步，能确保大学生及时得知并选择合适的竞赛[3]。

1) 关注学校、学院或相关组织的通知

在日常学习生活中，应该时刻保持对学校、学院或相关组织发布的各类通知的关注。这些通知经常会包含即将举办的竞赛信息，而且这类竞赛往往与专业或兴趣紧密相关。

2) 利用互联网资源搜索相关竞赛信息

除了学校、学院或相关组织的通知，互联网也是获取竞赛信息的重要途径，可以利用搜索引擎、社交媒体、学术论坛等，寻找感兴趣的竞赛信息。

3) 根据自身兴趣和专长筛选合适的竞赛

面对众多的竞赛信息，需要根据自身的兴趣和专长进行筛选，这样才能在竞赛中发挥最佳水平。

5.1.2.2　团队组建与准备

团队组建与准备则是实现竞赛目标的关键，一个优秀的团队能够发挥出远超单个个体的能量。

1) 寻找志同道合的队友，组建多学科背景的团队

在团队组建的初始阶段，寻找合适的团队成员是至关重要的。这不仅关乎项目的顺利进行，更直接影响最终的成果质量。需要通过广泛的渠道寻找有潜力、有激情的队友。学校内的学术论坛、学生社团、线上社交平台等都是发掘人才的好地方。

在筛选过程中，不仅要考察队友的专业技能和知识背景，更要看重他们的团队合作精神和解决问题的能力。一个优秀的团队成员不仅要有扎实的专业素养，还要有在面对挑战时能够迅速适应和解决问题的能力。

2) 制订详细的计划和时间表

一个高效的团队需要有明确的组织结构和分工。在确定团队成员后，要根据每个人的特长和兴趣，为他们分配最合适的任务。这样不仅可以最大化地发挥每个人的优势，还能确保项目的各个环节都能得到充分的关注和推进。

同时，还要设立定期的团队会议和进度汇报机制，以确保每个成员都能及时了解项目的整体进展和其他成员的工作情况。这种透明化的管理方式，有助于增强团队的凝聚力和工作效率。

以一支参加数学建模竞赛的团队为例，他们根据每个成员的数学和编程能力，明确了建模、编程和论文撰写等具体任务的分工。这种明确的分工和高效的协作，使他们在竞赛中脱颖而出，取得了优异的成绩。

3) 分工合作，各展所长

当团队结构和分工都明确后，接下来就要进行充分的赛前准备。这包括对项目或竞赛题目的深入研究、相关资料的收集和整理、模拟演练等。在这个过程中，团队成员需要

保持高度的专注和投入，不断磨炼自己的技能和团队协作能力。同时，团队也要学会从失败中吸取教训，及时调整策略和方法，以确保在正式比赛中能够发挥出最佳水平。

5.1.2.3 专业知识与技能提升

在团队组建与准备过程中，专业知识与技能的提升是至关重要的环节。这不仅关系到个人在团队中的贡献，还直接影响到整个团队的竞争力和项目成果。

1) 深入学习竞赛相关知识

在准备竞赛或项目之前，深入学习相关知识是必不可少的步骤。这包括对竞赛规则、评分标准、涉及的专业知识点以及行业动态等的全面了解。通过学习，团队成员能够更准确地把握竞赛要求，明确努力方向，避免在后续工作中出现偏差。

2) 进行模拟练习和试错

理论知识的学习是基础，实践操作才是检验真理的唯一标准。进行模拟练习和试错是提升专业技能的有效途径。通过模拟真实竞赛环境，团队成员可以亲身体验竞赛压力，发现自己的不足之处，并及时调整策略。同时，试错过程也能帮助团队成员积累宝贵经验，避免在正式竞赛中犯类似错误。

3) 寻求导师或专业人士的指导

在提升专业知识与技能的过程中，寻求导师或专业人士的指导是非常有帮助的。导师或专业人士具有丰富的经验和深厚的专业知识，能够为团队成员提供宝贵的建议和指导。通过与导师或专业人士的交流和学习，团队成员可以更快地成长和进步。

专业知识与技能的提升是团队组建与准备过程中的关键环节。通过深入学习竞赛相关知识、进行模拟练习和试错，以及寻求导师或专业人士的指导，团队成员可以不断提高自己的专业素养和实践能力，为竞赛或项目的成功奠定坚实基础。同时，这些经历也是团队成员个人成长和职业生涯中的宝贵财富。

5.1.2.4 实战演练与策略调整

在团队竞技或项目准备中，实战演练与策略调整是确保最终成功的关键环节。通过实战演练，团队可以模拟真实环境，发现潜在问题，并根据反馈及时调整策略。

1) 参加学校组织的模拟比赛或训练营

参加学校组织的模拟比赛或训练营是实战演练的重要形式。这类活动通常模拟真实的竞赛环境，让团队在相对安全的环境下进行实战操作。这不仅能够帮助团队成员熟悉比赛流程，还能够让他们在实际操作中发现自己的不足，从而有针对性地进行改进。

2) 根据反馈不断调整和完善方案

实战演练后，团队通常会收到来自评委、导师或其他团队的反馈。这些反馈是宝贵的资源，可以帮助团队发现自己的盲点和弱点。根据这些反馈，团队需要及时调整和完善自己的方案，以提高在正式比赛中的竞争力。

实战演练与策略调整是团队在准备竞赛或项目过程中的重要环节。通过参加模拟比赛或训练营，团队可以在相对真实的环境下检验自己的实力，发现潜在问题。同时，根据反馈及时调整策略，不断完善方案，是团队在正式比赛中取得好成绩的关键。这一过程不仅能够提升团队的整体实力，还能够增强团队成员之间的协作能力和应变能力[4]。

5.1.2.5　比赛心态与现场表现

在竞赛中，除了技能和知识的储备，比赛心态和现场表现同样重要。稳定的心态和出色的现场应变能力往往能在关键时刻为团队赢得优势。

1) 保持积极、自信的心态

面对激烈的竞赛，保持积极、自信的心态至关重要。一个自信的团队能够在比赛中更好地发挥自己的实力，甚至在遇到困难时也能迅速找到解决方法。积极的心态有助于团队成员看到问题的积极面，从而在比赛中保持高昂的斗志。

2) 学会在紧张环境中保持冷静，灵活应对突发情况

竞赛现场往往充满了紧张和压力，而且可能会出现各种突发情况。在这种情况下，学会保持冷静并灵活应对就显得尤为重要。一个能够在紧张环境中迅速作出决策的团队，往往能够在比赛中占据优势。

比赛心态与现场表现是团队在竞赛中取得成功的关键因素之一。保持积极、自信的心态能够让团队在比赛中更好地发挥实力；学会在紧张环境中保持冷静并灵活应对突发情况，则能够帮助团队在关键时刻稳住阵脚，甚至实现逆转。因此，在备战竞赛时，团队不仅要注重技能和知识的提升，还要注重心态的调整和现场应变能力的培养[5]。

5.1.2.6　赛后总结与反思

赛后总结与反思是任何团队在参加完竞赛后都不可或缺的一个环节。通过深入剖析竞赛过程中的每一个环节，团队可以清晰地认识到自身的优势与劣势，从而为未来的挑战做好更充分的准备。

1) 分析竞赛中的优点和不足

赛后，团队首先应该坐下来，客观地分析竞赛中展现出的优点和不足。优点可能是出色的团队协作能力、创新的解决方案或精准的时间管理等[6]；不足则可能包括技术上的失误、策略上的偏差或是沟通上的不畅等。

2) 提炼经验教训，为下一次竞赛做准备

分析完优点和不足后，团队需要将这些经验教训提炼出来，以便为下一次竞赛做好充分的准备。对于优点，团队应该继续保持并寻求进一步提升；对于不足，则需要制定具体的改进措施，并在接下来的训练和竞赛中加以实践。

赛后总结与反思是团队成长和进步的关键环节。通过分析竞赛中的优点和不足，团队可以更加清晰地认识自己的实力，找到提升的空间。同时，提炼出的经验教训将为团队在未来的竞赛中提供宝贵的参考，帮助团队更好地应对挑战，取得更好的成绩。这一过程不仅能够提升团队的整体实力，还能够培养团队成员的批判性思维和解决问题能力。

5.2　大学生学科竞赛前期准备

大学生学科竞赛已然成为衡量大学生综合素质与实践能力的重要标尺。这类竞赛不

仅为大学生构筑了一个将理论知识转化为实践操作的平台，而且促进了学术理论与实践应用的深度融合。通过精心备赛，大学生得以系统梳理和深化对学科知识的理解，同时在解决实际问题的过程中，锤炼其分析、推理与创新能力。备赛阶段，是对学生知识储备、思维逻辑及应变能力的全面检验与提升，也是对学生科研素养与学术能力的一次深刻磨炼。因此，深入探究大学生学科竞赛的备赛策略与机制，对于优化大学生学术训练路径和提高其学术研究与创新能力具有深远的学术价值和实践意义。

5.2.1 大学生学科竞赛项目确定

在参与大学生学科竞赛之前，首先需要确定参赛项目，而确定项目的前提是对竞赛有深入的了解，包括竞赛的主题、要求、限制以及评分标准等[7]。

5.2.1.1 了解竞赛要求、主题与限制

1) 仔细阅读竞赛通知和规则，明确竞赛的主题、要求和限制

在确定参赛项目之前，大学生应首先获取并仔细阅读竞赛的官方通知和规则。这是非常关键的一步，能帮助参赛者明确以下几方面重要内容。

(1) 竞赛主题：了解竞赛的核心议题或关注点，这有助于参赛者确定研究方向和项目内容。

(2) 参赛资格与要求：确认自己是否符合参赛条件，以及作品需要满足哪些具体要求，如形式、内容、提交方式等。

(3) 限制条件：是否有关于作品原创性、团队成员数量或专业背景等方面的限制，确保自己的项目不会违反任何规定。

通过仔细阅读竞赛通知和规则，参赛者可以确保自己的项目从一开始就符合竞赛的基本要求，从而避免在后续阶段因违规而被淘汰。

2) 分析历年竞赛题目和获奖作品，了解评委偏好和评分标准

除了了解当前竞赛的具体要求，研究历年的竞赛题目和获奖作品也是确定参赛项目时不可或缺的一步。通过分析这些信息，参赛者可以有以下收获。

(1) 把握评委偏好。通过观察历年获奖作品，可以揣摩出评委对哪些类型或风格的作品可能有一定的偏好。这有助于参赛者在构思项目时更加贴近评委的审美或评价标准。

(2) 理解评分标准。不同的竞赛可能有不同的评分标准，如创新性、实用性、技术难度、完成度等。通过研究历年获奖作品，参赛者可以更好地理解这些标准在实际作品中的体现，从而在自己的项目中加以应用。

确定大学生学科竞赛项目是一个需要综合考虑多方面因素的过程。通过仔细阅读竞赛通知和规则，参赛者可以确保自己的项目符合竞赛的基本要求；通过分析历年竞赛题目和获奖作品，参赛者则可以更加深入地了解评委的偏好和评分标准，从而有针对性地优化自己的项目。这两个步骤相辅相成，共同构成了确定参赛项目的基础。

5.2.1.2 选题策略

1) 结合自身兴趣和专长进行选题，确保有足够的热情和知识储备

兴趣是最好的老师，选择自己感兴趣的主题，能够确保在漫长的备赛过程中保持

持续的热情和动力。当遇到困难和挫折时，对选题的热爱将成为坚持的重要支撑。选择与自己专业背景或之前研究经验相关的主题，能够充分利用已有的知识储备和技能，提高作品的完成度和质量。同时，这也有助于在竞赛中展现出自己的专业素养和实践能力。

2) 考虑选题的独特性和创新性，避免与往年作品或常见主题过于相似

在选题时，应注重选择具有独特视角或新颖观点的主题，避免与已有的作品或常见主题过于相似。独特的选题能够在众多作品中脱颖而出，吸引评委和观众的注意。创新性是学科竞赛中的重要评价指标。选题时应关注具有创新潜力的主题，通过独特的思考角度、新颖的解决方案或先进的技术应用来展现作品的创新性。这不仅能够提升作品的竞争力，还有助于推动相关领域的发展和进步。

选题策略在大学生学科竞赛中至关重要。结合自身兴趣和专长进行选题，能够确保参赛者在备赛过程中保持足够的热情，同时发挥出自己的专业素养和实践能力。考虑选题的独特性和创新性，则有助于作品在众多参赛作品中脱颖而出，提升竞争力。因此，在选题时，参赛者应综合考虑自身兴趣、专长以及选题的独特性和创新性，以制定出最佳的选题策略。

5.2.1.3　团队组建与分工

1) 根据项目需求，组建具备相关技能和专长的团队

在组建团队时，首先要分析项目所需的具体技能和专长。根据项目的性质和要求，选择具备相关技能和经验的同学加入团队。例如，如果项目涉及技术开发，那么需要招募具备编程和软件开发能力的成员；如果项目涉及市场调研，那么需要擅长数据分析和市场调研的成员。除了专业技能，还应考虑团队成员的多样性。多元化的团队能够带来不同的观点和创意，有助于丰富项目的内容和提高创新性。可以邀请来自不同专业、不同背景的同学加入团队，共同为项目的成功贡献力量。

2) 明确团队成员的角色和职责，确保高效协作

在团队组建完成后，需要为每个成员分配明确的角色。这些角色可以根据项目的具体需求和团队成员的特长来设定。例如，可以设立项目经理、技术负责人、市场调研员等角色。明确的角色分配有助于团队成员更好地理解自己的职责和任务。为了确保团队的高效协作，需要为每个角色设定明确的职责。这些职责应该具体、可衡量，并且与项目的总体目标相一致。通过明确职责，可以避免团队成员之间的任务重叠或遗漏，从而提高团队的工作效率。在团队工作中，良好的沟通与协作是至关重要的。团队成员应定期召开会议，分享项目进展、讨论遇到的问题并共同寻找解决方案。同时，可以利用现代通信工具保持日常的沟通和信息交流。

团队组建与分工是大学生学科竞赛中不可或缺的一环。根据项目需求组建具备相关技能和专长的团队，并明确团队成员的角色和职责，可以确保项目的高效推进和团队的紧密协作。一个优秀的团队不仅能够提升项目的竞争力，还能够在竞赛过程中促进成员之间的交流与成长。

5.2.2 大学生学科竞赛问题分析

5.2.2.1 问题识别与定义

1) 通过市场调研、文献查阅等方式，识别并定义项目中的关键问题

在学科竞赛中，进行市场调研是识别实际问题的重要途径。通过问卷、访谈、观察等方式，收集目标用户或行业专家的意见和反馈，了解当前市场或领域内的痛点和需求。这些一手资料能够帮助团队更准确地定义项目需要解决的问题。通过查阅相关领域的学术文献、行业报告等，团队可以获取更全面的行业信息和前沿知识[8]。这有助于团队发现尚未被充分解决的问题或新的研究趋势，从而提升项目的创新性和实用性。在收集到足够的信息后，团队需要整理和分析这些数据，识别出项目中的关键问题。这些问题应该是实现项目核心目标的直接障碍，或者是实现项目价值的关键所在。

2) 对问题进行分类和优先级排序，确保重点问题得到优先解决

将识别出的问题按照性质、紧急程度、解决难度等进行分类。例如，可以分为技术难题、市场需求不匹配、资源限制等类别。这有助于团队更清晰地理解问题的本质和问题的相互关系。根据问题的紧急程度、对项目目标的影响以及解决难度等因素，对问题进行优先级排序。优先解决对项目成功至关重要且相对容易解决的问题，以确保项目能够高效推进。在项目执行过程中，团队应持续监控问题的变化和发展，根据实际情况灵活调整问题的优先级和解决策略。

在大学生学科竞赛中，准确识别和定义项目中的关键问题是项目成功的第一步。通过市场调研和文献查阅等方式收集信息，团队能够更全面地了解项目背景和市场需求，从而发现需要解决的关键问题。对这些问题进行分类和优先级排序，则有助于团队更高效地分配资源和时间，确保重点问题得到优先解决。这一过程对于提升项目的实用性和创新性具有重要意义[9]。

5.2.2.2 问题深入分析

1) 运用相关理论知识和分析方法，对问题进行深入剖析

根据问题的性质，选择恰当的理论框架来进行分析。例如，如果问题是关于市场策略的，可以使用市场营销理论；如果问题是关于技术创新的，可以借鉴技术创新理论。

SWOT 分析法：进行 SWOT(优势、劣势、机会、威胁)分析有助于全面了解问题的内外部环境，为制定策略提供基础。

5W2H 分析法：通过回答"为什么(why)、是什么(what)、在哪里(where)、什么时候(when)、谁(who)、怎么做(how)和多少(how much)"等问题，可以深入剖析问题的各个方面。

2) 收集数据和信息，通过定量分析来支撑问题解决策略的制定

根据问题的具体需求，确定需要收集哪些数据。这可能包括市场调研数据、用户反馈、技术性能指标等。如果需要，可以设计调查问卷或实验来收集特定数据。例如，针对用户满意度或产品使用习惯的调查。将收集到的数据进行整理，运用统计方法进行分析。例如，使用 SPSS 等软件进行数据分析，找出数据之间的相关性或趋势。根据需要，可以建立数学模型来预测或优化某些指标。例如，建立回归模型来预测销售额，或优化成本

结构。基于定量分析的结果，制定具体的问题解决策略。这些策略应该是有针对性的，能够解决实际问题。

5.2.2.3　创新点挖掘

1) 在问题分析的基础上，挖掘项目的创新点和亮点

在对问题进行深入分析的基础上，应当系统地挖掘项目中所蕴含的创新点和亮点。这一过程不仅要求对项目的核心问题和挑战有深刻的认知，更需要通过严谨的学术思维，探寻隐藏在问题背后的、具有转化为项目优势和特色潜力的元素。换言之，需要运用科学的方法论，从多个维度审视项目，以期识别并提炼出尚未被充分发掘和利用的资源与机遇。这些创新点和亮点，一旦得到有效开发和利用，不仅能够显著提升项目的独特性和吸引力，更有望成为项目在激烈竞争中脱颖而出的关键。

2) 考虑技术、方法、应用等方面的创新，提升项目的竞争力

为了全面提升项目的综合竞争力，必须从技术革新、方法论优化以及应用场景拓展等多个维度进行深入探索和创新。在技术层面，应致力于引入或研发更先进、高效的技术手段，以期在提升项目执行效率和优化用户体验方面取得实质性突破。在方法论方面，通过创新项目管理和实施流程，可以实现团队协作效率的提升和项目交付质量的优化，从而确保项目的顺利进行和高质量完成。在应用场景的拓展上，需积极探寻新的市场机遇和用户群体，以扩大项目的影响力和商业价值，进而在激烈的市场竞争中占据有利地位。通过在这些关键领域的持续创新和实践，可以显著提升项目的整体竞争力，为项目的长远发展和成功奠定坚实基础。

5.2.3　大学生学科竞赛方案确定与评价

在筹备大学生学科竞赛时，主办方需精心进行方案的设计与选择，这是确保竞赛成功的关键环节。这一环节要求充分发挥创意，并结合实际条件和资源，以保障所选方案不仅切实可行，而且能充分展现参赛团队的实力和特色。

5.2.3.1　方案设计与选择

1) 根据问题分析的结果，设计多种解决方案

在方案设计的初始阶段，首要任务是对竞赛的目标、要求进行深入分析，并评估参赛团队或潜在参赛者的优势和劣势。基于这些分析，可以设计出多种可能的解决方案[10]。这些方案可能涵盖不同的策略、资源配置、时间安排等方面。

以机械设计竞赛为例，主办方可以根据行业趋势、技术热点以及参赛者的专业背景和技能，设计出多种机械设计方案。有的方案可能突出创新性和技术难度，旨在推动技术的前沿探索；有的方案则可能更注重实用性和市场推广潜力，以促进产学研结合。这些方案在设计时均须全面考虑参赛者的实际能力和资源限制。

2) 通过团队讨论、专家咨询等方式，选择最佳方案实施

在设计出多种解决方案后，需要通过团队内部的深入讨论，以及外部专家的咨询来综合评估每个方案的可行性和优势。这一过程旨在确保最终选择的方案既符合竞赛要求，

又能最大化地发挥团队的优势。

在大学生学科竞赛中，方案的设计与选择对于取得优异成绩至关重要。通过深入的问题分析和多方面的意见征集，主办方可以设计出多种解决方案，并从中选择出最具潜力和可行性的方案进行实施。这一过程旨在提升竞赛的质量和影响力，同时也为参赛者提供一个展示才华和创新能力的平台。通过不断的实践和总结，可以逐步提升学科竞赛的水平和影响力，促进学术交流和技术创新。

5.2.3.2　方案可行性评估

在确定大学生学科竞赛的方案之后，进行方案的可行性评估是至关重要的步骤。这一评估过程能够确保所选方案在实际操作中具备足够的可行性和稳健性，从而保障竞赛的顺利进行。

1) 对所选方案进行技术可行性、经济可行性等方面的评估

第一，技术可行性评估是关键。这包括对方案中涉及的技术、方法和工具进行详细审查，确保其在实际操作中能够实现并达到预期效果。例如，如果方案中涉及先进的数据分析技术，那么就需要评估团队是否具备相应的技术能力和资源来支持这一技术的实施。

第二，经济可行性评估也是不可或缺的。这主要是对方案实施所需的成本进行预估，包括人力、物力、财力等方面的投入，以确保这些投入在主办方的预算范围内。同时，还需要评估方案实施后可能带来的经济效益或社会效益，以判断其是否值得投入。

2) 考虑方案实施过程中可能遇到的风险和挑战，制订应对措施

任何方案的实施都可能遇到风险和挑战，因此在方案可行性评估中，必须充分考虑这些因素。例如，技术难题、资金短缺、时间延误等都可能是实施过程中的风险点。针对这些风险和挑战，主办方需要制定相应的应对措施。

以技术难题为例，主办方可以提前进行技术测试和模拟，以确保在实际操作中能够迅速应对可能出现的问题。同时，也可以考虑与专业的技术团队合作，以便在遇到技术难题时能够及时得到支持和解决。

对于资金短缺的风险，主办方可以提前进行资金筹措和预算规划，确保在方案实施过程中有足够的资金支持。此外，也可以考虑与赞助商或合作伙伴进行合作，共同分担成本。

总之，方案可行性评估是确保大学生学科竞赛方案成功实施的关键环节。通过全面的评估和风险应对，主办方可以最大程度地降低方案实施过程中的不确定性和风险，从而保障竞赛的顺利进行并取得预期效果。

5.2.3.3　方案优化与调整

任何精心设计的方案在实施过程中都可能遇到不可预见的问题或变化，因此在大学生学科竞赛中，对方案进行持续的优化与调整是至关重要的。

1) 在方案实施过程中，根据实际情况进行必要的优化和调整

方案实施是一个动态过程。随着方案实施的深入，可能会发现原先的设计在某些方面与实际情况存在偏差或不足。这时，需要根据实际情况进行必要的优化和调整。例如，

如果发现某个环节的实施难度远大于预期，就可能需要通过调整实施策略、重新分配资源或者引入新的技术手段来解决问题。优化和调整的过程中，要保持灵活性和敏锐性，既要关注整体方案的稳定性，又要对细节进行微调，以确保方案能够更有效地实现竞赛目标。

2) 保持与团队成员和导师的沟通，及时反馈问题并寻求支持

有效的沟通是方案顺利实施的关键。在方案实施过程中，团队成员之间以及团队成员与导师之间需要保持密切的沟通，及时分享进展、反馈问题，并共同探讨解决方案。

当遇到难题或挑战时，不要犹豫向导师或团队成员寻求支持和建议，他们的专业知识和经验往往能为方案的优化和调整提供宝贵的指导。同时，定期的沟通和交流也有助于增强团队的凝聚力和协作精神，共同推动方案的顺利实施。

习　　题

5.1　简述学科竞赛对大学生的意义，并举例说明其对大学生成长的具体影响。

5.2　列出并解释大学生在准备学科竞赛时应采取的几项关键备赛策略。

5.3　简述参加学科竞赛的一般流程，并说明每个环节中的注意事项。

5.4　分析一个成功的学科竞赛案例，探讨其成功的关键因素。

5.5　如果你计划参加下一届 XX 学科竞赛，请制订一个初步的备赛计划，并说明你将如何克服可能遇到的困难。

参 考 文 献

[1] 葛海燕. 大学生创业教育与指导[M]. 北京: 清华大学出版社, 2013.

[2] 黄华. 大学生创业计划指导[M]. 北京: 清华大学出版社, 2013.

[3] 曹扬. 转变经济发展方式背景下高校创新创业教育问题研究[D]. 长春: 东北师范大学.

[4] 范秋生. 浅析经济网络化、信息化与中小型企业的发展[J]. 电子商务, 2010 (11): 49-54.

[5] 彼得·F·德鲁克. 创业精神与创新: 变革时代的管理原则与实践[M]. 柯政, 译. 北京: 中国工人出版社, 1989.

[6] 徐俊祥. 大学生创业基础知能训练教程[M]. 北京: 现代教育出版社, 2014.

[7] 梅强. 创业基础[M]. 2 版. 北京: 清华大学出版社, 2016.

[8] 万炜, 朱国玮. 创业案例集锦[M]. 北京: 中国人民大学出版社, 2013.

[9] 李时椿, 刘冠, 刘震宇, 等. 江苏高校创业教育调查与创新创业人才培养模式研究[J]. 中国青年科技, 2008(1): 4.

[10] 朱恒源, 余佳. 创业八讲[M]. 北京: 机械工业出版社, 2016.

第 6 章

毕业论文与毕业设计

6.1 毕业论文或毕业设计概述

毕业论文和毕业设计是高等学校学生毕业时的总结性作业，是学生根据自己所学专业培养目标的要求，在指导教师的指导下独立完成的一份有一定价值的论文或设计，是一项具有综合性和实践性的工作。这项工作要求学生综合运用所学专业的基础理论、专业知识和技能，做出与社会生活、生产实际问题相关的设计或写出阐述解决某一问题的文章。因此，要做好毕业论文和毕业设计，首先要明确其内容要求、程序方法及一系列有关知识。本章将对此类问题进行简明扼要的介绍。

6.1.1 性质与意义

6.1.1.1 毕业论文和毕业设计的概念

1. 毕业论文

毕业论文是指高等学校的应届毕业生，针对某一课题，综合运用自己所学专业的基础理论、专业知识和技能(包括课堂教学互动过程中学到的，查阅文献资料获得的，社会调查和科学实验中获取的)，写出阐述解决某一个问题的文章。

2. 毕业设计

毕业设计是指高等学校有关技术科学专业的应届毕业生，针对某一课题，综合运用本专业有关课程的理论和技术，作出解决实际问题的设计。毕业设计相当于一般专业的毕业论文。

由于学科、专业的不同，毕业设计一般可分为工程设计和新产品设计等。各类设计在其具体内容和具体要求上虽然有所不同，但在总体结构和基本要求上大体相同。一个正规的设计通常包括设计方案、设计方案说明书和工作图等。

3. 毕业论文和毕业设计的比较

毕业论文和毕业设计都是应届毕业生综合性、实践性较强的独立性作业，是高等学校的一个重要教学环节。因此，其教学要求基本一致。两者均是高等学校应届毕业生的总结性作业，都要求应届毕业生根据自己所学专业培养目标的要求，在指导教师的指导下独立完成一份有一定学术价值的作业，是"专业人才"的处女作。

毕业论文和毕业设计虽然在教学要求上是相同的，但在性质上存在一定的差异。

毕业论文偏重于深入钻研某一项科学技术的理论或实际问题，要求在"深""新"上下功夫，力求对某一项科学技术的理论或实际问题阐明自己的新观点、新见解。毕业论文主要对学生在查阅文献资料技能(或社会调查能力)、逻辑推理、数据处理、写作能力等方面进行初步训练。

毕业设计则偏重于比较全面地运用各科知识与技能解决某个具体的工程、技术问题的训练，比较偏重与实战知识的结合，要求在"广度"的基础上，丰富"深度"的内容。

例如，机械类专业毕业设计的内容一般包括：

(1) 收集、查阅各种文献资料，了解有关技术政策；

(2) 设计原理及方案论证；

(3) 工艺计算；

(4) 设备计算；

(5) 设计的工程平面布置方案的确定；

(6) 对其他主要工程技术问题的处理；

(7) 绘制图纸；

(8) 撰写毕业设计任务书等。

6.1.1.2 写毕业论文和做毕业设计的原因

1903 年，《奏定高等学堂章程》(《奏定高等学堂章程》是清政府颁布的关于学制系统的文件)中规定各科学生在毕业前夕，要进行毕业论文或毕业设计，这种制度一直延续到现在，成为我国高等学校教学中的一个重要环节。

进行毕业设计和撰写毕业论文有重大的意义，是学校综合检查学生在校期间学习成绩的一种手段，是评定毕业成绩的重要依据和评定学位的必备条件。同时，毕业论文和毕业设计使学生对某一课题进行专门、深入、系统的研究，以巩固、扩大、加深已有知识，培养学生综合运用所学知识独立解决问题的能力。毕业论文和毕业设计是学校学生走上国家建设岗位前的一次重要的实习[1]。

写毕业论文和做毕业设计在高等学校教育中所处的地位和作用体现在以下 6 个方面。

1. 高等学校教学计划的重要组成部分

高等学校有关工程技术学科专业毕业生做毕业设计，文理科及一般性学科专业毕业生写毕业论文。长期以来，毕业论文和毕业设计被视为高等教育教学内容的一个重要部分，尤其是新中国成立以后，我国教育部门重视对大学生实践能力的培养，并正式把毕业论文和毕业设计列入高等学校各专业的教学计划之中。1983 年，教育部颁发的《全日制普通高等学校学生学籍管理办法》第 18 条中规定：毕业设计、毕业论文、毕业实习不及格者，各按一门主要课程不及格对待。因此，各高等学校都将毕业论文和毕业设计列入教学计划，毕业论文和毕业设计成为教学计划的重要组成部分。

2. 培养学生解决实际问题能力的重要教学环节

毕业论文、毕业设计和课堂教学环节是紧密联系、彼此配合、相辅相成的。从某种程度上讲，毕业论文、毕业设计这个环节是前面各个教学环节的继续与深化，其综合性和实践性则是其他理论和实践教学环节所不能代替的。科学研究方法的训练和科研能力的培养固然是整个大学教学过程的一贯任务，但各门课程、各个教学环节对学生进行这种能力的训练和培养带有局限性、被动性和零散性。写毕业论文、做毕业设计却是集中地、系统地对学生进行科研方法和能力训练的较好形式。这是因为，写毕业论文或做毕业设计就是让学生在平时学习和所受训练的基础上，运用所学到的知识和技能，在指导教师的指导下，集中时间和精力，通过查阅文献资料、调查研究、科学实验、现场参观，进行分析、研究、构思、升华，独立地解决某一个实际问题，最后制订设计方案并写出任务书或写成论文。这是对学生进行一次理论联系实际、全面、综合性的训练过程[2]。

通过写毕业论文、做毕业设计这个环节，学生可以得到以下收获：

(1) 使用并巩固平时学习和训练的成果；

(2) 比较系统地锻炼自己独立思考、独立工作的能力，初步训练从事科学研究的基本功；

(3) 懂得如何选题、查阅文献资料，进行调查研究和试(实)验，掌握做实验的方法；

(4) 提高各种能力，如综合运用知识、技能分析、解决问题的能力；

(5) 培养制订设计方案或试验(实验)方案的能力；

(6) 提高设计、计算、绘图和使用工具书的能力；

(7) 增强技术经济分析和组织工作的能力；

(8) 掌握写毕业论文或做毕业设计的能力；

(9) 激发科研兴趣，增长才干，受到一次科学研究规范的基本训练。

总而言之，毕业论文与毕业设计是让学生主动获得独立分析问题、解决问题能力的综合性实践。

3. 检验教学效果，提高教学质量的重要措施之一

毕业论文和毕业设计的质量基本上可以反映学生的学习质量和科研的初步能力，包括阅读文献资料的能力，社会调查或实验能力，观察与分析问题的能力，计算、制图和文字表达能力，逻辑思维能力等。各科的教学效果如何，教师教得是否得法，学生学得是否扎实等，都可以从学生完成毕业论文和毕业设计任务的情况及质量等方面反映出来。一般来说，如果教师业务水平高，教学得法，学生平时学得扎实，那么学生的基础知识和专业知识掌握得比较牢固，分析问题和解决问题的能力就比较强。毕业论文和毕业设计就进行得比较顺利，质量也会比较高，反之就差。因此，毕业论文和毕业设计就好似一面镜子，既反映学生学的问题，又反映教师教的问题。这样教师就可以根据存在的问题，不断改进教学方法，以弥补教学中的缺陷和不足，进一步提高教学质量。

4. 评定学位的必需条件

《中华人民共和国学位条例暂行实施办法》第三条规定：高等学校本科学生完成教学计划的各项要求，经审核准予毕业，其课程学习和毕业论文(毕业设计或其他毕业实践环节)的成绩，表明确已较好地掌握本门学科的基础理论、专门知识和基本技能，并具有从事科学研究工作或担负专门技术工作的初步能力的，授予学士学位。

因此，不论哪一个专业的本科毕业生，都应该进行毕业设计或写毕业论文，而且必须认真对待，不能草率从事。

5. 有利于激发学生的创新精神，从中发现和挑选人才

由于在同一学科的学术领域有不少的专业方向，毕业生不可能一一研究写出综合性的见解，因此毕业论文、毕业设计只要求学生对某个专业中的某个课题进行一定的研究，由此提出自己的新看法、新见解。组织学生写毕业论文、进行毕业设计的过程，就是让学生充分发挥自己的聪明才干和创意精神的过程，就是帮助学生分析并发挥自己的学业专长，确立自己主攻专业方向的过程。许多学生的毕业论文、毕业设计的课题成为其日后工作时的科研主攻方向。这样，通过比较毕业论文和毕业设计的质量或水平优劣，无疑可以从中发现和挑选优秀人才。

6. 可以促进教学、科研、生产三结合

毕业论文或毕业设计都要求学生综合地运用所掌握的专业知识和技能，研究、解决某一实际问题(课题)，制订设计方案，写出设计任务书或学术论文。这本身就是教学、科研和生产的有机结合。这是因为，在写毕业论文和做毕业设计的过程中，教师既要传授理论知识，又要亲临科研场所或生产场所指导学生，促进教师、科研人员、生产人员三者共同研究和试(实)验，有的论文(设计)课题本身就是科研项目中的子题目(二级子题目)。从某种意义上说，毕业论文、毕业设计是教学、科研、生产三结合的产物。所得科研成果反过来又丰富了高等学校的科研和实验内容，推动了高等学校科学研究和实验室的建设，不少科研成果还产生社会效益，直接服务社会。

6.1.1.3　毕业论文和毕业设计的工作程序

写毕业论文和做毕业设计是一项较复杂且具有综合性质的工作，必须遵循一定的工作次序或安排，才能做到有条不紊、效率高、质量好。毕业论文和毕业设计虽有各自的特点，但也有许多相同或相似的地方，在工作程序上，概括起来有以下相同点：

第一，选题、收集资料、了解课题的历史与现状，确定研究方法，制订研究计划；

第二，围绕课题采用观察、试(实)验、调查研究、查阅文献等多种方法；

第三，对已有的大量材料进行科学的分析研究，制订设计方案，或提出论文论点及写作提纲；

第四，进行方案设计、编制设计任务书或论文写作，并反复认真修改设计方案或论文；

第五，做好毕业设计和毕业论文的答辩准备并参加答辩；

第六，将毕业论文和毕业设计上交到院系归档等。

简单来说，做毕业论文和写毕业设计可以分为四个阶段，每个阶段都包括一定的具体工作(表 6-1)。

表 6-1　毕业论文与毕业设计阶段

序号	阶段	毕业论文	毕业设计
一	准备阶段	(1) 选题； (2) 收集材料； (3) 去企业参观和实习	(1) 选题； (2) 收集材料； (3) 去企业参观和实习

序号	阶段	毕业论文	毕业设计
二	科研阶段	(1) 确定研究方法和制订研究计划； (2) 观察、试(实)验、调查、收集文献等资料； (3) 整理资料、处理数据； (4) 研究分析资料、提炼论点	(1) 可行性研究设计； (2) 初步设计； (3) 施工图设计和绘制图纸
三	写作阶段	(1) 拟定提纲； (2) 论文写作； (3) 修改定稿	(1) 拟定设计任务书； (2) 修改定稿
四	答辩阶段	(1) 准备答辩； (2) 答辩； (3) 材料归档	(1) 准备答辩； (2) 答辩； (3) 材料归档

6.1.2 分类、格式和写作原则

6.1.2.1 毕业论文的分类

按不同的标准，毕业论文可以划分为以下 4 大类。

1. 专业论文和调查报告

按研究对象的明确性不同，毕业论文可分为专业论文和调查报告。

1) 专业论文

专业论文是指不同专业类别的论文，不是文学作品，更不是科幻小说。专业论文的要求是理论联系实际，运用所学知识对本专业的有关理论和实际问题进行探讨分析。从内容、结构、形式来划分，专业论文可分为论述型论文和综述型论文。

论述型论文是一种以抽象的概念，运用议论、说明等表达方式和概括性的语言，通过概念、判断、推理等逻辑形式来分析事物、推论事理，从而阐明作者在某一学术领域中的新观点或重要见解的一种文体。从论证过程的形式讲，论述型论文又可分为立论型论文和驳论型论文。

立论型论文是通过论证，从正面阐明自己的观点或见解的论文。

驳论型论文是在论证过程中，主要通过驳斥、辨析别人的错误观点，从而确立自己观点正确性的论文。这类论文往往通过对事物现象本质的重新透视，针对前说，逐一辩驳，从而得到一个不同的结论。这种论文在论证过程中更加重视反证、归谬等逻辑手法的运用。归谬反证法是一种常用的克敌制胜的论辩武器，不直接对对方的论点、论据及论证方式进行正面驳斥，而是按照对方的逻辑和思路推导出一个明显荒谬的结论，使其论点不攻自破。驳论型论文的标题常常以"也谈×××""再论×××""就×××问题与×××商榷""×××辨析"或"驳×××"等形式出现。

综述型论文是针对某一研究对象，综达前人已有的研究成果，并指出进一步努力方向的论文。综述型论文的目的是使读者看到某一研究成果的性质、规模、进程、状态和趋势等，其特点是以叙述为主、夹叙夹议，有时议论多于叙述。综述型论文可以分为横向综

述型论文、纵向综述型论文和横纵向结合综述型论文三类。

2) 调查报告

调查报告是指作者带有明确的目的,对某一对象(典型单位或典型问题等)进行认真深入的调查后,用所学知识将获得的情况和看法通过书面形式反映出来,并提出意见或建议。调查报告也称调查研究报告。

从严格意义上讲,调查报告并不属于专业学术论文的范畴,不能称为毕业论文。但是,许多大专院校以"毕业作业"代替毕业论文,这两者之间虽然有许多相同之处,但也有一定的区别,主要是文体上的区别。毕业论文属于学术论文的范畴,毕业作业所包括的文体则更加广泛。毕业作业可以是学术论文,也可以是调查报告、案例(或作品)分析,还可以是工作研究等。

由于调查对象千差万别,内容多样,按不同的标准,可以对调查报告做出以下不同的分类。

(1) 从调查对象的范围而言,有综合调查报告和专门调查报告。

(2) 从调查对象所处时间而言,有历史情况调查报告和现实情况调查报告。

调查报告具有纪实性、提示性和实用性三个显著的特征。

纪实性是一种注重和追求再现生活自然面貌或反映记录实际状况的一种纪实性作品或者表现形式。这是调查报告的首要特点,调查报告是用事实说话,既不能夸大,也不能缩小,更不允许文学虚构。

调查报告除了报告具体对象的一些情况,还应做到从个别到一般,从特殊到普遍,从具体现象中提示出具有规律性的东西,而不仅仅是对客观对象进行简单的叙述。

调查报告不同于理论文章和学术论文,反映的是具体环境下的具体事件,其目的是帮助人们解决一些现实问题,其实用性是显而易见的。

调查报告因具有调查的周密性、研究的深透性和表达的准确性三大基本要求,作为一种应用文体,正在社会生活的各个行业、各个领域发挥着越来越重要的作用。

目前,各类普通高校和成人高校毕业生撰写的毕业论文主要可以分为两类:专业论文和调查报告。

2. 一般性论文、学士论文、硕士论文和博士论文

按写作目的的不同,毕业论文可分为一般性论文、学士论文、硕士论文和博士论文。学士论文是本科毕业生为了获取学士学位所做的毕业论文,顾名思义,硕士论文和博士论文就是硕士研究生和博士研究生为了获取硕士学位和博士学位所做的毕业论文。

3. 理论型论文和实践型论文

按研究方法和写作方法的不同,毕业论文可分为理论型论文和实践型论文。

1) 理论型论文

理论型论文是指依靠逻辑推理和假说的研究方法对文献资料进行研究、分析、推理,获取研究成果并以理论阐述为主的论文。这种论文的正文部分主要由论点、论据、论证三部分构成。

2) 实践型论文(毕业设计)

实践型论文是指主要通过实验、实践环节，获取材料，运用计算、描述、分析、设计、实验等研究方法获取研究成果，并以叙述为主的论文。这种论文的正文部分一般由实践条件和方法、结果和讨论等内容组成。

以上两种类型的论文所运用的主要研究方法、写作方法虽然不同，但任何一种课题都不可能只用一种方法进行研究，也不可能用单一的写作方法撰写论文，往往是以某一种方法为主，辅以其他的方法[3]。

4. 自然科学论文和社会科学论文

按论文内容属性的不同，毕业论文可分为自然科学论文和社会科学论文。凡是以自然科学为研究对象的论文均属于自然科学论文，凡是以社会科学为研究对象的论文均属于社会科学论文，两者的研究对象不同，研究方法和研究目的也有较大的区别。

6.1.2.2 毕业论文与毕业设计的格式

毕业论文的格式，即论文结构，一般包括题目、署名、目录(或节段标题)、摘要、前言(或绪论)、本论、结论、参考文献、答谢(或致谢)、附录等 10 个部分。

1. 题目

题目又称标题、总题目。毕业论文的题目非常重要，一个好的题目既能概括整篇论文的中心内容，又能引人注目。因此，题目要确切、恰当、鲜明、简短，题目用词要精练、中肯、醒目。

2. 目录(或节段标题)

一般较短篇幅的毕业论文可以省去目录，但篇幅较长的毕业论文最好要有目录。这是因为，如果列出目录，读者可以从中看出毕业论文内容的梗概、论点的安排、整体的布局、各章节的联系，给人以清楚的轮廓。同时，目录可以反映出毕业论文的纲要，是毕业论文各个部分内容的缩影。因此，目录应列出通篇毕业论文各组成部分的大小标题，分清层次，逐项标注页码，包括注明参考文献、附录、图版、索引等附属部分的页次，以便读者查找。

3. 摘要

摘要是毕业论文内容基本思想的缩影。作为毕业论文的简要介绍，摘要对于篇幅短的毕业论文可有可无，但对于篇幅较长的毕业论文则是不可缺少的。摘要的写法一般分为两种：一种是排在毕业论文的正文前面，称为摘要或提要；另一种是排在毕业论文正文的后面，称为摘录。摘要或摘录都要提示毕业论文的主要内容，包括论点、论据和论证方法。好的摘要应全面反映毕业论文的要点，文字要简洁、明确、畅达。

4. 前言(或绪论)

前言是毕业论文的开头，又称引言、绪论或序，是三段式论文的第一段(后两段是本论和结论)。前言是毕业论文不可缺少的主要组成部分。前言要求简明扼要，讲清本论文的写作动机，与所研究课题相关的前人成果和知识空白，本论文的内容、意义、理论依据和实验设备条件，所采用的方法及想要达到的目的等。与一般论文比较，毕业论文的前言在写作内容方面，除上述内容外还必须强调以下三点：

(1) 对课题的研究背景和选择这一课题的原因要做详细说明；

(2) 要综述与论文主题密切相关的文献，以求反映作者研究工作的范围和质量，显示作者对文献的分析能力、综合能力和判断能力；

(3) 简要说明研究工作的界限、规模和工作量，供指导教师全面了解情况。

前言要简明扼要，意简词精，一目了然，切忌"才疏学浅""水平有限""一定有疏忽之处，请指教"之类的"过于谦虚的客套话"，以及"达到了"或"接近了""世界"或"国内"先进水平一类的评述。

5. 本论

本论是作者展开论题，表达作者研究成果的部分。本论是毕业论文的主体、核心，作者的观点和主张在此部分进行分析、论证，反映毕业论文的价值水平。

毕业论文因其研究的学科、内容的不同，需采用理论型和实践型等不同的文体结构形式，因而，本论部分的内容与写法有很大的差别，形成毕业论文的各种类型。也就是说，本论是区别毕业论文类型的主要标志。下面分别简述理论型论文和实践型论文的本论部分结构形式。

1) 理论型论文

理论型论文的本论一般包括论点、论据和论证三个部分。

论点是作者对所论述的问题提出主张和看法，是需要加以阐述和说明的观点。

论据是作者建立自己观点的理由和依据，是用来说明自己观点的革命理论、科学道理、有关资料、数据和图表等。论文所用的一切理论要完整、正确，资料要真实、确切、适用。

论证是作者用论据说明论点的过程，也就是作者运用归纳法、演绎法和类比法等逻辑分析方法，阐明论据与论点之间内在联系的过程，是作者用论据科学地证明自己论点的正确性和科学性，使论点得以成立的过程。

2) 实践型论文(毕业设计)

实践型论文的本论部分一般包括理论分析，实践资料、手段和经过，实践结果分析和讨论等三个部分。

在理论分析部分中，一要详细说明理论分析中所提出的假说、所使用的分析方法和计算方法，阐述理论分析时所作的假说及其合理性；二要指出所应用的分析方法，哪些是已有的，哪些是经过自己改进的；三要说明在计算方法上哪些是应用已有的方法，哪些是经过自己改进的方法。

在实践资料、手段和经过部分中，要详细介绍实践的资料、方法及经过等基本内容。以实验为例，既要介绍实验采用的原料、样品、试剂等，又要列出实验所用的设备仪器及操作过程和方法，并说明研究过程中实验的变化因素及其考虑依据和设施等。

在实验结果分析和讨论部分中，一要列出必要的实验数据；二要介绍实验数据处理方法和误差分析方法；三要介绍从实验结果中引出的必然结论和推理及其适应范围；四要与计算结果比较，对理论分析部分进行论证等。

6. 结论

结论是全篇的总结，是论文的全面概括。结论是从理论和实践分析，以及实验结果中分析、归纳出的科学结论。结论要准确、完整、鲜明，要以本论的论述为基础，但较本论的表达更精练、更集中、更典型、更有价值。因此，措辞要严谨，逻辑推理要严密，内容要鲜明、具体、确切。

7. 参考文献

参考文献反映作者严谨的科学态度和真实参考的科学依据，体现了作者对前人成果的尊重与继承。因此，重要的、学术性强的、在"讨论"中所引用过的文献都应列出，按先后次序标明论文中所引用前人的文章、数据、论点、资料等参考文献的出处。

根据文献资料的不同来源，应注明不同的参考文献内容，具体如下所述。

(1) 学报、期刊类文献，应注明作者的姓名、期刊名称、年月日、卷序、期次和起讫页码。

(2) 会议记录和资料汇编类文献，应注明作者的姓名或发言人的姓名、会议记录或资料名称，以及会议时间和资料出版时间。

(3) 技术报告类文献，应列出技术报告的代号和编号，作者的姓名、年份、页次。

(4) 档案资料类文献，应注明档案资料的名称及其存放单位名称和编号。

(5) 单位论文类文献，要注明作者、论文出处(包括出版年份、卷、期、页次)。

(6) 书籍类文献，应写出编著者、书名、出版社及其地址、出版年份、页次。

(7) 论文集类文献，应写明论文作者、论文集名称、主编者、出版社及其地址、出版年份、页次。

8. 答谢(或致谢)

对毕业论文的指导教师，曾给毕业论文撰写提出有益建议或给予指导的同学、同志与集体，都应在毕业论文的开始或结尾部分书面致谢，其言辞应恳切、实事求是。

9. 附录

有些内容复杂、篇幅较长的毕业论文，在文章之后设置一个附录，附上不便放进正文的重要数据、表格、公式、佐证等资料，供读者作为阅读论文的参考。

毕业论文结尾要署上作者的姓名及所在单位，以表明作者付出了辛勤的劳动，以示对毕业论文的负责，同时，也便于教师评定成绩及同行相互联系。

6.1.2.3　毕业论文的总体原则

要撰写一篇好的毕业论文，作者除要经历一个艰辛的创造性劳动过程外，还必须遵循以下原则和要求。

1. 内容要正确、客观、富有新意

内容要正确、客观、富有新意，也就是要求毕业论文的内容必须具有科学性、客观性和创造性。

1)科学性

科学性就是要求毕业论文的作者正确地反映客观事物，并揭示规律。这就要求作者的论述是系统的，而不是零碎的；是完整的，而不是片面的；是首尾一贯的，而不是前后矛盾的；是经过实践检验的、科学的，而不是主观臆造的。科学性主要指毕业论文的论点要正确、鲜明，论据要确凿、翔实(详细而确实)，论证要合乎逻辑。

(1) 论点要正确、鲜明。

在毕业论文中，无论是证明还是反驳，论点必须正确。同时，论点也必须鲜明，应当清楚地表示出作者赞成什么，反对什么，不可含含糊糊或泛泛而谈。进行论证时，要鲜明地摆出论点，并紧紧围绕论点进行论述，从而得出使人信服的结论。批驳谬误的毕业论文，就要设法把谬误在文章中突显出来，使论述的观点明确集中，然后紧扣论述的观点，一层一层地进行驳斥、批驳，使读者容易接受。这就要求作者切实地从实际出发，运用辩证唯物主义和历史唯物主义的观点和方法观察问题、分析问题、解决问题，提出合乎客观实际的结论，不得带有任何个人好恶的偏见，切忌主观臆造。

(2) 论据要确凿、翔实(详细而确实)，要足以证明观点正确。

一篇毕业论文，如果没有充实的论据，只泛泛地进行议论，即使观点正确，也不能使人信服，这种议论是苍白无力的。作者要使自己的观点立得起来且立得牢固，必须依据真实可靠的论据来支撑。如果材料不正确，还会得出错误的结论，这比没有材料更有害。因此，作者在选择论据上必须下功夫，既要大量地查阅资料，又要认真地研究资料，核实每一个论据，引用文献资料要忠于原文，切忌断章取义，要以最充分、真实有力的论据作为立论的依据。

(3) 论证要合乎逻辑。

毕业论文的论证要合乎逻辑，使证明或反驳都具有不可辩驳的力量。论证就是用论据来说明论点，揭示论点和论据之间的内在逻辑关系，把问题分析透彻，把道理讲明白，叙述自然且合乎逻辑。这就要求作者在论述过程中要善于运用证明和反驳的方法，进行周密的思考，严密地组织资料，充分地阐述论点与论据之间的逻辑关系，准确地反映客观事物的规律。

2) 客观性

客观性就是要求作者一切从实际出发，以客观事实为基础，对自己所研究的课题进行周密的调查研究和科学实验，要从调查和实验所获取的大量真实可靠的资料、数据中研究、分析、提炼出论点和选取资料，最后归纳出结论。一切观点、意见、结论必须建立在客观事实的基础上，切忌主观臆造、面壁虚构。即使是假设性的毕业论文，也必须以充足的事实、真实的资料作基础，要具有客观性。

3) 创造性

创造性就是要求作者富有新意，能在毕业论文中提出新见解，解决新问题，不能人云亦云。一般具有下列条件之一者，就可以算其有创造性。

(1) 对本专业学科领域内的某一问题提出了自己一定的认识和看法，具有一定的理论意义或实际意义；

(2) 使用新颖的论证角度或采用新的实验方法来研究别人已研究过的问题，得出了给人以启迪的结论；

(3) 虽然立意一般，但有重要的新资料、新事实披露；

(4) 用相关学科的理论较好地提出并在一定程度上解决了本学科的某一问题；

(5) 运用本学科的知识解决了实际生产、生活中的某一问题，有一定的实效，或为实际生产、生活中某一问题的解决提供了新观点、新数据；

(6) 全面归纳总结了别人的研究成果，提出了自己的新见解；

(7) 善于总结，从囊括全面的资料和观点中，梳理出结论性论点。

总之，观点正确、客观、富有新意是对毕业论文，乃至所有学术论文在内容上的要求，这也是毕业论文的价值所在。

2. 结构要严谨、条理清楚、逻辑性强

论文结构要严谨、条理清楚、逻辑性强，必须做到纲举目张、顺理成章、井然有序。

1) 纲举目张

纲举目张是指毕业论文的观点要统帅资料，资料要足以阐明观点，观点与资料高度统一，这是论文结构的要诀。

"纲"就是指毕业论文的总论点，是毕业论文的灵魂和统帅，一定要清楚、显豁、高举。这样分论点(小论点)就会各就各位，像"目"一样"张"开。因此，写毕业论文就是要把大论点、小论点考虑清楚，安排妥当。特别是小论点反映事物的各个侧面，一定要全、圆、严，没有一点缝隙、漏洞。

2) 顺理成章

顺理成章是指顺乎"理"而论，自成文章。毕业论文如果顺着"理"的道路(思路)写作，自然可以成为文章。没有"理"不成文章，理不"通"更不成文章。只有把论点、论据、论证很好地结合起来，讲(论述)观点时有资料的支持，选用资料时要围绕所要说明的观点，论证过程要严谨、富于逻辑，做到据理而论、言之成理，即为"顺理成章"。

3) 井然有序

井然有序是指毕业论文要条分缕析，层次清楚。条理不清、缺乏逻辑是毕业论文的大忌。论文结构一定要有先后顺序，毕业论文与文学创作有所不同，最讲究条理清楚、逻辑性强。

3. 体式要明确

毕业论文因本身的文体性质而具有以下基本规定。

在结构项目上，一般不会超出以下各项目：题目、署名、目录(或节段标题)、摘要、本论、参考文献、结论、答谢(或致谢)、附录等。一些篇幅短小的毕业论文可以省去部分项目。

正文部分在内容及表述方法上各不相同。毕业论文有专题研究、综合论述、提出假说、批驳谬误、科学实验、社会调查等不同形式。它们虽在内容和表达方法上各有不同，但都有议论文正文部分的共同特点，即必须具有论点、论据、论证三要素。此外，毕业论文还要有一个好的"开头"和"结尾"，"开头"要有气势。单刀直入(开门见山、直奔主题)，"结尾"要利落，不能拖泥带水、画蛇添足。

4. 要充分体现自己的学术水平和科研能力

毕业论文是评价作者学术水平和科研能力的一种尺度，毕业生应从以下方面努力。

1) 集中精力，尽心尽力完成论文课题

论文水平能反映作者的学术水平和科研能力。研究成果是反映作者学术水平和科研能力的重要标志，也是撰写毕业论文的根基。毕业生应高度重视毕业论文写作过程中的科研工作。

2) 课题研究要运用最优化途径和方法

研究成果虽然与研究者的学术水平和科研能力有密切的关系，但研究者若不能运用最优化途径和方法，则往往事倍功半，花钱多、时间长、效果差。只有选用最优化途径和方法才能收到事半功倍的效果。

5. 要注重理论上的分析提高

能否撰写较高质量水平的论文，取决于作者理论水平的高低。通常情况下，理论水平高的人，其学术水平高，研究能力强，就能把握事物的本质和规律，能阐明自己的新观点、新见解。相反，理论水平低的人，毕业论文就事论事，讲不出其所以然。因此，在撰写毕业论文的过程中，要注重理论分析。

6. 要注重学习和运用当代科学研究的新观念、新技术和新方法

敏锐的洞察力是获取科研成果的重要因素，是一个人学术水平和科研能力的具体表现。敏锐的洞察力在于迅速跟上科技发展的新激流，善于学习科技新成果，灵活运用当代科技研究的新观念、新技术和新方法。因此，作者要想提高毕业论文的学术水平和科研能力，必须在毕业论文中着力运用当代科学研究的新观念、新技术和新方法。

6.1.3　写作中的几个技术性问题

6.1.3.1　毕业论文与毕业设计的打印要求

毕业论文和毕业设计要求按照一般书稿的规格、体例打印，其中毕业论文的打印要求通常因学校、学院或导师的具体规定而有所不同，以下是一些普遍适用的打印要求和建议。

1. 纸张与装订

纸张规格：毕业论文一般使用 A4 纸(210mm×297mm)进行打印。封面和封底则可能要求使用 A3 纸(297mm×420mm)单独打印，并进行装订。

装订方式：常见的有胶装、线装等。具体采用哪种方式需根据学校、学院或导师的要求确定。对于较厚的论文，胶装或线装通常更为牢固和美观。

2. 打印内容与格式

1) 封面和封底

封面和封底应单独打印，并包含学校标志、论文标题、作者姓名、指导教师姓名、提交日期等信息。学校会指定封面、封底的颜色和材质，如 A3 亚光纸，并要求学生到文印店将所有论文内容装订成册。

2) 目录

目录应单独成页，并列出论文的主要章节和页码。目录的编排应与论文正文的标题层级一致，以便读者快速查找。

3) 中英文摘要及关键词

中文摘要及中文关键词、英文摘要及英文关键词应分别用 A4 纸单独一页起单面打印。

4) 正文

正文是毕业论文的主体部分，应使用 A4 纸双面打印。

5) 参考文献

参考文献应单独成页，列出论文中所引用的所有文献。参考文献的排列顺序和格式需遵循学校或学科领域的规范。

6) 其他部分

如果论文包含致谢、附录等内容，也应分别用 A4 纸单独一页起单面打印。

3. 注意事项

在打印之前，务必仔细校对论文的内容，确保无误。根据学校、学院或导师的要求确定打印的份数，并预留一定数量的备份。打印完成后，务必保存好论文的电子版，以便后续修改、查阅和提交。

6.1.3.2 毕业论文与毕业设计的引文要求

毕业论文的引文既要注意出处的权威性，一般摘引自经典著作、科学公理、定义，又要注意内容的正确性。引文的内容要完整、准确，切忌断章取义、贴标签、庸俗化、把错误认作正确的论述。誊写(打印)之后，要进行认真的核对，做到准确无误，并写好注释。按照《信息与文献　参考文献著录规则》(GB/T 7714—2015)规定，毕业论文与毕业设计的引文要求主要涵盖以下几个方面。

1. 引文的基本格式

1) 序号与标注

如果采用顺序编码制，正文中引用参考文献的部位，一般须用上标标注参考文献序号。

2) 基本格式

通常情况下，引文包括序号、主要责任者、题名、出版地、出版者、出版年等基本信息，并根据文献类型加入相应的标识代码(如 M、J、D 等)。

2. 各类文献的著录格式

1) 专著(图书)

格式：[序号] 主要责任者. 文献题名[M]. 其他责任者. 版本项. 出版地: 出版者, 出版年: 引文页码[引用日期]. 获取和访问路径. 数字对象唯一标识符.

简化写法：[序号]作者. 书名[M]. 出版地: 出版者, 出版年.

2) 连续出版物(期刊)

格式：[序号] 主要责任者. 文献题名[J]. 刊名, 年, 卷(期): 页码-页码.

3) 学位论文

格式：[序号] 主要责任者. 学位论文名[D]. 保存地点: 保存单位, 年份.

4) 专利文献

格式：[序号] 专利申请者或所有者. 专利题名: 专利号[P]. 公告日期或公开日期[引用日期].

5) 电子资源

格式：[序号] 主要责任者. 题名: 其他题名信息[电子文献及载体类型标识].(发表或

更新日期)[引用日期]. 电子文献的出处或可获得地址.

示例: [序号] 主要责任者. 电子文献题名[EB/OL].(发表或更新日期)[引用日期]. http://…

6) 析出文献

专著中析出文献的格式:

析出文献主要作者. 析出文献题名[文献类型标识/文献载体标识]. 析出文献其他责任者//专著主要责任者. 专著题名: 其他题名信息. 版本项. 出版地: 出版者, 出版年: 析出文献的页码[引用日期].

连续出版物中析出文献的格式:

析出文献主要责任者. 析出文献题名[文献类型标识/文献载体标识]. 连续出版物题名: 其他题名信息, 年, 卷(期): 页码[引用日期].

3. 注意事项

1) 标点符号

严格按照标准使用标点符号, 尤其是英文标点符号后面需加空格(半角输入)。

中文文献中的冒号和逗号可以使用中文标点, 但后面不加空格; 英文文献则统一使用英文标点。

2) 页码和引用日期

页码需注明起始页码和终止页码, 若文献没有明确的起止页码, 则直接写出提供的页码或页码组合。

引用日期通常只在联机文献(OL)中需要标注, 表示引用时的日期。

3) 获取和访问路径

对于电子资源, 必须提供获取和访问路径以及数字对象唯一标识符(DOI), 以便读者能够快速准确地获取资源。

4) 其他要求

毕业论文与毕业设计中的参考文献数量一般要求在 15 篇左右, 其中应包含 2~3 篇英文文献。

具体的著录格式可根据实际情况调整, 但应符合 GB/T 7714—2015 的要求。

4. 辅助工具

学术数据库(如中国知网、万方数据等)和搜索引擎(如百度学术)通常提供快速获得引文的功能, 可以很方便地生成符合 GB/T 7714—2015 要求的引文格式。

通过以上步骤和要求, 可以确保毕业论文与毕业设计的引文格式规范、准确。

6.1.3.3 时间的规范表示

在一般情况下, 毕业论文中的时间应用具体日期表示, 避免用时间的代名词, 如"今年""明天""本月"等, 也要避免用交代不清楚的时间概念。

年份一般用全数, 不得省略, 如"2014 年"不得写成"14 年"。

如果写作时参考旧资料, 必须弄清楚资料中的日期及有关事实, 避免失误。尽量避免采用"靠近""不久以前"等不确定性用语。

在运用我国历史上某个朝代的年号时，要加注公元年份，如"清道光二十年"应写成"一八四零年(清道光二十年)"。

6.1.3.4　表格、图、照片的规范要求

绘制曲线图、结构图、示意图、方框图、流程图、记录图谱等可以参考以下的习惯做法。

(1) 选用图必须少而精，绘图必须科学，线条必须准确无误，主次分明。

(2) 图的纵横坐标比例的选择和原点位置，即图的高宽比、曲线所占的位置与形状，应清晰明确，便于读者阅读。

(3) 凡是经过实验判断是自变量的，应画在横坐标轴上，参变量画在纵坐标轴上；凡是代表时间和与时间含义相当的物理量一律画在横坐标轴上。

(4) 除统计图和变化过程不呈现函数关系的情况外，凡是有连续变化规律的数据，首先应画成光滑曲线，而不应将实验点连成折线。

(5) 图必须有简明的图题。纵横坐标必须注意注明标度及坐标轴所表示的物理量名称、符号和单位。除方程图等外，图内尽可能不标注文字解释和说明等。必要时，可在图内标注代号(如 A、B……)，说明文字则作为图注列在图或者标题下面。

表达实验数据的表格应精心设计，项目一律横排于表头。数据依序竖排，内容由左至右横读，项目也可以归并为必要的大项。制表时有以下习惯做法可供参考：

(1) 实验结果已用图表示的，一般不再列表，表中内容不必在正文中再做说明，尽量避免重复；

(2) 每一个表都要有序号和名称；

(3) 表头各项目一般要有名称、代号和单位，表内数据的后面不再附注单位。

其他有关表达实验结果的方法：如有照片和图版(图版是企业在产品设计制造时使用的一种模板，如服装企业使用的服装各部位的图版模板)，均应经过精选；如遇数学式和化学方程式，应该注意转行的规定、删除不必要的中间运算和变化过程。

6.2　毕业论文撰写或毕业设计

学生撰写毕业论文，是在教师的指导下围绕课题进行现场观察、社会调查、科学实验的基础上进行的。毕业论文由于各个论题所论述的内容不同，使用的论文结构形式也不相同，因此，在写法上可以不拘一格。学生根据自己研究的内容及选用的论文结构形式，用合适的方式表达、撰写。但是，毕业论文又是学术论文的一种，归属于议论文体的类别，尽管文体结构多种多样，写法千姿百态，但仍未超出议论文写作的基本步骤和方法[4]。

毕业论文写作包括拟定题目、写作准备、编写提纲、成文、修改定稿、准备答辩和装订成册等七个步骤。

6.2.1　步骤

6.2.1.1　拟定题目

拟定题目是毕业论文写作的起步，论题定得恰当与否，直接影响整个论文的写作，

关系着论文的质量和效益。

不同的课题所采用的方法不同，撰写毕业论文的方法也不同，对拟定题目的要求也不相同。关于如何选择题目，选题的重要性、原则等，将在 6.2.2 小节中进行介绍。

6.2.1.2　写作准备

论文题目确定之后，应围绕论题做一系列准备工作。由于理论型论文和实践型论文的研究方法、表现方法和手段不同，因此它们的写作准备工作的要求和内容也有所不同，现分别介绍如下。

1. 理论型论文的写作准备

理论型论文是以理论阐述为主的论文。构成论文的主要是论点、论证、论据三个要素，并通过逻辑推理和假说来完成。因此，理论型论文的写作准备主要是分析资料、确立论点。

1) 科学地分析资料，建立正确的论点

论点是作者对某一事物的基本观点。论点与资料的关系十分密切：一方面，论点来自反映某事物的大量资料，这是确立论点必须凭借的客观条件和物质基础；另一方面，对于收集、占有的大量资料，要运用科学的逻辑分析法和统计分析法，对其进行去粗取精、去伪存真、由此及彼、由表及里的加工处理，对事物由感性认识"升华"为理性认识，才能提炼和确立正确的论点。

2) 精选论据

收集的资料很多，要尽可能多地精选足以证明论点正确的资料，这些资料一定要真实、确凿、典型、恰当，其具体选择方法将在 6.2.3 小节中进行介绍。

2. 实践型论文(毕业设计)的写作准备

实践型论文着重于实践过程的描述，包括实践目的、实践要求、实践场地、实践手段，把实践的经过和结果进行描述与分析，最后得出结论。因此，实践型论文的写作准备着重在对实践资料的加工整理。具体来说，应做好如下各项准备工作。

1) 计算与列表

把以往进行实验、调查所做的计算和所得的结果重新进行检查和核对，将计算结果列成表。

2) 绘图

许多实验结果用图表示非常直观明显，有助于进行比较、分析、解释和讨论，能起到文字难以起到的作用，尤其是实践型论文的写作，用绘图表示更方便。

3) 提出结论性意见

要仔细研究与题目有关系的图、表和分类的叙述性观察记录，进行分析比较，找出各项因素之间的关系，提炼出对研究结果的解释意见，并写笔记。

4) 修正审定结论

为使结论准确、客观，必须对暂时性结论进行修正、审定。一方面要反复对已取得的材料进行验证，另一方面根据需要补充一些实验对结论进行验证。如果发现有例外、差异或反常现象，应及时修改结论。

5) 及时做笔记

在进行上述检查与核对工作的过程中，每有见解即做笔记，以免事后忘记了当时的灵感，并分类整理编排，供写作时选用。现在很多学生使用手机录音、录像，从而记录一些资料和数据，这大大方便了毕业设计和毕业论文的写作过程。

6.2.1.3　编写提纲

草拟提纲是毕业生编写毕业论文的重要环节。提纲就是作者根据其确立的论点，选取相应的资料，把观点和资料排队，综合成一个先后有序，前后思路清晰，能够说明问题的论文轮廓。这个轮廓如果停留在脑海里就称为腹稿，如果将腹稿用文字的形式按照一定的顺序有纲、有目、有资料地记载下来，就是提纲。

草拟提纲就是在原有构思的基础上，进一步根据论题要求，审思全文的布局、观点与材料的排列、论文的逻辑展开，对所收集的大量资料进行取舍、增删、调整等，从而把资料组成一个层次清楚、有严密逻辑关系的理论体系。

提纲在写作毕业论文时起重要的作用。有了提纲，行文就有所遵循，文章的起始、结局、分合、详略、衔接在作者的心中就有数，作者写起来就全局在握、目标明确、思路流畅、得心应手、一气呵成。有了提纲，作者可以从自己的实际情况出发选择写作论文的程序和方法。

6.2.1.4　成文

成文是指写作论文的初稿，根据论题要求，按照提纲的次序，把观点、资料组织好，把问题说透彻，使之成为一个有血有肉的、完整的有机体。写作论文初稿的好坏对论文的质量高低有直接的影响。

起草毕业论文，关键是写好本论部分。在写本论部分时必须注意以下四点：

(1) 内容方面应具有论点、论据、论证等。

(2) 结构上应合乎逻辑，顺理成章。也就是，先有资料，然后有概念、判断、推理，最终形成观点。

(3) 写作上要注意辞章，要用准确、鲜明、生动的词语把文章表达出来，简明精练，通俗易懂。

(4) 在写作时间上，写作本论必须在完成认识某一客观事物的过程中形成正确的观点、规律和理论，实现预期的研究目的之后才进行，而不能在研究工作的开始或中途就写。否则，写不出好文章。

6.2.1.5　修改定稿

毕业论文写完初稿后不会十全十美，必须经过认真修改、反复锤炼，才能成为一篇好论文。修改文章是对课题认识的深化过程，是定稿的基础工作，又是毕业论文写作过程中的关键环节。修改情况直接关系毕业论文的质量。

修改论文就是找出文章的"毛病"和掌握修改文章"毛病"的方法。关于修改毕业论文的方法和内容将在 6.2.8 小节中进行介绍。

6.2.1.6　准备答辩

答辩是毕业论文写作过程中的最后一个环节，答辩能否通过，以及答辩水平的高低，直接影响毕业论文成绩的高低。答辩成绩是构成毕业论文成绩的重要因素。答辩成绩又取决于答辩前的准备及答辩中的临场发挥。因此，准备答辩必须引起高度重视。

准备答辩包括思想准备、答辩内容准备和物质准备，其具体内容将在 6.3 节"毕业论文和毕业设计的答辩与指导"中进行介绍。

6.2.1.7　装订成册

毕业论文完成后要按一定的次序排列，并装订成册。

1. 毕业论文装订成册

按照高等学校毕业论文的教学要求：学生的毕业论文修改定稿后，必须打印两份，一份送缴指导教师审阅评分，一份送缴资料室存档供日后查阅。毕业论文要保证完整性，防止出现掉页和磨损的现象。通常要求打印或抄写的纸张要坚韧，要选用标准 A4 开本 210mm×297mm 的纸张，最好用高等学校专门印刷的毕业论文稿纸并加上较厚一点的封面纸装订成册。毕业论文封面参考样式如表 6-2 所示。

2. 毕业论文装订成册的内容次序

为了统一、美观和便于评审、查阅，装订成册时，毕业论文内容必须按照统一的次序排列，常见的参考排列次序如下所述：封面、扉页或毕业论文评审意见登记表、目录、内容提要、正文、参考文献、附录或附件。如果论文的附录或附件材料较多，也可将附录或附件材料单独装订成册，作为论文的副本、衬页、封底。

表 6-2　毕业论文封面参考样式

××大学××学院

××毕业论文

(20××届)

论文题目＿＿＿＿＿＿＿＿＿＿＿＿

院　　系＿＿＿＿＿＿＿＿＿＿＿＿
专　　业＿＿＿＿＿＿＿＿＿＿＿＿
年　　级＿＿＿＿＿＿＿＿＿＿＿＿
学生学号＿＿＿＿＿＿＿＿＿＿＿＿
学生姓名＿＿＿＿＿＿＿＿＿＿＿＿
指导教师＿＿＿＿＿＿＿＿＿＿＿＿

××××年××月××日

6.2.2　选择题目

6.2.2.1　选题的重要性

毕业论文的选题，是指学生在指导教师的指导下确定的论述范围或研究方向，须解决"写什么"的问题。选题是否合适直接影响毕业论文的质量或水平高低,其重要性体现在以下两个方面[5]。

1. 选题是论文的关键

美国威尔逊教授曾说过:所谓优秀科学家,主要在于选择课题时的明智,而不在于解决问题的能力。由此可见选择课题的重要性。

盲目选择课题,作者常常会写不下去。如果选题不科学、不合理,就会导致整个工作无意义或者长期得不到结果。确定一个合适的选题,作者会愉快地从事调查研究,收集资料,动手写作。有的学生的选题范围太大,超过了自己的水平能力,结果是"老虎吃天,无从下口"。

2. 选题为工作实践奠定基础

撰写毕业论文,是毕业生运用在学校所学理论知识来解决实际问题,是为毕业后继续从事理论探讨和科学研究做准备。一个好的课题,如果研究得比较透彻,就会为毕业后从事该项工作带来很大的方便,并且容易获得成果。

6.2.2.2 选题的原则

要能够正确而恰当地选题,必须遵循选题的有关原则。一般来说,毕业论文的选题应遵循以下原则。

1. 客观性原则

客观性原则是指毕业论文的选题要紧密联系客观实际,符合事物发展的规律。

选题的客观性原则包含以下两层意思:

一是必须在客观现实确实存在的事物中选题。例如,有一位毕业生在撰写毕业论文时,以"试论××地区企业'三角债'的成因及其对策"为选题,不仅顺利地通过了答辩,而且对解决"三角债"的实际问题起到了一定的作用。

二是选题必须符合事物发展的客观规律。如果选题违背了客观规律,即使是大科学家,也撰写不出好的论文。例如,牛顿在晚年由于受唯心主义世界观的影响,转而研究"上帝存在"的论题,结果可想而知。

2. 创造性原则

创造性原则主要体现在选题的难度和新见解两个方面:

一方面是选题要有一定的难度,要有利于挖掘作者的潜力,发挥其创造精神。选题如果要求太低,就不可能撰写出好的论文。就像在树下人人都能摘到的果子未必是好果子,而不被人发现或不易摘到的果子可能是好果子。

另一方面是要有所创新,在前人的基础上有所突破,提出新见解。为此,要做到两点:一要认真查阅资料,积累知识,了解他人在这个领域已有的发现和成果,避免重复工作;二要积极思索,不思索不可能有创见。

3. 科学性原则

科学性原则是指选择的课题要有科学价值。

选题的科学性可以从以下三个方面进行考虑。

1）现实价值

毕业论文选题的现实价值体现在以下三点。

(1) 根据现实需要选题。

在生产实践、科学实验中，总有一些亟待解决的问题，可以从中选择论文课题。

(2) 对现有观点进行补充和完善。

事物总是不断发展变化的，前人并不可能都预先论述完，即使已确定的理论在新条件下也未必正确，还需要不断进行完善。

(3) 纠正流行说法中的谬论。

流行的观点(或称"伪科学")虽为大多数人所认可，但未必都是正确的。

2）历史价值

毕业论文选题的历史价值是针对选择写历史题材的论文而言的。也就是在历史研究领域中，对历史事件、历史人物，以及某些说法的评价。

3）学术价值

毕业论文的学术价值体现在对学术问题的探讨上，如对经典著作中某些议论的考证；对历史人物生平、事迹的考证；对古典作品所具有的学术思想的探讨等。

4. 可能性原则

可能性原则是指毕业论文的选题必须与自己的主观条件相统一。每个人的知识水平、兴趣爱好、实践经验、资料占有等情况各不相同，一定要从自己的实际情况出发确立合适的选题。具体来说，可能性原则是从以下四个方面进行考虑：

(1) 选题要利于发挥自己的知识特长；

(2) 对选题要有浓厚的兴趣；

(3) 选题要考虑收集和查找资料的可能性；

(4) 选题要尽可能早，为论文写作留有充分的时间。

6.2.3　收集材料

6.2.3.1　材料在论文中的作用

选题确定之后，就要根据题目要求收集材料，即解决用什么样的内容来证明作者的观点和看法的问题。再好的选题，没有材料也就无法动笔。材料在论文写作中具有以下作用。

1. 材料是构成文章的要素

材料是指作者为了某一写作目的，收集或写入文章之中的事实和理论依据。事实是指来自社会生活与社会实践的具体事实和结果，属于直接材料；理论依据是指前人总结出来并经实践证明已是正确无误的道理、定理、原则等，属于间接材料。

论文的内容包括材料与主题；论文的形式包括结构与语言、表达方式。内容是主要的，第一位的；形式是用来反映内容的，是第二位的。论文内容中的材料与主题的关系是非常密切的。主题是在材料的基础上产生的一种抽象理念，主题是第一位的，但材料也很重要。主题好似人的灵魂，材料好像人的血肉，灵魂脱离血肉就无可依托。可见，论文没有材料与主题就会成为无本之木、无源之水。一篇好的论文，首先应该材料充实，让人有一种血肉丰满的感觉。材料在科技论文中要占全文 70%以上的文字[6]。

2. 材料是产生、表现主题的基础

撰写论文的目的是表达某种思想、观点或认识。这种思想、观点或认识都是从实践中获得的大量材料中概括、总结出来的。离开了社会实战，缺乏丰富的、合乎客观实际的材料，就不可能有文章主题的产生。

总之，材料是文章的要素，是产生和表现主题的基础。只有充分认识了材料的重要性，并在材料工作上下功夫，占有尽可能多的材料，在写作时才能文思不竭，写出好文章。

6.2.3.2 材料的收集与鉴别

1. 材料的来源

文章是社会存在的反映，社会客观存在是文章材料的来源。具体来说，作者获取写作材料不外乎两个方面：一方面是从自己的社会实践中获取，这是直接方式得到的；另一方面是通过阅读和研究已被前人实践证明的正确理论、观点和学说而获取的间接材料。作者直接获取和间接获取的材料，对于写不同类型的文章，其侧重点也不尽相同。例如，对于文艺作品的作者，社会生活是其作品材料最主要的来源；对于学术论文的作者，直接材料和间接材料对其都非常重要。

2. 收集材料的原则和方法

占有材料是写文章的基础。日新月异的当今社会，知识量呈几何级数增加。要想在繁多的材料中收集到自己需要的材料，就必须遵循一定的原则和方法。

1) 收集材料的原则

收集材料的原则为明确目的、注重新颖、着眼价值和注意准确。

2) 收集材料的方法

收集材料的方法在这里主要介绍以下两种。

(1) 观察和调查。作者深入社会实践，亲临现场抓第一手材料，这是获取写作材料最基本的方法。

(2) 利用笔记、摘录、卡片、资料剪辑、目录、索引等有效方法收集材料。

3. 材料的鉴别

材料的鉴别是指作者对收集到的材料进行认识和分辨，是使材料去伪存真、去粗取精的过程。通过材料鉴别，剔除材料中的伪、粗、略部分，留下真、精、优部分，以提高论文的质量水平。

鉴别材料的主要方法有以下三种。

(1) 查核。

查核是指查证、核实，是确定材料是否真实、准确的好方法。

(2) 比较。

比较是指通过对同一类材料进行对比来确定材料的正误、优劣的方法。

(3) 鉴别。

鉴别是指对材料进行具体、细致的分析研究，鉴别材料的真伪，得出合乎实际的结论。

6.2.3.3 材料的选择与使用

1. 材料选择的原则

材料的收集鉴别工作称为占有材料。在占有材料之后，还要对它们进行细心的选择与恰当的安排，以阐发、说明、论证主题。对占有的材料进行取舍，即为选择。

选择与鉴别是有区别的。鉴别属于占有材料的范畴，是作者对收集到的材料的真伪、优劣等的认识；选择则体现为作者对已有的材料，即对已经鉴别的材料根据需要进行取舍。选择材料，贵在一个"严"字。

一般来说，选择材料应遵循以下两个原则。

1) 根据主题需要决定取舍

选择的首条标准，就是根据文章主题的需要，决定材料的取舍。这是因为，主题是一篇文章的灵魂，是作者的目的所在，作为支撑"灵魂"的材料，必须与"灵魂"一致。因此，和主题有关并能有力地说明、烘托、突出主题的材料就留下，否则就舍去。

2) 选择典型的材料

通过个别反映一般，通过典型反映共性，这是所有的文章反映现实生活和客观事物的一条共同规律。

2. 材料使用要灵活、巧妙

同样的材料，不同的使用方法会产生不同的效果。材料的使用直接关系主题的表现，不能掉以轻心。使用材料重在一个"活"字。材料吃得透，运用就灵活；笔下功夫深，材料就生动活脱。

一般来说，使用材料要注意以下三个方面的问题。

1) 详略得当

论文材料的使用应根据主题决定详略。主题是材料使用的重要依据，能够直接而深刻地表现主题的材料要详写；与主题关系不大的材料要写得概括、简略；新颖的、鲜为人知的材料要详写；熟悉的、尽人皆知的材料宜略写；论述型论文一般使用概括性材料；综述型论文的材料要细致。

2) 有逻辑顺序

撰写论文不能把所有的材料杂然并存，得把它们分类、排队，然后有条不紊地一一叙述。分类、排队时，一定要考虑材料的作用大小、时间先后、材料间的逻辑联系等因素。

3) 错落有致

错落有致是指交错使用相关的各类材料，互相印证，互为补充，以充分表现主题，同时又可使文笔灵活多变。

总之，材料积累要丰富，选择要严格，使用要灵活多样，只有建设好材料库，毕业论文的写作才有坚实的物质基础和保证。

6.2.4 毕业设计任务书

毕业设计的选题确定之后，必须以设计任务书的形式落实到人。科研工作者接受设计任务书后，就标志着该课题的交办单位和承办人都已经同意。设计任务书在一定情况下还可以产生法律效力。

1. 毕业设计任务书的内容

毕业生的毕业设计任务书是向学生下达任务的文件，发给学生人手一份。其内容一般包括：

(1) 院系、专业的名称，学生的姓名；

(2) 毕业设计的目的和要求；

(3) 毕业设计的题目及主要内容(包括研究专题及技术要求)；

(4) 毕业设计的原始数据与资料；

(5) 毕业设计任务书应该论述的内容；

(6) 应该完成图纸的名称、规格与数量，实验与要求；

(7) 指导教师的姓名；

(8) 顾问教师的姓名及其所负责指导部分的内容；

(9) 主要的参考资料。

2. 毕业设计与毕业论文任务书的格式

毕业设计与毕业论文任务书可以简单制成表格，便于填写。

在毕业设计开始前，由指导教师指导学生拟定详细的毕业设计进度表，经教研室主任批准后执行。毕业设计进度表的内容包括起讫日期、周次；各设计阶段名称及其占工作量的百分比，各设计阶段的详细项目及其占工作量的百分比；检查周次；检查结果区学生完成设计工作的程度。

学生接到毕业设计任务书之后，要认真了解整个设计的目的、依据、标准、内容和基本要求，同时，还要认真学习国家的方针政策。这是因为一个好的设计，不仅要技术先进、投资最小，而且要符合国家的建设方针和技术政策。

6.2.5　确定设计方案和绘制设计图纸

6.2.5.1　确定设计方案

一个工程设计的设计过程一般可分为三个阶段：一是可行性研究阶段；二是初步设计阶段；三是施工图设计阶段。由于教学时间的限制，在毕业设计的过程中要使每个学生全面完成三个阶段的设计过程是不可能的，但必须使学生熟悉和掌握工程设计的全过程。

可行性研究阶段主要是研究课题设计的有关计算参数，估计所需技术问题的主要指标，同时确定初步研究方案及对所需设备进行选型。

初步设计阶段是在可行性研究阶段工作的基础上进行的。这一阶段除要明确设计的有关参数资料外，重点是研究设计的一般原则、重要的和主要的设计决定，对专题进行阐述，提出主要技术经济指标及动力消耗情况，按概算要求编制专业工程概算。

施工图设计阶段是在初步设计阶段的基础上进行的，必须按照初步设计时所研究的基本原则进行。为了施工、安装的方便，施工图必须绘制平面布置图、剖面图、系统图和大样图等，同时要附以必要的统计说明。为便于做好施工前的准备工作，还必须提供所用的设备、材料明细表，在施工图的设计过程中与有关专业密切配合，及时向有关专业提出本专业的特殊要求。

工程设计，特别是结合实际任务的设计，是一种严肃、细致的技术工作。如果错画一笔，就会使企业或单位蒙受损失。因此，对待设计工作，特别是施工图的设计，一定要严肃认真、一丝不苟。

6.2.5.2　绘制设计图纸

图纸是工程师的语言。设计图纸要能较好地表达作者的设计意图。绘图要符合制图标准，并用工程字注文。图面要整洁，布局要合理。主要图纸应基本达到施工图的要求。图纸一般为 4～5 张(以 1 号图纸计算)。在工程中，土木类图纸分为结构建筑施工图、构件图等，机械类图纸分为零件图、组装图，泥工类图纸为工艺图等。

6.2.6　标题、论点和论证

6.2.6.1　标题的确立

标题又称题目，是毕业论文的有机组成部分，也是毕业论文的眉目。"题"是前额，"目"是眼睛，前额和眼睛都是人身上最显眼的、不可缺少的有机组成部分。同样地，题目是毕业论文不可缺少的组成部分。

1. 标题与主题的联系

毕业论文的标题是对论文的思想内容最集中、最鲜明、最精练、最高度的概括。它对于突出毕业论文的主旨，表达思想内容，吸引读者的注意，有着十分重要的作用。

毕业论文的标题与主题之间有十分密切的联系，这种联系主要表现在主题通过标题反映；标题为主题服务。具体来说，标题与主题的关系有以下三种情况。

1) 标题直接揭示论文的主题

主题是论文的灵魂和统帅，论文的标题直接将论文的主题揭示出来，就可以使读者清楚地了解论文所要说明的基本论点或中心论点，如"论科学技术是生产力的现实表现""改革创新是发展生产力的必由之路"等。

2) 标题用提问的方式强调论文的主题

提问式标题强调论文的主题，可以使读者产生急于读下去的兴趣并给人以鲜明的印象，如"如何在数字化转型浪潮中保持企业的核心竞争力？——一项基于策略与技术融合的探索"。

3) 标题标明论文写作的内容和范围

标题标明论文写作的内容和范围，可以使读者对论文所涉及的主要内容或范围一目了然，有助于读者理解文章的内容，如"企业与世界经济接轨的实践研究"。

2. 标题的形式

毕业论文的标题形式较多，一般常用的基本形式如下所述。

1) 正标题

正标题又称总标题，是与副标题、小标题相对而言的。正标题的表现形式为单行标题，多数毕业论文都是采用这种标题形式，如"完善企业领导新体制的几点设想"。凡没有副标题和小标题的标题均不称为正标题，而称为标题或题目。

2) 副标题

副标题常用于具体说明毕业论文的内容和范围，一般还起着对正标题进行补充、说明或加以限制的作用。副标题一般附设在正标题之后，转行排，文字前最少缩进两个字符且须加上破折号，如：

一项极其重要的工作(正标题)

——浅论水土流失现状及其对策(副标题)

3) 小标题

小标题又称分标题或插题，是分别穿插在毕业论文中的小标题。小标题有使毕业论文层次清楚、重点突出、更加醒目、减少过渡文字和缩短篇幅的作用。一般来说，内容丰富、篇幅较长的毕业论文，多在某些段落的前面加上一个小标题，以对所述内容做一概括。有时，在段落前也可不加小标题，而只用"一""二""三"等序号分开。

在具体使用标题形式时，要根据毕业论文的内容和篇幅长短等情况灵活运用。

3. 标题的要求

毕业论文标题的基本要求是贴切、醒目、新颖、简洁。

6.2.6.2　论点的确立

论点是毕业论文三大构成要素之一，它的确立直接关系到毕业论文的质量水平。

1. 论文的中心论点

论文的中心论点，即常说的论点，是作者在文中的观点、见解和主张，是作者在收集大量的材料后，对材料进行分析研究形成的见解和提炼的结晶。

确立毕业论文的论点，首先要确立全文的中心论点。中心论点是全文的"纲"和"灵魂"，其重要性有以下三个方面。

(1) 中心论点处于"一身之主"的地位。衡量一篇毕业论文的质量、价值、效果等，就是看它的中心论点如何。

(2) 中心论点贯穿全篇，统帅全文。一篇毕业论文材料的取舍、结构的设置、语言的适用，乃至标题的拟定，都要根据中心论点的需要加以确定。

(3) 中心论点具有全局性和战略意义，只有它能贯通首尾。举一纲而万目张，一篇毕业论文只能有一个中心论点，其他的论点只能是下位论点或分论点。

分论点从属于中心论点，它具体深入地阐释和证明中心论点的作用。分论点之间的关系有三种类型：第一种是分论点之间是并列关系；第二种是分论点之间是递进关系；第三种是以上两种关系的交叉，分论点之间既有并列关系，又有递进关系。

2. 中心论点的要求

中心论点的具体要求主要有以下四个方面。

1) 正确

正确是指中心论点要坚持大方向，符合时代潮流，坚持四项基本原则，符合党和国家的路线、方针和政策，有利于国家建设，推动社会主义事业更好地向前发展。

2) 深刻

深刻是指中心论点对所要反映的问题透彻深入，击中要害，揭示本质，提出带有普遍意义和方向性的根本问题，并提出解决问题的方法。

3) 集中

集中是指中心论点要单一、明确和突出。一篇毕业论文只能有一个中心论点，也就是文章的"致力点"和主攻方向。多中心论点是毕业论文写作的大忌，不能面面俱到。

6.2.6.3　论证的种类和方法

1. 事实论证和理论论证

按论据的不同性质划分，论证可分为事实论证和理论论证。

事实论证是指论文是以事实为主的论证。它要求作者选择事实要真实、典型、全面，以增强说服力。

理论论证是指论文是以理论论证为主的论证。它要求作者不仅具有较高的理论素养，而且所引用的理论必须是真理，具有科学性。

2. 正面论证和反面论证

按论证的不同角度划分，论证可分为正面论证和反面论证。

正面论证是以真实、典型的事实作论据，从正面说明论点的正确性，通常叫作"证明"。反面论证是指运用事实和科学理论作论据，从反面揭露和批驳错误的论点，从而说明自己的论点正确的论证方法，也称"反驳"。

证明与反驳，其实质都是为了证明自己的论点正确，因而它们是互相联系的。

3. 直接论证和间接论证

按论据和论点之间的不同关系划分，论证可分为直接论证与间接论证。

直接论证是用论据直接说明论点的正确和错误，不"绕圈子"；间接论证是用论据证明与原论点相对立或相关论点的错误(或正确)，从而确定原论点正确(或错误)的一种论证方法。

4. 归纳论证、演绎论证和类比论证

按论证过程中所运用的逻辑推理形式的不同划分，论证可分为归纳论证、演绎论证和类比论证。

6.2.7　草拟提纲

撰写毕业论文，在收集材料后动笔写作前，一般都要经过编写论文提纲的过程，这是毕业论文写作的一个重要环节。

6.2.7.1　编写提纲的意义

1. 提纲有利于作者理顺思路

思路是思维活动的轨迹。作者在确定论文题目以后，面临零乱的、不系统的材料还不能写成论文。这时，作者需要进行精心、周密、细致的思考，形成一条明晰、畅达、连贯的思路。因此，编写提纲的过程就是理顺思路，形成粗线条的论文逻辑联系、框架结构的过程。

2. 提纲有利于作者谋篇布局

一篇毕业论文洋洋洒洒数万字，对于一个初学写作的人来说，没有全局在胸，是难以写成的。论文提纲是由序码和文字组成的逻辑结构图。有了它，才容易把握论文结构的全局，才容易使论文中心突出、层次分明、结构紧密、有较强的逻辑关系，写作起来就比较容易。

3. 提纲可避免写作上出现大的失误

如果不编写提纲，就会出现"下笔千言，离题万里"的现象。因为作者未经谋篇布局的总体设计，对材料什么都想要，什么都想写，思想活动如脱缰的野马，狂奔乱跳，无法驾驭。虽费九牛二虎之力把论文写出来，但指导教师一看，大概率得推倒重来，这样做既浪费时间，又花费精力。为避免论文写作发生大的失误，应先拟一个提纲交给指导教师审阅，得到审阅意见后再动笔写，这样就可以少走弯路。

总之，编写提纲是毕业论文写作过程中不可缺少的重要环节，必须认真对待。

6.2.7.2 编写提纲的步骤

编写论文提纲，一般要经过构思、编写和修改几个步骤。

1. 提纲构思

提纲构思包括思想内容的构思和思想方法的构思两个方面。

1) 思想内容的构思

论文思想内容的构思过程，实际上是论文作者对所写问题进行课题研究的过程。为此，有两点要求：一是通过课题研究，弄清所写课题的来龙去脉，这就需要了解问题的历史与现状、理论与实战、政策和工作情况、原因与对策，逐步完成提纲写作；二是通过课题研究，激发创造性思维，使课题有新的创见。

2) 思想方法的构思

思想方法的构思，是指思考如何将零乱的思想梳理伸展、组织成篇。思路梳理可以从两方面入手：一方面是根据客观事物文化发展的规律来考虑，抓住事物的内在联系，按照事物变化发展的逻辑顺序梳理伸展，这样思路也就疏通和连贯了。另一方面是根据写作意图来考虑。文章结构一定要服从写作意图的需要，从表现主题思想出发。文章的布局、结合顺序、穿插分合、开头结尾都是为了主题。

2. 提纲编写

毕业论文的提纲，一般应包括以下三部分。

(1) 论文标题及副标题。

(2) 论文的写作意图，包括选题理由、价值、中心思想、总论点等。

(3) 内容纲要。这是提纲的主要内容，也是论文结构的骨架，包括从哪些方面、以什么顺序论述总论点，大的部分安排妥当之后，再逐个安排每个部分内的下位论点，直到段一级，并写出段一级的论点句。

3. 修改提纲

编写提纲的过程，就是对论文的构思用序号和简明扼要的文字再现于纸上的过程，是对思路的加工、整理、提高的过程。

修改论文是编写论文过程中重要的内容，通常编写与修改同步进行，最终修改结束，编写过程才能算结束。

6.2.7.3　论文提纲的构建方法

毕业论文分为专业论文和调查报告，由于它们的文体和写作要求不同，其提纲框架的构建也应有所不同。

专业论文是毕业论文的主体，是用立论(或驳论)、论证、说理的形式对所学或所感的问题发表见解，表明立场观点，提出对策措施。它要求观点鲜明，理论深刻，论证严密，见解独到，结构严谨，丝丝入扣。下面介绍三种专业论文提纲构建的常用方法。

1) 提出问题、分析问题、解决问题的三段式

例如，题为"承包企业短期行为的症、诊、治"的毕业论文，借用医生治病的逻辑思维过程构建如下提纲：首先以简短的前言引出问题，其次分析外部原因和内部原因，最后做一个简短的结论。

2) 辐射扩散式

中心论点好比一个光源，向四面八方辐射、扩散，形成论文的提纲。例如，题为"试论会计改革"的毕业论文，围绕论文标题所引出的中心论点，从会计改革意义、改革方向、改革目标、改革方针、改革保证等方面进行论述。

3) 层层剥皮，触及核心

层层剥皮，触及核心这种方法遵循人们认识事物的一般规律，由现象到本质、层层深入，探寻事物发展变化的内在联系，即规律性。

6.2.7.4　提纲的要求

提纲的要求是指毕业论文的提纲经过构思、编写，其框架结构的样子。毕业论文提纲的要求包括以下三个方面内容。

1. 详略得当

一般来说，毕业论文的提纲应详细，把大、分、小三级论点都尽可能地列出来。但是，提纲毕竟是提纲，也不可太详细。

2. 表现形式规范

一般来说，提纲各部分、各层次有以下六种形式：隔行式、数字标码式、标题式、序号标题式、句子式和序号句子式。

整篇毕业论文的提纲，就是用序号、标题、句子组成一套逻辑体系。

3. 具有综合性、整体性

提纲是毕业论文谋篇布局的总体设计，应当具有综合性和整体性。综合性是指提纲要把论题、观点、材料、结构组成一个统一的结合体。整体性是指所编提纲的各部分不是机械相加、彼此孤立、互不相干，而是从整体出发，统筹安排，纵横相连，首尾呼应，层层紧贴，丝丝入扣[7]。

6.2.8　起草、修改与定稿

6.2.8.1　毕业论文的起草

草拟毕业论文，必须要确定毕业论文的表现角度和掌握毕业论文的谋篇艺术。

1. 毕业论文的表现角度

毕业论文有以下两种不同的表现角度的方法。

(1) 属于"立论"范畴的有两种写法：一是把握精神，全面剖析，即对某一论题进行前前后后"面面观"；二是抓一点进行重点阐发，即选择某一有意义的问题、某一薄弱环节或某一新颖角度，深入讨论，发表自己的见解。

(2) 属于"驳论"范畴的有两种写法：一是选择有争议的选题，比较各种不同论点的得失优劣，树立自己的正确观点。二是选准"靶子"批驳陈说，即将某一错误论点作为"对立面"批驳其谬误、偏颇之处，在批驳之中"立"起正确的论点。

在起草毕业论文时，选用表现手法还应注意以下三点。

(1) 首尾照应，浑然一体。

毕业论文的开头，应提出问题，随后分析议论，最后提出解决问题的办法，作出综合性的小结。

(2) 刻意创新，不落俗套。

毕业论文的写作，一定要充分发挥创造性才能，设计出新颖脱俗、精巧多样的篇章。

(3) 注重文气畅通，文采华美。

过渡是使文章畅通的重要手段。要把一段段文字、一层层意思衔接得严丝合缝，聚合成浑然一体的文章，就必须运用好的过渡。

2. 毕业论文的谋篇艺术

毕业论文的谋篇艺术就是在掌握大量材料的基础上，根据毕业论文的选题，做到"纲举目张"和"顺理成章"。

1) 纲举目张

论文结构的要诀在于"纲举目张"。"纲举"就是要高举提纲这面旗帜。"纲"是总论点、中心论点、主题。

2) 顺理成章

没有"理"不成文章；理不通，也不成文章；顺理而论，自成文章。

6.2.8.2　毕业论文修改的方法

任何人写文章不可能一下就尽善尽美，使正确的思想内容与完美无缺的形式统一起来。只有通过精心修改、反复锤炼才能使文章日臻完美。

修改文章是写作的重要环节，贯穿在每篇文章的写作过程。任何好的文章都是改出来的。有的文章修改十几遍，甚至几十遍。毕业论文修改有以下三方面的方法。

1. 统观全文，着眼全篇

修改毕业论文，要从文章的全局出发，通盘考虑各部分内容及其表达方式，对于大大小小的修改都要从是否有利于更正确、更有力地表现文章的主题去衡量。为此，在修改过程中，要反复进行研究。

2. 朗诵推敲

汉语的字、词都有音的和声调，好的语言总是音书和谐、感人上口的。文章是用自己的语言写的，采用朗诵推敲的方法，常常可发现其中的不足之处。因为文章"理不足读不下去，气不盛读不下去，情不真读不下去，词不雅读不下去，起处无用意读不起来，篇终不混茫读不了结"，所以文学大师都喜欢用朗读的方式来修改文章。

3. 搁置琢磨

搁置琢磨是在初稿完成后，暂时搁置数天，等自己的头脑冷静下来，思想也跃出初稿的框框后，再拿出来仔细琢磨修改。

6.2.8.3 毕业论文修改的内容

毕业论文的修改内容包括思想和形式两个方面。思想方面的修改，主要是对主题、观点、材料的进一步斟酌、变动、增删；形式方面的修改，是指结构的调整、语言的润饰和表达方式的修改[8]。

1. 主题的改动

修改毕业论文必须首先审查主题的提炼是否正确，是否达到了应有的思想高度；仔细斟酌主题表达得是否鲜明、集中。如果发现主题不正确或抓得不准，就必须重新认识，对全文进行重大的修改，甚至推倒重写。

2. 观点的修改

观点是文章的灵魂。对于毕业论文的初稿，指导教师首先要审查其观点是否正确，提法是否恰到好处。因此，毕业论文的作者首先要进行观点的修改。观点修改有以下三种情况。

1) 基本观点错误

基本观点是指文章的基本论点或总论点。基本观点错误，其他一切论点、论据都不足以成立，整篇毕业论文也就站不住脚了。

对于基本观点错误的毕业论文，小修小改是无济于事的。作者应该重新阅读有关资料，认真研究论题。

2) 观点主观、片面

观点主观、片面有以下三种突出的表现形式。

(1) 好走极常，只顾一头。

这种情况往往出现在当学术界指出某一种观点错误时，为订正这种错误的观点针锋相对，又走向另一极端，缺少辩证法所要求的全面性。

(2) 主观武断。

有的作者往往缺乏根据或在对资料不做认真分析的情况下，就在毕业论文中妄下断语。

(3) 望文生义。

有的作者对别人的学术、观点或论述，不做全面了解和认真研究，抓住片言只语，望文生义，牵强附会，无限推论。

提倡有新见解，但只有进行艰苦的探索，才能提出科学的新观点。

3. 材料的修改

修改材料主要是指对毕业论文引用的材料进行增加、删减或调换。

1) 增加材料

增加材料主要是指文章有观点，但缺少具体材料，显得空洞、没有说服力，需增加材料。

2) 删减材料

有人认为引用的材料越多，内容就越充实，不忍心删掉苦心得来的材料。但其实，毕业论文引用的材料过多，就会显得臃肿，还会淹没观点，冲淡主题。因此，对无用的材料、可用可不用的材料要一律删去。

3) 调换材料

在修改毕业论文时，发现引用的材料存在以下问题之一时就要进行调换。

(1) 材料不真实，失去了论证的力量，甚至使人对论证的正确性也产生怀疑；

(2) 材料不典型，不能确切地证明论点；

(3) 作者对材料的理解有误，强为引用。

毕业论文中引用的材料叫论据，它是论点成立的依据，也是论文的重要组成部分。因此，有以下对引用材料的要求：一是必要，即引用的材料必须说明观点；二是准确，即要如实引用，不能歪曲原意；三是合适，即材料引用要恰当，不多不少，恰到好处。

4. 结构的修改

结构是文章内容的组织和安排形式。毕业论文的结构反映了作者对论题的思考步骤。思路不清，结构就会混乱。毕业论文的结构通常由引论、本论、结论三部分组成，在这三个结构层次中，修改开头、调整层次和段落、修改结尾是相对应的主要修改方面。

1) 修改开头

毕业论文的开头，一般要开门见山：或"落笔入题"，说明本文论题；或"开宗明意"，提出基本论点；或"单刀直入"，挑明论敌谬误；或"引类作比"，切入论题；或"说古论今"，切入题目。一般毕业论文易犯的错误是兜圈子、说废话，久久不能入题。

2) 调整层次和段落

层次和段落的划分与安排，形成了毕业论文的骨架，反映了毕业论文内容的脉络和论证过程，是毕业论文结构的中心问题。毕业论文的层次要清楚，段落要分明，划分和安排要合理。否则，论点之间、论点与论据之间缺少内在的必然联系，就会使人感到意思不连贯，内容东拉西扯，论证缺乏逻辑性。这样的毕业论文就需要在结构上进行大变动或小调整。

3) 修改结尾

毕业论文的结尾与开头同样重要，它是阐述问题的终了，全篇内容的结局。巧妙地运用结尾方法，归拢全文，结而不尽，既使全文首尾圆合，又能收到"言有尽而意无穷"

的效果，令读者掩卷遐想，余味深长。好的结尾或总结全文，点明题旨；或启示未来，给人鼓舞；或语意含蓄，耐人回味；或饱含哲理，发人深省。

总之，结尾要能给人以深刻印象。如果毕业论文的结尾或三言两语、草率收场，或当断不断、拖泥带水，则应对其进行修改。

6.2.8.4　毕业论文的定稿

毕业论文经过以上修改即可定稿。定稿的构成形式如下。

1）论文的标题

经过确定的论文标题要求准确、简练、醒目、新颖。

2）目录

篇幅长的毕业论文要写出目录，使读者一看就可知论文的内容。目录要标明页数，以使读者阅读方便。

3）内容提要

毕业论文的卷头有的写序文，没有序文的要写内容提要。内容提要要求把毕业论文的主要观点提炼出来，便于读者一看就能掌握论文内容的要点。内容提要应有高度的概括力，全面反映毕业论文的要点，语言简洁、明确、畅达。

微课

4）正文

正文是毕业论文的主体和核心，它区别于"序言""提要""注解""附录"等。

5）参考文献

毕业论文的卷末要列出引用的参考文献。这样做的好处：一旦发现引文有差错，便于查找；审查者从所列的参考文献中，可以看出毕业论文的作者阅读材料的范围和努力程度，便于考察。但是，毕业论文所列参考文献书目必须是主要的，学术性较强的。

6）毕业论文的装订

毕业论文的有关部分全部抄写或打印后，经审查，再没有问题时，即可把它装订成册，再加上封面。

6.3　毕业论文或毕业设计的指导与答辩

毕业论文(毕业设计)在完成过程中需要指导，在完成后通常需要进行答辩以检查学生是否达到毕业论文(毕业设计)的基本要求和目的，并评价和衡量学生毕业论文(毕业设计)的质量。毕业论文(毕业设计)指导是有一定的程式和技巧的，毕业论文(毕业设计)答辩也是一个非常重要的形式和过程，它是一种有组织、有准备、有计划、有鉴定、正规的审查毕业论文(毕业设计)的重要形式。在答辩过程中，学生需要口述总结自己毕业论文(毕业设计)的主要工作和研究成果，并对答辩委员会成员(主要是主答辩教师)所提问题做出回答。答辩是对学生的专业素质、工作能力、口头表达能力，以及应变能力进行考核，是对学生知识的理解程度、技能的掌握程度做出判断，是对该毕业论文(毕业设计)课题的发展前景和学生的努力方向进行最后一次的面对面教育[8]。

6.3.1 指导

毕业论文(毕业设计)指导一般包括选派指导教师和明确指导目的、要求两个方面的工作。

6.3.1.1 指导教师的地位和作用

在写作毕业论文和作毕业设计过程中，学生是学习和实践的主体，指导教师则发挥着主导作用，两者是教与学的关系，教师的指导是十分重要的。教师的指导作用体现在以下三个方面。

(1) 教师通过指导，告诉学生如何写作毕业论文与进行毕业设计。由于学生第一次写作毕业论文或进行毕业设计，心中无数，甚至有紧张的心理状态。指导教师的介绍，使学生对毕业论文(毕业设计)的目的、要求、步骤和方法有所了解，做到心中有数，才能有计划地进行。

(2) 教师的指导能为学生排忧解难，把关定向，使学生的毕业论文(毕业设计)的写作得以顺利进行。学生在毕业论文(毕业设计)的写作过程中，不可避免也会遇到难以解决的问题。指导教师可以从实际出发，抓住重点、难点和关键环节进行启发诱导，辅导答疑，辅助学生及时解决疑难问题，排除"拦路虎"。

(3) 指导教师水平直接影响学生毕业论文(毕业设计)的质量。学生毕业论文(毕业设计)的好坏、质量的高低，固然与学生的学业基础、积极性、创造性发挥有着直接的关系，但与指导教师的指导水平、指导方法和责任心有着密切的关系[10]。

6.3.1.2 毕业论文指导

1. 准备工作

1) 指导学生端正写作态度

撰写毕业论文，学生容易产生两种思想倾向：一是怕；二是骄。"怕"是怕写不好，心中无底；"骄"是满不在乎，轻率上阵。指导教师要针对这两种思想做好教育工作。

2) 指导学生选好论文题目

指导教师要向学生讲清选题的目的性，介绍有关资料，选择有研究价值的问题，要依据主客观条件，量力选题。

3) 向学生介绍研究方法和文献资料

指导教师根据选题类别，向学生介绍本选题的研究方法、需要查找哪些文献资料及如何查找，指导学生做文摘笔记或卡片。

2. 构思阶段

1) 指导学生分析材料、确立论点

学生往往在获取大量的材料后无从下手，这时需要指导教师及时进行指导。指导教师一方面要向学生介绍分析材料、提炼论点的基本方法和基本要求，另一方面要消除学生的顾虑，帮助其树立信心。

2) 指导学生草拟提纲

常常有一些学生不想写提纲而直接写初稿，认为写提纲花费时间；也有些学生不知道如何写提纲。针对学生中出现的实际情况，指导教师要讲解草拟提纲的重要性，说明提纲可帮助学生树立全面观念，从整体出发布局谋篇、安排材料，从而保证毕业论文的写作质量。

3. 撰写阶段

在撰写阶段，指导教师要抓住两个环节，即撰写初稿和修改。在撰写初稿时，指导教师对部分概括和归纳问题能力、逻辑思维能力、写作能力较差的学生要加强个别指导；对能力强的学生，则应提出较高要求，使其得到更好的锻炼。

初稿写完后，有一部分学生认为"完成了任务"，有的学生存在"一稿定论"的想法，有的学生确实想修改，却不知如何修改。针对这些情况，指导教师要反复讲清修改论文的重要性，并介绍修改论文的基本要求和方法，要求学生从内容到形式，直到每一个字、词、句，都要进行检查和修改。具体做法是审定中心论点以及说明它的若干分论点是否准确、明确；运用材料是否真实、有说服力，材料的安排与论证是否富有逻辑性；全文的各个部分是否均衡等[11]。

4. 答辩阶段

指导教师针对学生对答辩产生的畏惧心理，以及不知如何答辩的情况，向学生反复指出答辩时老师提出的问题一般均在论文内容的范围之内，只要认真准备，一般都可答出，无须紧张和害怕。另外，指导教师要让学生做好答辩前的三方面准备工作，即思想准备、内容准备和物质准备。

6.3.2　答辩

6.3.2.1　答辩的意义

答辩是毕业论文和毕业设计工作的重要环节，是整个教学计划的重要组成部分。它不仅关系到论文及设计成绩的最后评定，而且决定学生能否毕业。同时，答辩也是对教与学双方情况的综合检查，特别是对督促学生认真完成毕业论文与毕业设计，确保其真实性和实际效果具有重要的意义。具体地说，答辩的意义体现在以下两个方面[9]。

1) 答辩是审查毕业论文(毕业设计)的必要补充

答辩时有"问"有"答"，也可以"辩"，是由问、答、辩构成的一种有目的、有计划的教学形式，是教师和学生之间有问有答有辩的双向教学活动。这种问与答都按一定的规范进行。答辩是审查毕业论文与毕业设计的一种补充形式，这是因为一篇毕业论文(毕业设计)完成之后，难免有阐述不清楚、不详细、不完备、不确切、不完善的地方。通过答辩，可以进一步考查作者能否运用所学的基础知识来分析和解决本学科内某一基本问题的学术水平能力，还可以考查作者对所论述的问题是否有深广的知识基础、有创造性的见解、有充分扎实的理由等。

2) 答辩是培养学生的重要教学环节

答辩这种形式本身对学生来说也是一个再学习和再培养的重要教学环节。答辩不仅可以使学生的口头表达能力、演讲能力、思维能力、应变能力得到提高，而且可以帮助学生对整篇毕业论文的写作或毕业设计的经验教训进行认真总结。具体来说，答辩对学生

有如下作用:

(1) 学生可以集思广益,更全面、更科学地衡量和修改毕业论文(毕业设计)。毕业生的论文(设计)往往只有一位指导老师,受专长、学术派别、经历等因素的影响,指导中也可能带有一些主观色彩。通过答辩,众多教师从不同的角度进行深入询问,集思广益,审查、修改毕业论文(毕业设计),使其进一步完善、成熟。

(2) 学生可以检查对在大学期间所学知识技能的掌握程度。

(3) 学生可以进一步审视自己,了解自己的学识水平和专长,调整自己的主攻方向。

(4) 学生可以锻炼和提高分析概括问题的能力和口头表达能力。答辩是一种综合训练各种能力的实践活动。

6.3.2.2　学生答辩的程序

对学生来说,毕业论文(毕业设计)的答辩程序一般包括答辩准备、答辩和总结深化等几个方面。

1. 答辩准备

要使答辩工作顺利进行,首先必须进行充分的准备,这是做好答辩工作的基础和前提。答辩准备工作包括思想准备、内容准备和物质准备。

1) 思想准备

思想准备是指毕业生要明确目的,端正态度,树立信心。每个学生把答辩看作一次检验和总结,相信教师的提问不是想当然、设"关卡"。一般来讲,提问是有前提、有尺度的,只要毕业生做了充分的准备,是能够回答出来的。要清除答辩"无用"和"畏惧答辩"的错误情绪。

2) 内容准备

内容准备是答辩工作中最重要、最艰巨的环节。答辩准备得充分与否直接关系着答辩成绩的优劣。答辩内容的准备是一项艰辛的工作:一方面范围广,涉及从选题研究、观点、资料、数据,到表现形式、方法和文字等各个方面;另一方面工作量大,既要反复审阅设计图纸、毕业设计任务书或毕业论文,进行充实、完善,并提炼出简要说明,又要再次查阅有关的资料。

3) 物质准备

物质准备主要是指准备参加答辩会所需要携带的用品,如毕业论文或毕业设计的底稿及其说明提要;答辩问答提纲及主要参考资料,以备临时查阅;必要的挂图、表格及公式,加以放大,以备辅助介绍;准备笔记本,以供记录答辩小组教师的提问与批评意见之用。

2. 答辩

答辩是教师对学生毕业论文(毕业设计)的最后一次综合性考核,是学生全面、综合运用自己所学知识的一次真刀真枪的实践。为此,每个学生必须提前准备,依次上台,掌握时间,扼要介绍,认真答辩。

1) 答辩的具体步骤

(1) 主答辩教师得到学生的毕业论文(毕业设计)档案袋或资料袋后,经阅读,拟定2~4个答辩题目,分别拟出参考答案,并严格保密。

(2) 答辩会开始，由答辩小组组长宣布会场纪律，并由答辩主持人宣布答辩学生的姓名和论文(设计)题目。

(3) 学生做 15～20min 的论文(设计)自述报告。

(4) 主答辩教师将准备的 2～4 个问题向学生提出。

(5) 学生对教师的提问经过 5min 左右的思考后当堂回答，回答的时间一般是 20～30min。

(6) 答辩总结、结束。

2) 答辩中学生的注意事项

(1) 不要紧张，要以必胜的信心、饱满的热情参加答辩。

(2) 仪容要整洁，行动要自然，姿态要端正，要有礼貌。

(3) 向老师做毕业论文(毕业设计)报告或回答老师的提问时要沉着冷静，做到语气上用肯定的语言，是即是，非即非，不能模棱两可、似是而非；内容上要紧扣题目、言简意赅；表述上要口齿清楚、流利，声音大小、语言速度要适中，要富于感染力，还可以使用适当的手势，以取得答辩的最佳成绩。

(4) 对师生的提问，不管其妥当与否，都要耐心倾听。对提问，回答得圆满时，不要沾沾自喜，流露出骄傲的情绪；如果回答不出问题时，不可磨磨蹭蹭，应该态度坦然、虚心，说明还没有弄清楚，绝不能答非所问或流露出对老师的不满情绪。

3. 总结深化

学生答辩完毕，主答辩教师要根据毕业论文(毕业设计)本身的写作水平和答辩情况，对答辩做出口头总结，并热情指出毕业论文(毕业设计)的优点，充分肯定成绩。同时，也要实事求是地指出错误与不足，提出补充、修改的建议。对主答辩教师指出的问题，学生要虚心接受，表示认真吸取教训并致谢意后方可退席。

6.3.2.3　答辩成绩的评定

1. 毕业论文(毕业设计)的答辩成绩组成

根据各学校的要求不同，毕业论文(毕业设计)的答辩成绩组成也有所差异。

一种情况下，毕业论文(毕业设计)的答辩成绩由三部分组成，其中平时成绩占 20 分；毕业论文或毕业设计任务书成绩占 60 分；答辩成绩占 20 分。另一种情况下，毕业论文(毕业设计)的答辩成绩由两部分组成，其中书面成绩占 70%，答辩成绩占 30%。

2. 答辩成绩的等级划分

毕业论文(毕业设计)答辩成绩的等级划分，各学校也不完全相同，有的实行百分制，有的实行优秀、良好、及格、不及格四级制，有的实行优秀、良好、中等、及格、不及格五级制。

3. 答辩成绩标准

按优秀、良好、中等、及格、不及格五级制评分标准制定的，其具体标准如下。

1) 优秀

(1) 论题具有一定的现实意义或学术价值。

(2) 对所分析的问题占有丰富的材料，论点鲜明，论证充分，能综合运用所学知识和技能，比较全面、深入地进行分析，有一定的独到见解。

(3) 观点正确，中心突出；层次分明，结构严谨，文字流畅。

(4) 在答辩中能熟练、正确地回答问题，思维清晰，具有较强的应变能力。

2) 良好

(1) 对所分析的问题掌握了比较充分的材料，能运用所学知识和技能进行分析，有较强的解决问题的能力。

(2) 观点正确，中心明确，条理清楚，逻辑性较强，文字流畅。

(3) 在答辩中能正确地回答问题，思维比较清楚。

3) 中等

(1) 对所分析的问题掌握了一定的材料，基本上能结合所学知识进行分析。中心明确，主要论据基本可靠。

(2) 观点正确，条理清楚，文字流畅。

(3) 在答辩中能比较正确地回答问题。

4) 及格

(1) 能掌握一些材料，基本上说清楚了所写的问题。

(2) 观点基本正确，条理清楚，文字通顺。

(3) 在答辩中经过提示能比较正确地回答问题。

5) 不及格

(1) 政治观点有明显的错误。

(2) 掌握的材料很少，或对所收集的材料缺乏分析、归纳，不能说明所写的问题，或未经自己思考，仅将几篇文章裁剪拼凑而成。

(3) 文字不通，条理不清，词不达意，字数大大少于规定的字数。

(4) 抄袭或由他人代笔。

(5) 在答辩中经过提示仍不能正确回答问题。

习　题

6.1　简述毕业论文与毕业设计的性质和意义。

6.2　说明毕业论文与毕业设计的分类格式和原则。

6.3　概述毕业论文与毕业设计的写作步骤。

6.4　描述毕业论文与毕业设计答辩的基本流程和注意事项。

6.5　结合具体案例，分析毕业论文与毕业设计在培养大学生能力方面的作用。

参 考 文 献

[1] 李光. 浅谈毕业设计(论文)中创新能力的培养[J]. 中国轻工教育, 2004(1): 30-31.

[2] 孙博玲. 本科毕业设计指导过程中学生创新能力培养[J]. 硅谷, 2009(6): 133.

[3] 高卉. 开放教育本科毕业论文(设计)环节质量控制的探索和实践[J]. 内蒙古电大学刊, 2009(6): 20-21.

[4] 毛小庆. 对本科毕业设计工作的若干思考[J]. 高等理科教育, 2006(1): 125-128.

[5] 鲁赛军. 从毕业设计选题开始培养工科本科学生创新能力[J]. 长沙铁道学院学报(社会科学版), 2011, 12(3): 117-118.

[6] 李利军, 李艳丽. 毕业论文指导过程中学生创新能力培养问题的探讨[J]. 高教论坛, 2003(6): 90-92,111.

[7] 胡红伟. 高校毕业设计(论文)过程中存在的问题剖析[J]. 河南城建学院学报, 2009, 18(6): 81-83.

[8] 庄波, 孙继磊. 加强本科毕业设计(论文)质量管理的探索[J]. 科技信息(科学教研), 2008(14): 531,536.

[9] 崔文凯. 怎样搞好毕业论文答辩: 毕业论文答辩操作研究[J]. 天津成人高等学校联合学报, 2002(2): 37-40.

[10] 李文磊, 林卫星, 刘士荣. 在提高毕业设计质量中发挥指导教师的作用[J]. 实验室研究与探索, 2005(S1): 411-413.

[11] 陈平. 毕业设计与毕业论文指导[M]. 北京: 北京大学出版社, 2015.

第 7 章

实验室安全教育

实验室是开展实验教学、检测分析及科学研究等工作的重要场所，实验室安全是实验室工作正常进行的基本条件。实验室管理不善，如管理措施不力、人员培训缺失、实验操作不当或实验室安全意识缺乏等，往往是发生实验室安全事故的重要原因。一旦发生实验室安全事故，将对实验操作人员及其周边人群、实验室财物，甚至生态环境造成不同程度的危害。因此，树立"安全第一"的观念、营造安全的实验室工作环境和保护实验室工作人员的健康，是实验室安全管理的主要内容。

7.1 实验室安全基本操作

7.1.1 实验室用电安全

安全用电指电气工作人员、生产人员以及其他用电人员，在既定环境条件下，采取必要的措施和手段，在保证人身及设备安全的前提下正确使用电力。在实验室内，电是必不可少的，要想保证实验室内的用电安全，必须了解以下内容。

1. 电流对人体的作用及影响

由于人体是导体，因此当人体接触带电部位而构成电流回路时，就会有电流流过人体。电流对人体会造成不同程度的损害，归结起来为两种伤害：一种是电伤，另一种是电击。电伤是指电流对人体外部造成的局部伤害，电流的热效应、化学效应、机械效应及电流本身的作用，使熔化和蒸发的金属微粒侵入人体，皮肤局部受到灼伤、烙伤和皮肤金属化的损伤，严重的也能致人死亡。电击是指电流通过人体，使内部组织受到损伤，这种伤害会造成全身发热、发麻、肌肉抽搐、神经麻痹、室颤、昏迷，以致窒息、心脏停止跳动而死亡[1]。

1) 触电形式

为预防触电事故的发生，下面分析几种常见的触电形式和人体对电流的反应，从而明确电流对人体的严重危害。

(1) 单相触电。人体的一部分在接触一根带电相线(火线)的同时，另一部分又与大地(或零线)接触，电流从相线流经人体到大地(或零线)形成回路，称为单相触电。在触电事故中，发生单相触电的情况很多，如检修带电线路和设备时，不做好防护或接触漏电的电器设备外壳及绝缘损伤的导线都会造成单相触电。

(2) 两相触电。两相触电是指人体的不同部位同时接触两根带电相线时的触电。这时不管电网中心是否接地，人体都在电压作用下触电，因电压高，危险性很大。

(3) 跨步电压触电。电器设备发生对地短路或电力线断落接地时都会在导线周围地面形成一个强电场，其电位分布是电位从接地点向外扩散，逐步降低，当有人跨入这个区域时，分开的两脚间有电位差，电流从一只脚流进，从另一只脚流出，从而造成触电，这称为跨步电压触电。

(4) 悬浮电路上的触电。市电通过有初、次级线圈互相绝缘的变压器后，从次级线圈输出的电压零线不接地，相对于大地处于悬浮状态，若人站在地面上接触其中一根带电线，一般没有触电感觉。但大量的电子设备，如收、扩音机等，是以金属底板或印刷电路板作公共接"地"端，如果操作者身体的一部分接触底板(接"地"点)，另一部分接触高电位端，就会造成触电。在这种情况下，一般要求单手操作。

2) 人体对电流的反应

人体对电流的反应是非常敏感的。触电时电流对人体的伤害程度与下列因素有关。

(1) 人体电阻。人体电阻不是常数，在不同情况下，电阻值差异很大，通常在 10～100kΩ。人体电阻越小，触电时通过的电流越大，受伤越严重。人体各部分的电阻也是不同的，其中皮肤角质层的电阻最大，脂肪、骨骼、神经的电阻较小，肌肉电阻最小。一个人如果角质损坏时，他的人体电阻可降至 0.8～1kΩ。在这种情况下接触带电体，最容易带来生命危险。人体电阻是变化的，皮肤越薄、越潮湿，电阻越小；皮肤接触带电体面积越大，靠得越紧，电阻越小。若通过人体的电流越大，电压越高，使用时间越长，电阻也越小。人体电阻还受身体健康状况和精神状态的影响，如体质虚弱、情绪激动、醉酒等，容易出汗，使人体电阻急剧下降，因此在这几种情况下也不宜进行电气操作。

(2) 不同强度的电流对人体的伤害。大量的实践表明，人体上通过 1mA 工频交流电或 5mA 直流电时，就有麻、痛的感觉，但 10mA 左右人体尚能摆脱电源，超过 50mA 就很危险。若有 100mA 的电流通过人体，则会造成呼吸窒息、心脏停止跳动，直至死亡。

(3) 不同电压的电流对人体的伤害。人体接触的电压越高，通过人体的电流越大，对人体伤害越严重。在触电的实际统计中，有 70%以上是在 220V 或 380V 交流电压下触电死亡的。以触电者人体电阻为 1kΩ 计，在 220V 电压下通过人体的电流有 220mA，能迅速将人致死。人们通过大量实践发现，36V 以下电压，对人体没有严重威胁，因此把 36V 以下的电压规定为安全电压。

(4) 不同频率的电流对人体的伤害。实验结果证明，直流电对血液有分解作用；高频电流不仅不危险，还可用于医疗。也就是，触电危险性随频率的增高而减小，40～60Hz 交流电最危险。

(5) 电流的作用时间与人体受伤的关系。电流作用于人体的时间越长，人体电阻越小，则通过人体的电流越大，对人体的伤害就越严重。例如，工频 50mA 交流电，如果作用时间不长，还不至于死亡；若持续数十秒，必然引起心脏室颤，心脏停止跳动而致死。

(6) 电流通过的不同途径对人体的伤害。电流通过头部使人昏迷；通过脊髓可能导致肢体瘫痪；若通过心脏、呼吸系统和中枢神经，可能导致精神失常、心跳停止、血循环中断。可见，电流通过心脏和呼吸系统，最容易导致触电死亡。

2. 触电急救措施

触电事故在极短暂的时间内，就会酿成严重的后果，所以发生触电事故，必须施行抢救。据有关资料记载，触电后 1min 内开始抢救的，有 90% 的救活可能；触电后 6min 才救治的，仅有 10% 的生机；如果在触电后 12min 才救治的，则救活率很小。因此，对触电者及时抢救非常重要。救治的方法如下所述。

1) 脱离电源

如果附近有配电箱、闸刀等，应该立即断开电源。如果身边有带绝缘柄的工具(如钢丝钳等)，可将电线截断。或戴上绝缘手套，或用干燥的木棍或竹竿，将触电者身上的电线挑开。千万注意，不可直接用手去拉触电者，也不可用金属或潮湿的东西去挑电线。否则，非但没有使触电者摆脱电源，反而救护者也变成触电者。如果触电者是在高空作业时触电，断电时要防止触电者摔伤。

2) 现场救治

触电者脱离电源以后，如果神志清醒，呼吸正常，皮肤也未灼伤，只需安排其到空气清新的地方休息，令其平躺，不要行走，防止突然惊厥狂奔，体力衰竭而死亡。如果触电者神志不清，呼吸困难或停止，必须立即把他移到附近空气清新的地方，及时进行人工呼吸，并请医务人员前来抢救。如果心脏停止跳动，则需立即采用胸外挤压法抢救，并在送往医院途中不间断抢救。如果触电极严重，心跳、呼吸全无，就需要用人工呼吸法和胸外挤压法同时或交替抢救。

(1) 人工呼吸法：使触电者平躺仰卧，头后仰，使其舌根不会堵住气流，捏住鼻子吹进一口气，然后松开鼻子，使之慢慢恢复呼吸，每分钟约 12 次。此法效果很好。

(2) 胸外挤压法：救护者双手相叠，握掌放在比心窝稍高一点的地方(两乳头之间略下一点)，掌根向下压 3～4cm，每分钟压 60 次左右。挤压后掌根迅速放松，让触电者胸廓自行复原，以利血液充满心脏，恢复心脏正常跳动。

(3) 对儿童可用一手轻轻挤压，但次数可快到每分钟 100 次左右。

注意：对触电者实施抢救，有时往往需要较长时间，所以必须有耐心、不间断地抢救；急救中严禁用不科学的方法，如用木板压、摇、抖身体，掐人中，用水泼，盲目打强心针等错误方法，因为这样只会使奄奄一息或处于假死状态的触电者，呼吸更加困难，体温加速下降，从而加速其死亡。

3. 安全用电常识

(1) 接线端或裸导线是否带电的鉴定。任何情况下，均不能用手来鉴定接线端或裸导线是否带电。如需了解线路是否有电，应使用完好的验电笔或电工仪表。

(2) 更换保险丝。在更换保险丝时，应先切断电源，切勿带电操作。如果确需带电作业，则需采取安全措施。例如，站在橡胶板上或穿好绝缘鞋，戴好绝缘手套，而且操作时要有专人在场监护。

(3) 带电接头的处理。拆开或断裂的暴露在外部的带电接头，必须及时用绝缘胶布包好，并悬挂到人身不会碰到的高度，以防人体触及。

(4) 使用 36V 以上照明灯。要注意不得把 36V 以上的照明灯作为安全行灯来使用。

(5) 数人作业时须知。遇有数人进行电气作业时，应于接通电源前告知全体人员。

(6) 确保使用家用电器设备的人身安全。电风扇的底盘、风罩、电视机的天线、电冰箱的门拉手、洗衣机外壳等，都是随时可能与人体接触的，而且这些家用电器都是使用单相交流电，为了消除不安全因素，应使用三孔形带接地线的插座插头。或者对它们的外壳采取安全措施，即通常说的接地与接零保护，以保护人体安全。

4. 实验室常见用电错误及注意事项

实验室中常用电器，如烘箱、恒温水箱、离心机、电炉等，在使用时应严防触电，绝不可用湿手或在眼睛旁视时开关电闸和电器开关。用验电笔检查电器设备是否漏电，凡是漏电的仪器，一律不能使用。

(1) 使用烘箱和高温炉时，须确认自动控温装置可靠，同时还需人工定时监测温度，以免温度过高。不得把含有大量易燃易爆溶剂的物品送入烘箱和高温炉中加热。

(2) 变压器及加热设备电线接头裸露，冒火花。电源线接头应用绝缘胶布包住；禁止用湿手接触带电开关；禁止用湿手、带油污或有机溶剂的手拔、插电源插头。

(3) 液体进入吹风机机壳内。在使用吹风机吹干玻璃仪器时，需注意不要让液体滴入吹风机；吹风机不宜离瓶口太近。

(4) 旋转蒸发仪、电炉、高压灭菌锅等用电设备在使用中时，应有人看守，以防所旋蒸的物料爆沸冲料；断电时防止水泵中的水倒吸。

(5) 使用机械搅拌器和恒温磁力搅拌器时，关闭仪器时需先将转速调至零再关闭电源，防止下次操作时搅拌桨快速搅拌，使溶剂溅出，还可能打断水银温度计；油浴加热时，温度传感器一定要置于控温体系中，防止无限制的加热引起危险。

7.1.2　实验室用水安全

1. 实验室用水分类

我国把实验室用水分为下列三级，通常使用三级水即可。

(1) 三级水用于一般化学分析实验，可用蒸馏或离子交换等方法制取。

(2) 二级水用于分析实验用水，以及食品微生物学检验的应用，包括缓冲液、微生物培养、滴定实验、水质分析实验、化学合成、组织培养、动物饮用水、颗粒分析用水以及紫外光谱分析等应用。二级水可通过多次蒸馏或离子交换制得。

(3) 一级水用于仪器分析实验(液相色谱/质谱、原子吸收、电感耦合等离子体-质谱法(inductively coupled plasma-mass spectrometry，ICP/MS)、离子色谱等)、生命科学实验(细胞培养、分子生物学实验等)。

实验中的用水，由于实验目的不同对水质各有一定的要求，如冷凝作用、仪器的洗涤、溶液的配制、大量的化学反应和分析，以及生物组织培养，对水质的要求都有所不同。因此，需要把水提纯，纯水常用蒸馏法、离子交换法、反渗透法、电渗析法等方法获得。了解实验室用水安全，首先要清楚实验室用水的种类，用蒸馏法制得的纯水称为蒸馏水，用离子交换法等制得的纯水称为去离子水[2]。

2. 实验室用水注意事项

(1) 实验室的上下水管路必须保持通畅。应让师生、员工了解实验楼自来水总闸的位置，当发生水患时，立即关闭总阀。

(2) 实验室要杜绝自来水龙头打开而无人监管的现象，要定期检查上、下水管路、化学冷却冷凝系统的橡胶管等，避免发生管路老化等情况所造成的漏水事故。冬季做好水管的保暖和放空工作，防止水管受冻爆裂。

7.1.3 实验室用气安全

在实验室一般使用气体钢瓶直接获得各种气体。气体钢瓶是储存压缩气体的特制的耐压钢瓶。使用时，通过减压阀(气压表)有控制地放出气体。由于钢瓶的内压很大(有的高达 15MPa)，而且有些气体易燃或有毒，因此在使用钢瓶时要注意安全。

1. 常用气体的常识和安全知识

1) 高压气体的种类

(1) 压缩气体：氧气、氢气、氮气、氩气、氨气、氦气等。

(2) 溶解气体：乙炔(溶于丙酮中，加有活性炭)。

(3) 液化气体：二氧化碳、一氧化氮、丙烷、石油气等。

2) 高压气体的容器与色标

(1) 氧气、氢气、氩气、一氧化二氮应用有机无缝钢制造钢瓶。乙炔、丙烷可用一般焊接钢制造的钢瓶。

(2) 各类高压容器必须附有证明书，此证明书应随高压容器作为技术档案保存。

(3) 在钢瓶肩部，用钢印打出下述标记：制造厂、制造日期、气瓶型号、工作压力、气压试验压力、气压试验日期及下次送验日期、气体容积、气瓶重量。

(4) 为了避免各种钢瓶使用时发生混淆，常将钢瓶上漆上不同颜色，写明瓶内气体名称。

(5) 应经常检验(如三年一次)，在钢瓶上刻有检验日期，有问题的应及时更换。

3) 几种特殊气体的性质和安全

(1) 乙炔。极易燃烧、容易爆炸。电石制的乙炔因混有硫化氢、磷氢或砷化氢而带有特殊的臭味。其熔点为$-84℃$、沸点为$-80.8℃$，自燃点为 305℃。乙炔在空气中的爆炸极限(体积分数)为 2.3%～72.3%。在液态、固态下或在气态和一定压力下有猛烈爆炸的危险，受热、振动、电火花等因素可能引发爆炸。含有 7%～13%乙炔的乙炔-空气混合气，或含有 30%乙炔的乙炔-氧气混合气最易发生爆炸。乙炔与氯、次氯酸盐等强氧化性化合物混合也会发生燃烧和爆炸。

泄漏应急处理：迅速撤离泄漏污染区人员至上风处，并进行隔离，严格限制出入，切断火源。建议应急处理人员戴自给正压式呼吸器，穿防静电工作服，尽可能切断泄漏源；合理通风，加速扩散；喷雾状水稀释、溶解；构筑围堤或挖坑，以收容产生的大量废水。如有可能，将漏出气用排风机送至空旷地带或装设适当喷头烧掉。漏气容器要妥善处理，修复、检验后再用。

(2) 氢气。密度小，易泄漏，扩散速度很快，易和其他气体混合。氢气与空气混合气的爆炸极限：空气中氢气含量为 18.3%～59.0%(体积比)时，极易发生自燃自爆，燃烧速度约为 2.7m/s。

(3) 氧气。强烈的助燃烧气体，高温下，纯氧十分活泼；温度不变而压力增加时，可以和油类发生急剧的化学反应，并引起发热自燃，进而产生强烈爆炸。

氧气瓶一定要防止与油类接触，并绝对避免让其他可燃性气体混入氧气瓶；禁止用盛其他可燃性气体的气瓶来充灌氧气。氧气瓶禁止放于阳光曝晒的地方。

(4) 一氧化二氮(笑气)。具有麻醉兴奋作用，受热时可分解为氧气和氮气的混合物，如遇可燃性气体，即可与此混合物中的氧化物燃烧。

4) 气体检漏方法

(1) 感官法：采取耳听鼻嗅的方法，如听到钢瓶有"嘶嘶"的声音或者嗅到有强烈刺激性臭味或异味，即可定为漏气。这种方法很简便，但有局限性，对剧毒性气体和某些易燃气体不适合。

(2) 涂抹法：把肥皂水抹在气瓶检漏处，若有气泡产生，则判定为漏气。此法使用较普遍、准确，但注意若对氧气瓶检漏，则严禁使用该法，以防肥皂水中的油脂与氧接触发生剧烈的氧化。

(3) 气球膨胀法：用软胶管一端套在气瓶的出气口上，另一端连接气球。如气球膨胀，则说明有漏气现象。此法最适用于剧毒气体和易燃气体检漏。

(4) 化学法：该方法的原理是将事先准备好的某些化学药品与检漏点处的气体接触，如发生化学反应，并出现某种外观特征，则断定为漏气。如检查液氨钢瓶，则可用湿润的石蕊试纸接近气瓶漏气点，若试纸由红色变成蓝色，则说明漏气。此法仅用于某些剧毒气体检漏。

(5) 气体报警装置：气瓶集中存放能减少空间、成本，可以在实验室的角落安装一个气体泄漏报警/易燃气体感应探头，如果气瓶房气体发生泄漏，感应探头会即刻将信号传至中心实验室的液晶显示屏上，并发出预警的声音，这样就可以随时维修。另外，还可以安装低压报警器，这样能知道气体是否快要用尽，气瓶压力是否足够，这对实验室实现不间断气体供应是很重要的。

2. 钢瓶使用的注意事项

(1) 在搬动存放气瓶时，应装上防振垫圈，旋紧安全帽，以保护开关阀，防止其意外转动和减少碰撞。搬运充装有气体的气瓶时，最好用特制的担架或小推车，也可以用手平抬或垂直转动，但绝不允许用手执着开关阀移动。

(2) 钢瓶应存放在阴凉、干燥、远离热源(如阳光、暖气、炉火)处。高压气体容器最好存放在室外，并防止太阳直射。可燃性气体钢瓶必须与氧气钢瓶分开存放。互相接触后可引起燃烧、爆炸气体的气瓶(如氢气瓶和氧气瓶)，不能同存一处，也不能与其他易燃易爆物品混合存放。钢瓶直立放置时要固定稳妥；气瓶要远离热源，避免暴晒和强烈振动；一般实验室内存放气瓶量不得超过两瓶。

(3) 绝不可使油或其他易燃性有机物沾在气瓶上(特别是气门嘴和减压阀)。也不得用棉、麻等物堵漏，以防燃烧引起事故。

(4) 使用钢瓶中的气体时，要用减压阀(气压表)。减压阀(气压表)中易燃气体一般是左旋开启，其他为右旋开启。各种气体的减压阀(气压表)、导管不得混用，以防爆炸。不可将钢瓶内的气体全部用完，一定要保留 0.05MPa 以上的残留压强(减压阀表压)。可燃性气体，如 C_2H_2 应剩余 0.2～0.3MPa 压强(2～$3kg/cm^2$ 表压)。乙炔压强低于 0.5MPa 时，就应更换，否则钢瓶中丙酮会致管路流进火焰，致使火焰不稳，噪声加大，并造成乙炔管路污染堵塞。H_2 应保留 2MPa 压强，以防重新充气时发生危险，不可用完用尽。

(5) 乙炔管道禁止用紫铜材料制作，否则会形成乙炔铜。乙炔铜是一种引爆剂。

(6) 开、关减压器和开关阀时，动作必须缓慢；使用时应先旋动开关阀，后开减压器；使用完毕后，先关闭开关阀，放尽余气后，再关减压器。切不可只关减压器，不关开关阀。开瓶时阀门不要充分打开，乙炔瓶旋开不应超过 1.5 转，要防止丙酮流出。

(7) 使用高压气瓶时，操作人员应站在与气瓶接口处垂直的位置上。操作时严禁敲打撞击，并经常检查有无漏气，应注意压力表读数。

3. 气体危险性警示标签

根据 GB 16804—2011，警示标签由面签和底签两个部分组成。

1) 面签

面签上印有图形符号，用来表示瓶装气体的危险特性。当瓶装气体同时具有两种或三种危险特性时应使用两个或三个面签。当使用两个或三个面签时，次要危险特性警示面签应放在主要危险特性警示面签的右边或上边。标签应采用在运输、储存及使用条件下耐用的不干胶纸印刷。面签的形状为菱形，其参数如表 7-1 所示，瓶装气体危险特性警示标志如表 7-2 所示[3]。

表 7-1　面签的参数

气瓶外径 D/mm	面签边长 a/mm
$D<75$	$\geqslant 10$
$75\leqslant D<180$	$\geqslant 15$
$D\geqslant 180$	$\geqslant 25$

表 7-2　瓶装气体危险特性警示标志

气体特性	危险性说明	底色	面签
易燃	易燃气体	红色	
永久或液化气体，不易燃，无毒	不燃气体	绿色	
氧化性	氧化剂	黄色	
毒性	有毒气体	白色	
腐蚀性	腐蚀性气体	标签上半部分为白色，下半部分为黑色	

2) 底签

底签上印有瓶装气体的名称及化学分子式等文字，并在其上粘贴面签。面签和底签可整体印刷，也可分别制作，然后贴在气瓶上。底签的尺寸应根据面签的数量、大小及底签上文字的多少来确定。

底签的颜色为白色，将表 7-2 中所规定的符号、颜色及文字印在面签上。文字和符号的尺寸应使其在面签上可容易地识别和辨认。面签上的符号为黑色，文字为黑色印刷体；但对腐蚀性气体，其文字说明"腐蚀品"应以白色字印在面签的黑底上。

底签上至少应有下列内容：①对单一气体，应有化学名称及分子式。②对混合气体，应有导致危险性的主要成分的化学名称及分子式。如果主要成分的化学名称或分子式已被标识在气瓶的其他地方，也可只在底签上印上通用术语或商品名称。③气瓶及瓶内充装的气体在运输、储存及使用上应遵守的其他说明及警示。④气瓶充装单位的名称、地址、邮政编码、电话号码。

3) 警示标签的应用

(1) 标签的粘贴和更换必须由气瓶充装单位进行。每只气瓶第一次充装时即应粘贴标签。如发现标签脱落、撕裂、污损、字迹模糊不清时，充装单位应及时补贴或更换标签。

(2) 标签应被牢固地粘贴在气瓶上，且应避免被气瓶上的任何部件或其他标签所遮盖。标签不应被折叠，面签和底签不可分开粘贴。对采用集束方式使用的气瓶及采用木箱运输的小型气瓶，除按上述规定在气瓶上粘贴标签外，还应以类似的方式将标签粘贴在包装箱的外部或将其粘贴在一个有一定强度的板上，然后将该板牢固地拴在箱上。在气瓶的整个使用期内标签应保持完好无损、清晰可见。

(3) 标签应优先粘贴在瓶肩处，但不可覆盖任何钢印标志，也可将其粘贴在从瓶底至瓶阀或瓶帽大约 2/3 处。

(4) 更换新标签前，应将旧标签完全揭去。

7.1.4　实验室用火安全

1. 实验室引起火灾的原因

1) 易燃易爆危险品引起火灾

微课

在化学实验中，各种化学危险物品使用极为普遍，种类繁多。这些物品性质活泼，稳定性差，有的易燃，有的易爆，有的自燃，有的性质抵触，相互接触即能发生着火或爆炸，在储存和使用中，稍有不慎，就可能酿成火灾事故。

2) 明火加热设备引起火灾

实验室里常使用煤气灯、酒精灯或酒精喷灯、电烘箱、电炉、电烙铁等加热设备和器具，增大了实验室的火灾危险性。煤气灯加热过程中，若煤气漏气，易与空气形成爆炸性混合物。酒精则易挥发、易燃，其蒸气在空气中能爆炸。电烘箱若运行时间长，易出现控制系统故障，发热量增多，温度升高，造成被烘烤物质或烘箱附近可燃物自燃。例如，某学院用电烘箱时遇到停电，因没有切断电源，来电后电烘箱连续通电达数小时无人管理，加之控温设备失灵，烘燃了电烘箱附近的可燃物质，造成一场重大火灾事故。加热电炉发生火灾的原因在于被加热物料外溢的可燃蒸气接触热电阻丝；或容器破裂后可燃物落在电阻丝上；或绝缘破坏、受潮后线路短路或接点接触不良，产生电火花，引起可燃物着火。其中，高温电炉的热源极易引燃周围的可燃物[4]。

3）违反操作规程引起火灾

化学实验室经常进行的蒸馏、回流、萃取、重结晶、化学反应等典型操作，都以危险性大为重要特点。若操作者没有经验，工作前没准备，操作不熟练或违反操作规则，不听劝阻或未经批准擅自操作等，均易诱发火灾爆炸事故。100起实验室火灾事故的调查结果表明：电器设备引起火灾占21%；易燃溶剂使用不当引起火灾占20%；各种爆炸事件引起火灾占13%；易燃气体和自燃所致的火灾各占7%与6%。其中，71%的事故是由实验室工作人员工作不慎、操作失误所致；56%的火灾发生在下午6时至清晨6时；89%的事故是由于没有必要的灭火器具，无法及时扑灭火源，从而酿成重大灾情。

4）电气火花

短路、过载、接触不良是产生电气火花的主要原因。

(1) 电器设备、电气线路必须保证绝缘良好，特别是防止生产场所高温管道烫伤电缆绝缘外层，防止发生短路；电缆线应穿管保护防止破损；生产现场电器检修时应断开电源，防止发生短路。

(2) 合理配置负载，禁止乱接、乱拉电源线。保持机械设备润滑、消除运转故障，防止电机过载现象发生。

(3) 经常检查导线连接、开关、触点，若发现松动、发热，应及时紧固或修理。

(4) 使用易燃溶剂的场所应按照危险特性使用防爆电器(含仪表)，防爆电器应符合规定级别，防爆电器安装应符合要求。有时防爆电器密封件松动、绝缘层腐蚀或破损等，仍存在不易被发现的电气火花，这常常是有机溶剂、可燃气体火灾爆炸事故的明火原因。

5）静电火花

当电阻率较高的有机溶剂在流动中与器壁发生摩擦或溶剂的各流动层之间相互摩擦，由于存在电子得失产生静电积聚，当积聚的电量形成一定的高压时就放电产生火花。有机溶剂输送流动中流速过快，可能产生静电积聚和高压放电；反应设备内部有机溶剂及物料搅拌转速过快过激烈，易产生静电积聚和高压放电；有机溶剂与有机绝缘材质的管道、容器、设备之间特别容易发生静电积聚和高压放电；有机溶剂进料时从上口进入容器设备冲击容器底部或液面时，很容易发生静电积聚和高压放电；含有机溶剂的物料采用化纤材料过滤时，施压过大易发生静电积聚和高压放电；皮带传动设备的皮带上容易发生静电积聚和高压放电；离心机刹车制动过猛，可能发生静电积聚和高压放电；作业人员穿化纤、羊毛、丝绸类服装，容易发生静电积聚和高压放电。

预防静电的措施如下。

(1) 尽可能选择不易产生静电的溶剂，从源头上解决问题。

(2) 采用增加溶剂的含水量或增添抗静电添加剂(如无机盐表面活性剂)等方法，使溶剂的电阻率降低到$10^6\ \Omega\cdot cm$以下，有利于将产生的静电导出。

(3) 采用静电接地的方法是化工生产普遍采用的重要防静电措施。所有金属设备、容器、通道、构架都可以通过静电接地措施及时消除带电导体表面的静电积聚，但是对非导电体是无效的。

(4) 在容易引起火灾、爆炸的危险场所，人体产生的静电不可忽视。操作者工作时不应穿化纤服装、毛衣和丝绸，应穿防静电工作服、帽子、手套和工作鞋，工作场所也不能脱衣服。工作场所应设人体接地棒，工作前应赤手接触人体接地棒以导出人体静电。人体在行动中产生的静电需要通过工作场所地面导出，因此工作场所地面应具有一定的导电性，或洒水使地面湿润增加导电性。工作场所一般不能做成环氧树脂地面，如防腐需要则应添加导电物质成分。

化学实验室经常处理具有潜在危险的物质，化学实验中的有机溶剂几乎都是易燃易爆物质。在实验室的多发事故中，火灾的发生率最高。因此，实验室必须采取必要的防火安全措施，以防止火灾的发生。

2. 一级试剂的管理

一级试剂是指闪点不大于 25℃ 的试剂，如醚、苯、甲醇、丙酮、石油醚、乙酸乙酯等(闪点是指可燃液体的蒸气与空气形成混合物后和火焰接触时闪火的最低温度)。实验室的火焰口装置应远离一级试剂，若实验室中存有较大量上述试剂，应贴有"严禁火种""严禁吸烟"等醒目标志。放置这类物品的房间内不能有煤气灯、酒精灯及有电火花产生的任何电器设备，室内应有通风装置。使用一级试剂或进行产生有毒有害气体的实验时，应远离火源，在通风橱内进行，通风橱应由防火阻燃材料制成。储存一级试剂时，必须将容器口密封，置阴凉通风处保存。

3. 危险品库的管理

实验操作室内仅能存放少量实验需要的试剂或有机溶剂，不可贮存大量的化学危险品。化学危险品应存放在危险品库内。危险品库内不准进行实验工作，不得穿带钉子的鞋入内。危险品库应由专人保管，保管人员须经常检查在库危险品储存情况，发现泄漏及时处理。危险品库内严禁吸烟，禁止明火照明。废旧包装不得在危险品库内存放。搬运危险品时严禁滚动、撞击。

4. 实验过程中的防火安全

实验室内为了避免产生电火花，所有电气开关、插座等必须密封，使电火花与外部空气隔绝。冰箱内不准存放无盖的试剂。实验室内严禁吸烟。自燃物质应存放在防火、防爆贮存室内。日光可以直射的实验室必须备有窗帘，日光照射的区域内不放置加热时易挥发、燃烧的一切物质。

5. 消防设施管理

灭火器等消防设施应存放在实验室门口附近，便于取用。实验室内应备有紧急淋浴装置、救火用的石棉毯子等设备。实验室所有人员应掌握各种消防设施的使用方法、发生火灾时的应急措施、实验室紧急出口等。

6. 实验室灭火法

实验中一旦发生火灾，切不可惊慌失措，应保持镇静。首先立即切断室内一切火源和电源，然后根据具体情况积极正确地进行抢救和灭火。常用的方法如下所述。

(1) 在可燃液体燃着时，应立刻拿开着火区域内的一切可燃物质，关闭通风器，防止扩大燃烧面积。若燃烧面积较小，可用石棉布、湿布、铁片或沙土覆盖，隔绝空气使之熄灭。但覆盖时动作要轻，避免碰坏或打翻盛有易燃溶剂的玻璃器皿，导致更多的溶剂流出而再着火。

(2) 酒精及其他可溶于水的液体着火时，可用水灭火。

(3) 汽油、乙醚、甲苯等有机溶剂着火时，应用石棉布或土扑灭。绝对不能用水，否则会扩大燃烧面积。

(4) 金属钠着火时，可用砂子扑灭。

(5) 导线着火时，不能用水及二氧化碳灭火器，应切断电源或用四氯化碳灭火器。

(6) 衣服被烧着时切不要奔走，可用大衣等包裹身体或躺在地上滚动以灭火。

(7) 发生火灾时，注意保护现场，较大的着火事故应立即报警。

7. 灭火器及其适用范围

灭火器的种类及其适用范围如表 7-3 所示。

表 7-3　灭火器的种类及其适用范围

名称	成分	适用范围	灭火器说明
泡沫灭火器	$Al_2(SO_4)_3$ 和 $NaHCO_3$	一般失火及油类着火。因为泡沫导电，所以不能用于扑灭电器设备着火	—
四氯化碳灭火器	液态 CCl_4	电器设备及汽油、丙酮等着火	四氯化碳在高温下生成剧毒的光气，不能在狭小和通风不良的实验室使用。注意四氯化碳与金属钠接触会发生爆炸
1211 灭火器	CF_2ClBr 液化气	油类、有机溶剂、精密仪器、高压电器设备着火	—
二氧化碳灭火器	液态 CO_2	电器设备失火、忌水物质及有机物着火	—
干粉灭火器	$NaHCO_3$ 等盐类与适宜的润滑剂	油类、电器设备、可燃气体及遇水燃烧等物质着火	—

7.2　实验室安全防范

7.2.1　仪器设备使用安全

1. 仪器设备管理制度

(1) 仪器设备购入后，仪器设备管理人员需按照购买合同进行验收。验收合格后，才能办理入库手续，建立"仪器设备台账"和危险源登记并上报。

(2) 仪器设备需由专人负责管理；有技术安全管理制度；有安全操作规程，并将其挂在仪器设备旁边或贴在设备上。危险设备应贴有警示标识。

(3) 仪器设备管理人员要掌握仪器设备操作、维护、保养方法。当实验室还不具备仪器设备使用条件时，禁止使用，违者给予批评或处罚。

(4) 仪器设备使用人员需经过培训、考核合格后才允许操作。国家规定需要持证上岗操作的仪器设备，操作者必须持有有效上岗证。

(5) 严禁仪器设备超量程、超负荷和带"病"运行。开机实验期间，操作者不允许离开实验岗位。长期不用的仪器设备需每周开机通电半小时除湿，或以其他方式定期维护保养，使之保持良好状态。

(6) 仪器设备的搬运、安装必须请专业人员进行。

(7) 发现仪器设备有故障时，操作者应按照仪器说明书规定处理并报告设备管理人员，等待专业技术人员维修。

2. 贵重精密仪器与大型设备使用安全

(1) 遵守仪器设备管理制度中的各项规定。

(2) 建立仪器设备档案，有齐全的安装、使用、维护、维修等文件。

(3) 仪器设备放置环境(包括清洁、温度、湿度、磁场、防振、防晒)符合要求。

(4) 必须严格按照安全操作规程细心、谨慎操作贵重精密仪器及大型设备，以免操作不当损坏仪器设备或发生人身安全事故。

(5) 取得上岗资格的学生需要在导师的指导下开展实验工作。

(6) 使用贵重精密仪器及大型设备，应按要求认真做好记录。

(7) 贵重精密仪器及大型设备必须进行定期维护、保养，并做好维修、保养记录。

3. 冷加工设备使用安全

冷加工设备包括车床、铣床、磨床、刨床、钻床、磨样机等。

(1) 遵守仪器设备管理制度中的各项规定。

(2) 所有的传动带、转动轴、传动链、联轴节、齿轮、电锯等危险部件及危险部位，都必须设置防护装置。绝对不能私自拆除防护装置或使其功能失效。操作人员身体的任何部分进入危险区时，都应保证机器不能运转或紧急制动。

(3) 使用前，要按规定做好设备的各项准备工作。个人防护用品要穿戴齐全，如工作服、工作帽、工作鞋、防护眼镜等。

(4) 操作冷加工设备必须穿"三紧式"工作服，不能留长发(长发要盘在工作帽内)，禁止戴手套。

(5) 加工前，要牢固装卡好工件；加工中，要采用合理的加工参数；禁止在机床工作台上放置量具、工具等。

(6) 加工中产生的带状切屑、螺旋状长切屑，操作者应用钩子及时清除，严禁用手拉；产生的碎屑片，要用毛刷清理，禁止用嘴吹。

(7) 加工中，禁止用手触摸机床旋转部件

(8) 对于旋转工件或刀具，需要检查、测量工件时，先停机，再进行相关工作；禁止加工过程中调整工件和刀具；禁止操作者身体过于接近机床旋转部件、工件或刀具；禁止加工超长、超重工件。

(9) 工具使用后，及时放回安全位置，避免被旋转机件带动飞出而伤人。两人以上共同作业时，需设置两个以上开关，并同时启动才能有效；应有危险警告和警报装置。

(10) 加工过程中产生粉尘、有害气体的加工设备，必须有收集、净化和排放装置。

4. 热加工设备使用安全

热加工设备包括焊机、熔炼炉、热处理炉、压铸机、锻造机床等。

(1) 遵守仪器设备管理制度中的各项规定。

(2) 使用设备前，操作者要按要求穿戴好防护用品。

(3) 设备工作过程中，禁止操作者身体过于接近温度极高的设备部件；禁止操作者用手触摸各高温工件或承压部位。

(4) 对于刚刚制造完成的高温制件，禁止喷水冷却，需待温度自然降到室温后，再进行清理、检查、测量或搬运工作。

(5) 熔炼或焊接有色金属件时，应加强通风排毒，必要时操作者需使用过滤式防毒面具。

(6) 热加工设备必须定期检验、维修。

7.2.2　特种设备使用安全

本小节所指特种设备，仅包括压力容器、起重机械、厂内专用机动车辆(简称"厂车")。

1. 特种设备的管制范围

1) 压力容器的管制范围

同时满足以下三个条件：最高工作压强大于或等于 0.1MPa(表压)，容积大于或等于 30L 且内直径(非圆形截面时，指截面内边界最大几何尺寸)大于或等于 150mm，介质为气体、液化气体或最高工作温度高于或等于标准沸点的液体。

2) 起重机械的管制范围

额定起重量大于或等于 0.5t 的升降机；额定起重量大于或等于 3t(或额定起重力矩大于或等于 40t·m 的塔式起重机，或生产率大于或等于 300t/h 的装卸桥)，且提升高度大于或等于 2m 的起重机。

3) 厂车的管制范围

本小节厂车是指仅在校园内使用的专用机动车辆，如铲车、叉车、翻斗车、电瓶车等。

2. 特种设备安全管理制度

(1) 购置国产特种设备应当选择符合相关安全技术规范，由具有相应资质厂家生产的特种设备。购置的进口特种设备应当符合我国安全技术规范，并经检验合格。不得自制或者擅自改造特种设备。

(2) 安装特种设备应当选择具有相应资质的厂家，并按照特种设备安全监督管理部门相关要求办理申报手续，不得自行安装。特种设备投入使用前或者投入使用后三十日内，应当按照特种设备安全监督管理部门相关要求及时办理特种设备注册登记手续，登记标志应当置于或者附着于该特种设备的显著位置。

(3) 使用单位应在特种设备安全检验合格有效期届满前 1 个月向特种设备检验检测机构(简称"特检所")提出定期检验要求，未经定期检验或者检验不合格的特种设备，不得继续使用。

(4) 对于特种设备维保和大修，使用单位应当委托原制造单位或者具有相应资质的单位进行，且特种设备须经特检所检验合格后方可继续使用。特种设备使用单位应当指定专人负责特种设备具体管理工作，如管理特种设备安全技术档案、办理特种设备相关手续、实时维护特种设备相关信息。

(5) 特种设备作业人员，必须接受专业的培训和考核，取得地、市级以上质量技术监督行政部门颁发的《特种设备作业人员证》后，方能从事相应的工作。特种设备使用单位应当制定特种设备安全管理制度、特种设备安全使用操作规程、特种设备事故应急预案，并在特种设备或周边醒目处张贴或悬挂[5]。

3. 压力容器使用安全

(1) 遵守特种设备安全管理制度中的各项规定。

(2) 必须使用具有压力容器生产资质的厂家生产的产品，并通过相应压力的安全检测。

(3) 购买快开门压力容器时，应选购带有安全联锁装置的设备。

(4) 压力容器在使用前，应当办理注册登记手续，取得特种设备使用登记表、《特种设备使用登记证》和特种设备使用标志，并将特种设备使用标志贴在设备明显位置处。

(5) 压力容器应当按照国家有关规定进行定期检验，经特种设备检测部门检验合格后，方可继续使用。压力容器的安全附件要定期检验，压力表每半年检验一次，安全阀每年检验一次。

(6) 压力容器的使用人员必须经过专门培训并取得相应的资格证书，严格按照压力容器操作规程操作。

(7) 非压力容器负责人使用压力容器，应当首先得到压力容器负责人的许可，做好使用记录。

(8) 学生进行与高压力有关的实验，必须得到导师的书面同意，并在导师的指导下进行。

(9) 压力容器使用过程中，如果发现异常现象或不正常声音，应当立即停机，并通知压力容器负责人。

4. 电梯使用安全

(1) 遵守特种设备安全管理制度中的各项规定。

(2) 电梯在使用前，应当办理注册登记手续，取得特种设备使用登记表。电梯应当由专业的维保公司负责日常维护和保养，保证电梯良好的运行状态。

(3) 电梯使用单位应当对电梯进行日常巡检，并做好巡检记录。

(4) 严禁电梯超载运行，当超载铃响时，后进者应当主动退出。

(5) 严禁阻挡电梯门，当电梯门快关上时，不要将手或脚伸进电梯，阻止电梯关门，切忌一只脚在内一只脚在外横跨电梯门停留。

(6) 如果发现电梯有故障，千万不要乘坐，应当立即通知负责人及时检修。

7.2.3　辐射安全

1. 辐射实验人员管理

(1) 实验人员必须是年满 18 周岁的教职工。

(2) 实验人员体检结果必须符合辐射工作的职业要求。上岗前、在岗期间(两年一次)和离岗时都需要到有放射体检资质的医院进行健康体检。

(3) 实验人员必须学习、掌握辐射防护知识和相关法律法规，并在国家核技术利用辐射安全与防护培训平台考核通过，取得核技术利用辐射安全与防护考核成绩报告单，有效期五年，到期重新参加考核。

(4) 进行辐射工作时应正确佩戴个人剂量报警仪。

(5) 在校生参加辐射工作实行教师负责制。由教师(具有辐射工作人员资格)指导和监督完成辐射工作者可按公众进行管理；独立从事辐射工作者按辐射工作人员进行管理。校外有资质人员在校内从事辐射工作，或者本校辐射工作人员在校外从事辐射工作，都须事前到实验室管理处备案。辐射工作人员所在院系负责向其发放营养保健费作为特殊岗位津贴[6]。

2. 辐射实验场所管理

(1) 新建、改建、扩建的放射性同位素和射线装置实验室，须依法履行环境影响评价和职业卫生评价等手续，获批后方可施工。竣工后须办理《辐射安全许可证》，并在完成竣工验收后，方可正式投入使用。

(2) 各相关实验室须结合自身实际情况，制定辐射安全管理规定、辐射操作规程和辐射事故应急措施等规章制度，并将制度上墙。各相关实验室门口、设备表面须设电离辐射警告标识。

(3) 各相关实验室须配备相应的辐射监测仪器，制订监测计划，定期或根据需要及时测量、记录实验室内部及周围环境剂量。工作人员工作时按要求佩戴个人剂量报警仪。

(4) 所有监测仪器须依法校验，保证正常工作。

(5) 实验室内要根据实验内容，配置相应的辐射防护器材，如铅衣、铅帽、铅眼镜、铅屏风、铅砖、有机玻璃等，对工作人员进行有效的防护。

(6) 使用和存放放射性同位素的实验室，须采用视频监控、红外入侵报警保险柜、防盗门和防盗窗等技防措施，确保符合公安部门关于放射性物品库的全部要求。射线装置工作场所应根据实际情况进行实体屏蔽防护，设置安全联锁。

3. 放射性同位素和射线装置管理

(1) 放射性同位素和射线装置购买须通过实验室管理处进行。

(2) 放射性同位素应当单独存放，不得与易燃、易爆、腐蚀性物品等放在同一场所。其储存场所应当采取有效的防火、防盗、防射线的安全防护措施，并指定专人负责保管。建立放射性同位素和射线装置的管动核账、使用记录，领用放射性同位素和使用射线装置实行使用登记及书面记录制度，放射性同位素保管实行双人双锁制度，严防个人独自获取放射性同位素。

(3) 不符合公安部门放射性物品库要求的实验室不得过夜存放放射源。

(4) 定期或根据需要及时对放射性同位素和射线装置的防护情况进行检测，未达到国家要求的须停止使用。

(5) 使用放射性同位素的实验，每次实验结束，须对工作场所和人员进行辐射剂量测量，并做必要记录。

(6) 放射性同位素和射线装置移动到校外工作场所使用，须满足国家相关要求，移出前须向实验室管理处报备。

(7) 放射性废物(源)和废弃射线装置须严加管理，不得作为普通废物处理，不得擅自处置，应统一由实验室管理处处理。

4. 辐射事故

(1) 发生辐射事故，事故院系须及时向实验室管理处报告并立即启动应急预案，采取妥善措施减小和控制事故危害及影响，并接受监督部门处理。

(2) 发生放射性同位素(源)失控事故，事故单位须立即报告实验室管理处，实验室管理处须在 2h 内上报生态环境、公安、卫生等政府监管部门，并密切配合查找、侦破，尽快追回丢失的放射性同位素(源)。

(3) 发生人员误照射辐射事故，须立即切断辐射源照射途径，首先考虑人员生命安全，迅速安置受照人员就医，组织控制区内人员撤离，并及时控制事故影响，防止事故扩大蔓延。

5.紫外线

(1) 紫外灯安装要符合规定，安装位置距操作台面 60～90cm。

(2) 紫外灯和日光灯开关要有明显的区分标志。紫外灯和日光灯不能同时开启。不能在开启的紫外灯下工作。实验室内有人时，一定要关闭紫外灯。

6. 激光

(1) 每个激光设备均需设置名册，列明所有获权人员(包括管理人员、操作人员、调校检查人员、维修保养人员)。所有获权人员必须经过培训、考试，并获得上岗资格后才能上岗工作。

(2) 激光设备每年进行一次安全检查，激光设备获权人员每两年进行一次再培训。

(3) 禁止在开放空间内使用激光设备，所有激光区域内张贴警告标志。如果需要，在实验室门口使用闪烁的报警灯，表示激光设备正在使用。在给激光设备通电前，确认该设备预定的安全装置装备得到正确使用，包括不透明挡板、非反射防火表面、护目镜、面具、门联锁和为防备有毒物质侵害的通风设备。

(4) 操作激光设备时必须穿戴工作服、护目镜等防护装备；不能裸眼直视激光束。

(5) 在激光束的通路中，不允许使用任何反光材料。当激光器工作时，必须有人看管。使用脉冲激光器时，在允许靠近电容器前，要确保每个电容器已经放电、短路并接地。使用含氯和氟的激光器时，应该将氯和氟储存在通风良好的地方，以最大程度地降低氯和氟的有害作用。

(6) 医疗激光器的操作人员必须接受过足够和适当的临床指导训练，以保护病人和员工的健康和安全。

习　题

7.1　在实验室中，如果发生火情，应立即采取哪些措施?

7.2　实验室电器设备引起的火灾，应使用哪种灭火器进行扑救?

7.3　在实验室中应如何安全存放和使用可燃性气体钢瓶(如氢气瓶)?

7.4　在使用高速离心机时，应注意哪些安全问题?

7.5 在实验室进行化学实验时，如何预防和处理化学烧伤事故？

参 考 文 献

[1] 林智泉. 高校实验室用电安全[J]. 海峡科学, 2010(7): 57,97.

[2] 孙世铭, 王素芳. 《分析实验室用水规格和实验方法》国家标准简介[J]. 中国石油和化工标准与质量, 1993(1): 13-16.

[3] 工业和信息化部电子技术标准化研究院. 危险化学品气瓶标识用电子标签通用技术要求 第 1 部分: 气瓶电子标识代码: SJ/T 11532.1—2015[S]. 北京: 中华人民共和国工业和信息化部, 2015: 4.

[4] 孟昭宁. 化学实验室的防火安全[J]. 安全, 2005(4): 30-32.

[5] 黄开胜. 清华大学实验室安全手册[M]. 北京: 清华大学出版社, 2018.

[6] 姜庆寰, 郭朝晖, 李明生, 等. 实验室放射性同位素及射线装置的辐射防护与安全管理研究[J]. 中国医学装备, 2020, 17(3): 124-126.

第 8 章

实 例 分 析

8.1 团队毕业设计实例介绍

微课

在西北工业大学航天学院航天信息工程一系列专业的本科生培养环节中，本科生毕业设计(论文)是培养航天专业人才创造能力、实践能力和创新精神的重要体现，是大学期间学生毕业前的最后学习阶段，是学习的深化与升华的重要过程[1]。参与航天综合毕业设计的学生和教师来自不同专业，指导教师根据每一位学生所掌握的知识和技能合理分配工作，通过学生之间的协同工作共同完成一个科技项目[2]。

在航天综合毕业设计模式下，来自不同专业的学生通过学术交流可以共同解决研究工作中所遇到的难题，进而加强学生之间的协同工作能力。在实际的研究过程中，由于采用的是团队攻关模式，为了确保整个团队的研究进度，每一位学生都需要按照项目节点准时完成所分配的工作，这种工作模式不仅能避免每位学生消极怠工，无形中还可以增加团队荣誉感[3]。

航天综合毕业设计可以培养学生的团队精神，使学生互相学习，互相探讨，取长补短，克服自己存在的不足之处。该模式最关键的是针对一个具体对象，从理论研究、计算分析，再到地面实验，将整个工程研究的环节贯穿毕业设计整个阶段，使学生得到充分的锻炼。航天综合毕业设计的整个运行过程是具有特色的毕业设计管理模式，取得了良好的效果，体现了西北工业大学航天学院面向航天专业培养应用型人才的教学特色，具有创新性、科学性和可操作性。通过进一步的提炼和总结，这种毕业设计管理模式也可在其他专业推广和应用[4,5]。

8.1.1 空间机器人在轨服务技术

1. 团队毕业设计基本信息

以"空间机器人在轨服务技术"为题目，以实践为重要组成部分，以培养综合能力为目标，综合空间机器人基础、空间遥科学技术基础、机器人遥操作课程设计、空间机器人课程设计四门课程的核心理论知识和课程特色，包含理论学习与实践验证两部分内容。

首先，通过理论课程学习使学生掌握空间机器人的核心理论知识以及空间遥操作的基本技术；其次，通过实践教学培养学生的动手能力和理论知识应用能力，引导学生分组合作，基于所学知识设计并开发空间机器人，对自己设计开发的空间机器人进行建模分析、运动控制仿真，并通过所学控制方法，完成相应的遥操作在轨服务任务。

2. 人才培养目标

"空间机器人在轨服务技术"团队毕业设计旨在培养学生对专业知识的理解、推导和运用能力，期望学生能充分理解空间机器人的 D-H 参数等基本概念，掌握运动学、动力学、路径规划等相关理论知识；针对专业问题，具有独立的建模、仿真程序编写、仿真分析的能力；掌握一定的机器人设计、仿真实验设计、机器人试验系统搭建的方法，能够针对具体任务完成空间机器人的交互控制；深刻理解有时延条件下遥操作过程的基本知识和研究思路，掌握有关遥操作原理、预测仿真、人机交互、航天测控等方法及技术；提高从事该专业的科研能力，为以后从事航空航天领域里的科研工作打下坚实的理论基础和实践经验。团队毕业设计与人才培养目标的关系矩阵如表 8-1 所示。

表 8-1　团队毕业设计与人才培养目标的关系矩阵(空间机器人在轨服务技术)

序号	支撑目标点	主要教学内容	预期培养成效
1	目标点 1	世界以及中国航天方向机器人、空间遥操作技术的发展成就	(1) 具备良好的科学人文素养，恪守职业道德，具备社会责任感、国际视野和创新精神，积极服务于国家与社会；(2) 能够运用专业知识研究航天科学问题，完成空间机器人系统的分析和设计、规划与控制等；完成空间遥操作相关知识的学习；完成空间机器人在轨服务系统搭建并完成测试试验；(3) 能够带领或协同多元文化、多学科团队，有效沟通并共同实现工作目标；(4) 能够关注社会和行业变化，通过深造或自学持续提升自我，具备持久竞争力
2	目标点 2	各章节的专业知识、基于知识自主设计方案、开发系统并开展测试试验	
3	目标点 3	分组协作、协同完成设计、制作，并共同解决过程中遇到的问题	
4	目标点 4	空间机器人、空间遥操作技术的发展、社会效益；培养学习兴趣，开拓创新意识和能力	

3. 团队毕业设计要求

通过小组讨论确定协作分工内容，主要分工为机器人实物设计装配、机器人建模规划算法、程序实现、仿真实验四部分，最终小组须共同完成人机交互实验验证。在毕业设计任务方案设计中，学生须进行机械臂系统设计，利用 3D 打印技术完成机械臂加工。在实验程序编写阶段，学生基于机械臂运动学模型和动力学模型完成机械臂路径规划。在实验验证阶段，通过校准相机完成视觉反馈通路搭建。利用实验平台，学生操作遥操作设备完成人机交互操作模式下的机械臂任务实验。

4. 团队毕业设计过程

空间机器人的建模和仿真分别如图 8-1 和图 8-2 所示，空间机器人基座移动部分实物如图 8-3 所示，空间机器人机械臂部分实物如图 8-4 所示。

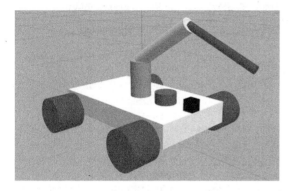

图 8-1 空间机器人结构建模

图 8-2 空间机器人模型

图 8-3 空间机器人基座移动部分实物

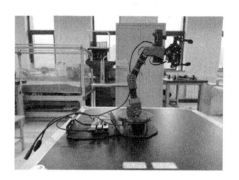

图 8-4 空间机器人机械臂部分实物

8.1.2 固体火箭发动机设计与实践

1. 团队毕业设计基本信息

以"固体火箭发动机设计与实践"为题目，以小型固体火箭发动机的设计和点火实验为主要内容，通过理论学习掌握固体火箭发动机设计和实验测试的基本理论与方法，通过学生自学环节扩充知识体系、丰富知识面，在实践环节综合机械原理和设计、发动机设计和测试技术等知识，进行发动机的加工和点火测试，全面提升学生的专业综合能力和实践能力。进行本团队毕业设计的学习与实践，相当于同时完成了固体火箭发动机设计、测试技术和火箭发动机设计课程的修读。

2. 人才培养目标

该团队毕业设计作为一门专业综合课程，通过固体火箭发动机设计和测试技术相关知识的教学，让学生掌握固体火箭发动机的设计流程、设计方法以及设计的关键技术，测试技术的基本理论，常用测试设备的基本原理和使用方法，以及基本参数的测量和处理方法。在毕业设计过程中，通过完成火箭发动机设计、加工和点火实验，学生可熟练掌握固体火箭发动机的设计方法和工具，了解发动机部件设计中的工程算法，掌握固体火箭发动机点火实验方法和实验测量方法，为今后从事科研工作打下良好基础。团队毕业设计与人才培养目标的关系矩阵如表 8-2 所示。

表 8-2　团队毕业设计与人才培养目标的关系矩阵(固体火箭发动机设计与实践)

序号	支撑目标点	主要教学内容	预期培养成效
1	能够运用专业知识研究航空航天的科学问题,完成复杂工程产品的设计、分析、实验和应用	针对给定的设计任务要求,完成固体火箭发动机的设计与分析	(1) 掌握火箭发动机实验与测试技术的相关基础理论、方法和实践技能; (2) 掌握固体火箭发动机设计的基本理论、方法和实践技能; (3) 具备良好的团队合作能力; (4) 能够充分利用所学的知识解决专业问题; (5) 比较深入地了解本专业开展科学研究的基本思路与方法; (6) 形成自我学习、知识扩充的能力,从而具备持续发展的能力
2	能够带领或协同多元文化、多学科团队,有效沟通并共同实现工作目标	学生自己组建团队开展设计任务和实验,团队内进行沟通与合作	
3	能够关注社会和行业变化,通过深造或自学持续发展,具备持久竞争力	参考资料查阅与行业发展调研	

3. 团队毕业设计要求

"固体火箭发动机设计与实践"团队毕业设计,需要学生进行分组,按要求依次完成固体火箭发动机的总体设计、药柱设计、燃烧室设计、喷管和推力矢量控制装置设计、点火与点火装置设计。最后按要求完成固体火箭发动机设计实践和测量。

4. 团队毕业设计过程

自制火箭发动机 S 形推力传感器实物如图 8-5 所示,自制时序点火自动控制器如图 8-6 所示。

图 8-5　自制火箭发动机 S 形推力
传感器实物

图 8-6　自制时序点火自动控制器

8.1.3　微小卫星综合设计与研制

1. 团队毕业设计基本信息

团队毕业设计以微小卫星的设计与研制为任务,指导学生以任务、问题为牵引,系统地进行专业知识的学习与综合实践。通过微小卫星设计、制造、测试等过程,深化专业知识理解,提升知识应用能力,加强团队协作,全面提高解决综合性问题的能力。

毕业设计内容包括微小卫星总体方案设计、结构与机构设计、控制系统设计、综合电子系统设计、电源系统设计、推进系统设计等。课程形式包括理论教学与综合设计实践两部分，将专业知识应用于微小卫星设计与研制，形成一颗具有基本功能的卫星地面样机，并开展部件及整星的地面相关测试与试验。通过微小卫星系统设计与研制，综合应用力学、控制、信息等各方面的专业知识，解决较复杂的、综合性工程问题。

2. 人才培养目标

团队毕业设计在专业知识理论教学的同时，进行综合设计与实践教学，融合理论教学与实践教学两方面的优势，实现专业知识学习与应用的融会贯通，提升学生解决专业综合性问题的能力。团队毕业设计在学生培养方面的目标包括专业知识掌握与能力素质提升两个方面，具体如下所述。

(1) 掌握卫星技术概况与发展趋势，微小卫星任务分析与总体设计方法；

(2) 掌握微小卫星控制系统、结构系统、综合电子系统、推进系统等分系统的设计与分析方法；

(3) 能够应用专业软件，进行系统设计与分析；能够灵活应用理论知识解决工程实际问题；

(4) 能够进行团队协作，共同完成设计任务。

通过团队毕业设计，学生在实践中得到锻炼，提升解决较复杂的、综合性工程问题的能力。团队毕业设计与人才培养目标的关系矩阵如表 8-3 所示。

表 8-3 团队毕业设计与人才培养目标的关系矩阵(微小卫星综合设计与研制)

序号	支撑目标点	主要内容	预期培养成效
1	目标点 1	第一部分理论基础，国内外卫星技术现状和发展趋势，尤其是微小卫星技术、微小卫星任务分析与总体设计	(1) 具备良好的科学人文素养、国际视野和创新精神，积极服务于国家与社会；(2) 掌握专业知识，掌握微小卫星设计与分析方法；(3) 能够运用专业知识解决工程问题，完成微小卫星总体设计与分系统设计；(4) 具有良好的团队协作和沟通能力，共同完成微小卫星整星研制与测试
2	目标点 2	第二部分，微小卫星各分系统设计与分析方法	
3	目标点 3	实践部分，设计实践中，开展微小卫星总体设计、各分系统设计与分析；灵活应用专业知识与软件进行系统设计与分析	
4	目标点 4	实践部分，设计实践与制作实践中，分组协作，完成微小卫星系统研制与总装、集成、测试	

3. 团队毕业设计要求

团队毕业设计要求学生在理解微小卫星的基本组成、任务类型、轨道与姿态动力学等专业知识的基础上，掌握微小卫星任务分析、结构设计、控制系统设计、电源系统设计、综合电子系统设计、推进系统设计等方法。同时，通过微小卫星设计、制造、集成、测试，完成一颗完整卫星地面样机的研制，全面、深入地应用专业知识，解决综合性工程问题。

毕业设计体系包括理论教学、设计研制(实践)两部分。理论教学主要将专业知识在微小卫星中的应用进行重点讲解，引导学生针对微小卫星这一具体研究对象掌握知识的应用方法。设计研制部分由学生进行分组设计，仿真分析微小卫星分系统及整星的组装、集成、测试等环节。具体内容安排如下所述。

理论教学针对微小卫星任务分析与总体设计，以及卫星各分系统设计方法开展，将专业基础知识进一步与微小卫星设计任务结合，引导学生开展微小卫星系统设计。

实践部分由学生进行分组工作，根据理论教学内容开展微小卫星总体设计与分系统设计工作。最后在各分系统研制的基础上进行微小卫星整星的组装、集成、测试，并进行实物展示与汇报。

实践中，学生共同参加微小卫星任务分析与总体方案设计、微小卫星系统联调与总装测试，并且进行分组设计，每组进行1个分系统的设计与研制

8.2 航空航天大类优秀毕业论文范文解析

优秀毕业论文范文解析是对在航空航天领域取得显著研究成果的毕业论文进行深入剖析和解读的过程。这些范文通常代表学生在专业知识、研究方法和创新思维等方面的最高水平，是院系教学质量和学术水平的重要体现。

在解析过程中，会对范文的选题背景、研究目的、实验设计、数据分析以及结论等多个方面进行深入探讨。这不仅可以帮助读者理解作者的研究思路和方法，还能揭示航空航天领域的最新研究进展和发展趋势。同时，通过对比不同范文之间的异同点，还可以发现不同研究方法和思路的优劣，为未来的研究提供有益的参考。

优秀毕业论文范文解析的意义在于，为学生提供了一个学习和借鉴的范例。通过研读这些范文，学生可以学习如何选题、如何构建研究框架、如何运用专业知识和技能解决实际问题等方面的经验和方法。这有助于提高学生的研究能力和写作水平，为他们的学术发展奠定坚实的基础。

优秀毕业论文范文解析是对学生学术成果的一次全面展示和反思，不仅为学生提供了学习和借鉴的范例，还有助于推动院系的教学改革和人才培养模式的优化。通过对范文的深入剖析，院系可以了解学生在学术研究和实践能力方面的需求和不足，从而针对性地调整课程设置、教学方法和评价体系，培养出更多符合航空航天领域需求的高素质人才。因此，院系应该高度重视这一工作，并将其作为提升教学质量和学术水平的重要手段之一。

8.2.1 范文解析之摘要写法

1. 毕业论文摘要写作方法与注意事项

毕业论文摘要的写作是整篇论文写作的重要组成部分，简要概括了论文的主要内容、研究方法、结果和结论。摘要应简洁明了地概述论文的核心内容，帮助读者快速了解论文的主要观点和研究成果。摘要应独立于论文正文，即使不阅读全文，读者也能通过摘要了解论文的基本内容。摘要应包含以下四个部分。

(1) 研究背景与目的：简要介绍研究领域的现状、存在的问题以及本研究的目的和意义。

(2) 研究方法：概括研究设计、实验方法、数据来源和分析技术等。

(3) 研究结果：简要描述研究发现和主要数据结果，突出关键性信息。

(4) 结论与意义：总结研究的主要结论，指出研究的创新点和对相关领域的贡献。

在撰写摘要的过程中，还应该注意几个要点：确保摘要中的术语准确、规范，避免使用口语化或模糊的表述；摘要应独立成篇，避免与论文其他部分(如引言、结论)的内容重复；摘要应条理清晰，逻辑严密，使读者能够轻松理解论文的整体框架和主要内容；摘要作为论文的"门面"，应确保语法正确、拼写无误，展示作者的专业素养。一篇优秀的论文摘要应简洁明了、准确客观、逻辑清晰、信息丰富，最重要的是能够充分展示研究的核心内容和价值。

2. 优秀毕业论文摘要解析

对 2019 届优秀毕业论文《石墨烯基纳米流体燃料燃烧强化方法研究》的摘要进行解析。

论文《石墨烯基纳米流体燃料燃烧强化方法研究》的摘要部分：

在烃类燃料中加入高能量的金属颗粒制备得到纳米流体燃料，能够显著提高燃料的能量密度，对于飞行器性能具有良好的应用前景。但金属的加入使基体燃料的点火燃烧转变为复杂的异相多阶段反应，致使纳米流体燃料燃烧改性调控的手段匮乏，本文针对 Al/RP-3 纳米流体燃料，研究石墨烯添加含量对含纳米铝粉的纳米流体燃料点火燃烧性能调控规律，以期对含铝的煤油基纳米流体燃料未来应用提供技术支撑。

通过添加不同质量分数的石墨烯颗粒，制备得到了 n-Al@Graphene(2%、5%、10%、20%)粉末，通过 SEM、热分析、激光点火实验来获取 n-Al@Graphene 粉末的微观形貌、热氧化特性和激光点火燃烧特性。接着将其加入 RP-3 煤油中制备得到新型纳米流体燃料，采用液滴精细化点火燃烧试验台对纳米流体燃料液滴开展单液滴燃烧实验，结合高速相机、光纤光谱仪以及 SEM 测试方法获取液滴点火燃烧过程中的燃烧现象、光谱发射规律以及燃烧产物形貌。结果表明，n-Al@Graphene(2%)粉具有最好的热氧化性，n-Al@Graphene(5%)的样品具有最大的放热量，较纯铝粉提升了 17.6%。n-Al@Graphene/RP-3 液滴燃烧过程有四个阶段：点火、经典 d^2 燃烧、液滴火焰熄灭和团聚物燃烧。n-Al@Graphene/RP-3 液滴燃烧过程中，团聚物燃烧阶段出现明亮白色火焰，而 n-Al/RP-3 燃烧效果不明显。n-Al@Graphene(2%)/RP-3 样品的点火性能最好，点火延迟时间较 n-Al/RP-3 缩短了 57.6%。n-Al@Graphene(10%)/RP-3 液滴燃烧速率最佳，较 n-Al/RP-3 提升了 54.5%。n-Al@Graphene/RP-3 液滴的燃烧产物微观形貌比 n-Al/RP-3 更平滑且颗粒更小，表明燃烧效率更高。最终从石墨烯对体系导热性的提高、热辐射吸收能力的增强、石墨烯自身氧化反应放热和石墨烯对铝燃烧的催化作用四个方面，提出了 n-Al@Graphene/RP-3 液滴点火燃烧性能的控制机理。

关键词：纳米流体燃料，石墨烯，纳米铝粉，液滴，燃烧

这篇摘要展现了一篇优秀毕业论文的精华，清晰、准确地概述了研究的主要内容、方法、结果和结论。其按照研究背景、方法、结果和结论的顺序进行组织，逻辑性强，便于读者快速把握论文的整体框架。摘要中涵盖了研究的主要方面，包括实验设计、测试方法、关键结果和结论，信息全面且重点突出。在撰写语言方面，使用了准确、精练的语言，避免了冗余和不必要的细节，使信息传达更加高效。同时，这篇摘要提供了具体的实

验数据和比较结果，如点火延迟时间的缩短比例、燃烧速率的提升比例等，极大地增强了摘要的说服力。最后在结尾部分提出了控制机理，对研究结果进行了总结，为未来的研究提供了有价值的参考。

这样一篇摘要是一篇优秀毕业论文的典范，不仅准确地传达了研究的核心内容，还展现了作者严谨的研究态度和扎实的学术功底。

8.2.2　范文解析之研究现状写法

1. 毕业论文研究现状写作方法与注意事项

在撰写毕业论文论时，研究现状部分是一篇论文的开端，同样也是整篇毕业论文的重要组成部分。首先，在开始写作研究现状时，要明确毕业论文的研究主题和范围，做到更精准地查找和筛选与研究主题相关的文献。其次，通过查阅相关的学术期刊、会议论文、专著等，对已有研究进行梳理和总结。可以按照研究主题的不同部分或不同方面进行分类阐述，也可以按照发展顺序或研究范式、学术流派等进行综述。最后，根据研究的问题或领域，构建合理的写作框架，对研究者的观点进行分类和评述。在每一类中，应呈现具有代表性的观点，并对其进行评价。

在撰写研究现状部分时，还有以下几个事项需要注意。撰写时应客观公正地呈现已有研究成果，避免夸大或忽略已有研究的贡献和意义。在调研文献时，应尽量广泛查阅相关文献，确保全面了解已有研究，以准确把握研究现状。撰写研究现状时，要具有针对性，应根据自己的研究课题和研究目的进行选择和综述，避免无关的内容。在篇幅方面，研究现状部分不宜过长或过短。过长的篇幅可能显得冗余，过短的篇幅则可能显得内容不足。同时，写作中，应尽量避免直接引用原文，而是以概述和总结的方式呈现已有研究的内容和观点。最后，对已有研究应做出恰当的评价，指出其优点和不足，以及可能存在的研究空白或需要进一步探讨的问题。

通过合理的写作方法，呈现出一个清晰、准确、有深度的研究现状部分，为毕业论文的整体质量打下坚实基础。

2. 优秀毕业论文研究现状解析

对 2019 届优秀毕业论文《高速大机动目标多弹协同拦截制导方法研究》的研究现状进行解析。

论文《高速大机动目标多弹协同拦截制导方法研究》的研究现状部分：

1.3　国内外研究现状

针对多弹协同作战模式的研究起源于日益增长的国防需求。近年来，随着反导系统技术的飞速发展和目标性能的大幅提升，单枚导弹完成防任务和拦截任务日趋困难，因此多弹协同制导技术应运而生，并且逐渐发展成制导率中重要的研究分支之一。

协同制导具备多方面的优势。首先，弹群可以借用通信手段实现信息共享，进而形成一个功能互补的作战群体，利用群体效应所产生的优势对敌方防御系统和目标进行多层次、方位的饱和打击，实现整体防能力的提升；其次，弹群可以基于时间序列对目标进行多轮打击，并利用先前导弹的探测信息和打击效果评估信息优化自身的打击策略，实现"侦察—打击—评估"一体化协同作战；最后，针对协同拦截高性能目标的作战情形，设计围捕策略，使弹群在空间中对目标形成包夹之势，或使用领弹-从弹式拓扑结构——其中领弹配备高性能导引头，从弹不配备导引头，仅通过与领弹的通信获取制导信息，大幅提升作战效费比。

1.3.1　多约束条件下的多弹协同制导律

协同制导律综合应用多种经典制导理论和现代制导理论，在实现零脱靶量打击的基本要求上，更进一步提出了碰撞时间控制制导(impact time control guidance，ITCG)、碰撞角度控制制导(impact angle control guidance，IACG)以及同时控制二者的碰撞时间及碰撞角度控制制导(impact time and angle control guidance，ITACG)等。ITCG 的一个重要应用是实现多弹齐射攻击，旨在对敌方防御系统进行饱和打击，从而增强多弹面对敌方反导系统的突防能力和生存能力；IACG 通过控制攻击角度，能有效增强对装甲目标或深埋目标的毁伤效果；ITACG 兼顾齐射攻击以及角度约束，进一步提升了协同打击效果。

协同制导方法的部分分类准则总结如图 1-7 所示。

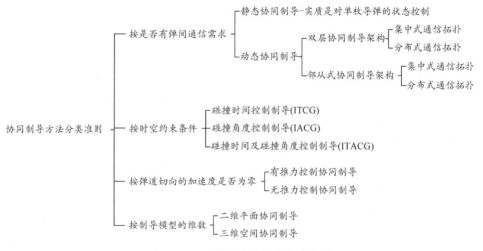

图 1-7　协同制导方法部分分类准则

1.3.2　针对高速大机动目标的协同制导策略

1.3.1 小节综述的文献大多针对静止或低速目标，并且默认拦截弹的速度和机动能力相对于目标均能构成明显优势。在面对高速大机动一类高性能目标时，考虑到导弹会出现过载饱和现象，上述协同制导律恐怕难以保证零脱靶量拦截，不能有效完成拦截任务。当下对多弹同时拦截高速大机动目标的协同制导律研究较少，因此有必要寻找更为易行有效的协同制导策略，以围捕的方式协同拦截此类高性能目标。

Su 等[46]提出了虚拟瞄准点的概念，将针对大机动目标的协同拦截问题转化为一个最优化问题。文献[47]将文献[46]中的情景拓展至三维空间，基于真比例导引律(TPN)，在虚拟瞄准点的基础上引入一个偏置项，以保证多弹实现对目标可达域的全覆盖。Wang 等[48]基于动态目标覆盖理论，设计了导弹可达域的位置，以期最大程度上覆盖目标动态区域，使多弹协同拦截概率最大化。Zhai 等在协同覆盖方面的工作主要有两方面：一是通过协同制导算法引导各枚导弹至期望的位置，二是通过能量消耗最少的最优控制律引导各枚导弹至期望的位置，并且在一定的假设条件下估计联合围捕拦截概率以评定拦截性能。文献[5]和文献[50]分别在二维和三维情景下基于逃逸域覆盖理论，针对非线性拦截几何模型开展协同围捕策略研究，有效减小了线性模型中的近似误差。其中，文献[50]还考虑了拦截机动目标时导弹的实际过载饱和约束。

上述研究成果表明了多枚弱机动导弹协同围捕拦截大机动目标的必要性与重要性。在三维情景下，基于非线性模型的协同围捕拦截策略与制导方法仍具有广阔的研究空间和巨大的研究价值。

该论文的研究现状部分，首先清晰地阐述了多弹协同作战模式的研究起源，即日益增长的防御需求以及反导系统技术的快速发展。

其次，详细列出了协同制导的多项优势，包括通过信息共享实现功能互补的作战群体、实现"侦察—打击—评估"一体化协同作战以及针对高性能目标设计的围捕策略等。从多个角度全面地阐述了协同制导的重要性，也展示了其在实际应用中的广泛前景。

再次，该论文的研究现状部分最为突出的优点是，通过树状图对协同制导律所涉及的经典制导理论和现代制导理论进行了综合介绍，包括部分常用的制导律以及 ITCG、IACG 和 ITACG 等协同制导方法。这种系统性的梳理有助于读者全面了解协同制导的理论基础和实现方法，同时也为后续研究提供了理论支持。

论文提供了具体的分析和实例来阐述协同制导的优势和应用，如多弹齐射攻击对敌方防御系统的饱和打击、控制攻击角度以增强对特定目标的毁伤效果等。论文的研究现状部分结构清晰，从研究背景到协同制导的优势，再到协同制导律的理论应用，层层递进，逻辑严密。

最后，对于高速大机动目标的多弹协同制导律研究现状，进行了准确的分析。对于已有的研究也做出了客观、准确的评价，指出了可能存在的研究空白或需要进一步探讨的问题。同时，强调了多枚弱机动导弹协同围捕拦截大机动目标的必要性与重要性。

该毕业论文的研究现状部分在背景阐述、理论梳理、实例分析、结构逻辑、强调研究意义以及展望未来研究等方面都表现出显著的优点，是一篇高质量的研究现状描述。

8.2.3 范文解析之图表绘制

1. 毕业论文图表的绘制方法与注意事项

绘制图表是毕业论文撰写的一个重要环节。图表不仅能够直观地展示数据和信息，增强论点的说服力，提高论文的可读性，还便于读者进行比较和分析，提升论文的专业性和学术性。

在绘制图表之前首先要选择合适的图表类型。毕业论文中的图表类型丰富多样，包括柱形图、散点图、基础组学图等。具体选择哪种图表类型，应根据数据的性质和研究目的来决定。例如，如果需要比较不同类别的数据，柱形图是一个很好的选择；如果需要展示数据之间的关系或趋势，散点图可能更合适。在绘制图表时，建议使用专业的软件，如

Microsoft Excel、SPSS、GraphPad Prism 等。这些软件提供了丰富的图表类型和强大的数据处理功能，能够快速、准确地完成图表的绘制。同时，在绘制图表之前，务必确保所使用的数据是准确、可靠的，数据的来源、采集方法、处理方法等都需要经过严格的核对和验证。

优秀的毕业论文在图表绘制方面需要注重方法的选择和注意事项的遵守。通过选择合适的图表类型、利用专业软件绘制、确保数据的准确性以及注意标题、标签、信息提供、简洁明了、一致性和美观性等方面的问题，可以制作出高质量、易读懂的图表，为论文增添亮点。

2. 优秀毕业论文图表解析

对 2019 届的优秀毕业论文《高速大机动目标多弹协同拦截制导方法研究》的图表进行解析。

论文《高速大机动目标多弹协同拦截制导方法研究》的部分图表展示如下。

场景一：目标做匀速直线运动

四枚导弹的初始条件以及期望的飞行时间如表 3-1 所示，位置和速度均分解至惯性坐标系中，为实现齐射攻击，各枚导弹的期望飞行时间均设为相同值。

表 3-1　四枚导弹的初始条件与时间约束

导弹编号	初始位置(x_1,y_1)/km	初始速度(V_{Mx},V_{My})/(km/s)	期望飞行时间 t_d/s
M_1	(1,13)	(3.2,0)	7
M_2	(3,15)	(2,90)	7
M_3	(0,14)	(3.1,0)	7
M_4	(2,16)	(3,0)	7

场景一目标运动信息如表 3-2 所示，位置、速度以及加速度均分解至惯性坐标系中。

表 3-2　场景一目标运动信息

目标	初始位置(x_1,y_1)/km	初始速度(V_{Mx},V_{My})/(km/s)	机动加速度(a_{Tx},a_{Ty})/g
T	(30,10)	(−1.02,0.34)	(0,0)

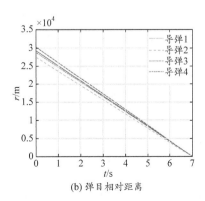

(a) 弹道轨迹　　　　　　　(b) 弹目相对距离

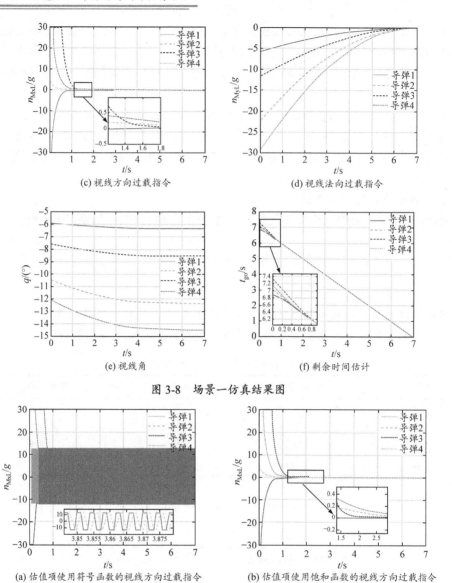

图 3-8　场景一仿真结果图

图 3-9　视线方向制导指令对比

三维运动仿真场景一：目标做水平面内的周期阶跃机动

四枚导弹的初始条件与视线角约束条件如表 4-8 所示，位置和速度均分解至惯性坐标系中。

表 4-8　四枚导弹的初始条件与约束条件

导弹编号	初始位置 (x_I,y_I,z_I)/km	初始速度 (V_{Mx},V_{My},V_{Mz})/(km/s)	视线偏角约束 $q_{\varepsilon,d}$/(°)	视线偏角约束 $q_{\beta,d}$/(°)
M_1	(0,30,0)	(1.02,0,0)	−20	−20
M_2	(3,30,0)	(1.02,0,0)	−25	−10
M_3	(5,30,0)	(1.02,0,0)	−30	10
M_4	(8,30,0)	(1.02,0,0)	−35	15

目标以 6g 加速度大小做水平面内的侧向周期阶跃机动，其运动信息如表 4-9 所示，位置、速度以及加速度均分解至惯性坐标系中。

表 4-9 三维仿真场景一目标运动信息

目标	初始位置(x_1,y_1,z_1)/km	初始速度(V_{Mx},V_{My},V_{Mz})/(km/s)	机动加速度(a_{Tx},a_{Ty},a_{Tz})/g
T	$(40,10,0)$	$(-0.51,0,0)$	$(0,0,6\mathrm{sign}(\cos(0.5t)))$

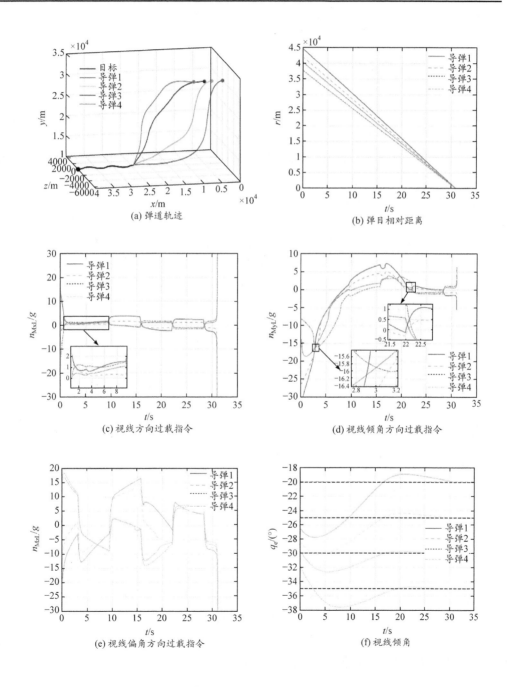

(a) 弹道轨迹 (b) 弹目相对距离

(c) 视线方向过载指令 (d) 视线倾角方向过载指令

(e) 视线偏角方向过载指令 (f) 视线倾角

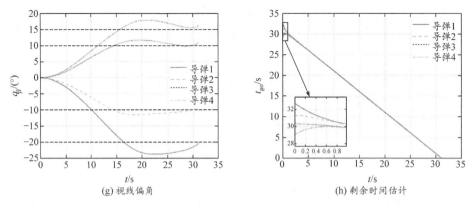

图 4-7　三维场景一仿真结果图

该优秀毕业论文中大量使用了各类图表，其中最突出的包括弹目条件表以及各项动态仿真结果图。论文中的图表直观地展示了大量数据和信息。同时，图表标题清晰明了。在前后一致性和美观性等方面，该论文的仿真结果图统一使用了相同的格式，即导弹 1 使用实线，导弹 2~4 分别使用不同的虚线表示。仿真结果整体清晰、明了地表现出了各个参量的变化情况，为论文整体增添亮点。

同时相较于冗长的文字描述，该论文中的图表信息量饱满，以更简洁的方式呈现大量数据，有助于节省论文的篇幅，使论文更加紧凑和精炼。在该论文的图表中，读者甚至可以在不浏览论文本身的情况下，通过图表获知该论文的大致研究方向和理念。

从以上这些方面来看，该论文的图表绘制是非常典型的优秀论文图表的范畴。

8.2.4　范文解析之研究结果分析写法

1. 毕业论文研究结果分析的写作方法与注意事项

研究结果分析在毕业论文中占据重要地位，不仅是验证研究假设与问题的关键环节，而且是揭示研究现象与规律、展示研究价值与贡献、提升论文质量与水平的重要途径。因此，在撰写毕业论文时，应充分重视结果分析部分，并投入足够的时间和精力进行深入研究和分析。

在撰写研究结果分析前，首先要明确分析的目的。这通常与论文的研究问题或假设相关，需要清晰地阐述希望从结果中得到什么信息或验证什么假设。在对论文的研究结果进行分析前，需要整理实验或调研所得的数据，并选择合适的图表进行展示。确保数据的准确性和完整性，以便在后续分析中提供有力的支撑。在对数据进行深入的剖析时，应当揭示数据背后的意义，不仅要描述数据的表面现象，更要解释其产生的原因和机制。同时，将结果与预期进行比较，分析差异及其可能的原因。最后需要将结果与已有研究进行比较和讨论，指出异同点。这有助于凸显研究的创新性和价值，同时加深对研究问题的理解。在撰写研究结果分析整个过程中，保持逻辑性和条理性至关重要。按照研究问题或假设的顺序，层层递进地进行分析，确保读者能够清晰地理解作者的思路。

一篇优秀的毕业论文在研究结果分析部分需要采用合适的写作方法，并注意相关事项，以确保分析结果的准确性、客观性和可读性。

2. 优秀毕业论文研究结果分析解析

对 2019 届的优秀毕业论文《石墨烯基纳米流体燃料燃烧强化方法研究》的研究结果分析进行解析。

论文《石墨烯基纳米流体燃料燃烧强化方法研究》研究结果分析部分的内容如下:

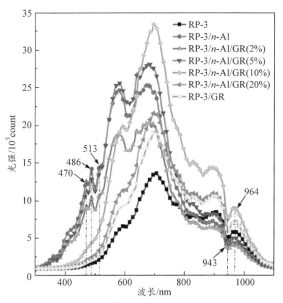

图 5-3　六种样品液滴燃烧过程中团聚物燃烧发射光谱比较

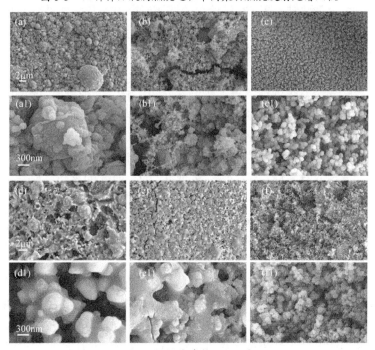

图 5-4　燃烧产物 SEM 图

5.5 本章小结

本章研究了 n-Al@Graphene 对煤油液滴点火燃烧性能的影响，重点研究了不同含量 Graphene 的 n-Al@Graphene 颗粒对煤油液滴点火燃烧性能的调控，并简单讨论了产生这种影响的原因。n-Al@Graphene(2%、5%)/RP-3 样品在热释放、液滴燃烧和燃烧速率方面表现出最佳性能。本章小结如下：

(1) 当加入的石墨烯含量升高时，点火延迟时间明显缩短，n-Al@Graphene(2%)/RP-3 的点火性能最佳，较纯煤油组缩短了 64%。

(2) 石墨烯的加入，对煤油纳米流体燃料燃烧速率起到了明显的促进作用。石墨烯含量与燃烧速率总体趋势呈现正相关的关系。石墨烯含量为 10%时，n-Al@Graphene/RP-3 燃烧速率最大，较纯煤油组提升了 96.7%，较纯铝粉组提升了 54.5%。

(3) 石墨烯含量对团聚物的燃烧强度也有明显的影响。当石墨烯含量较低(0、2%、5%)时，对应 G-1、G-2、G-3 组的团聚物中铝的燃烧较为明显，5%含量的石墨烯对团聚物中铝燃烧的促进作用最好。当石墨烯含量升高(10%、20%、纯石墨烯)时，不能明显看出团聚物中铝的燃烧光谱，但 n-Al@Graphene(10%)/RP-3 纳米流体燃料液滴团聚物的燃烧发射光谱强度在所有样品中最高，表明 10%石墨烯 含量的 n-Al@Graphene 对纳米流体燃料燃烧过程中团聚物燃烧最有利。

(4) 石墨烯含量不同，燃烧产物的外观形貌不同。当石墨烯含量为 5%时，产物的粒径最小，团聚程度低，燃烧更为充分。

该毕业论文的研究结果分析部分具有多个显著的优点，以下是对其优点的详细分析。

(1) 逻辑严密，条理清晰。首先在结论部分按照研究内容和发现进行了有条理的梳理，从点火延迟、燃烧速率、团聚物燃烧强度到燃烧产物形貌，每个部分都进行了详细的阐述，逻辑严密，条理清晰，使读者能够轻松理解研究的主要内容和结论。

(2) 数据翔实，分析深入。作者在结论中提供了大量实验数据，并通过这些数据深入分析了不同石墨烯含量对煤油液滴点火燃烧性能的影响。这种数据驱动的分析方式增强了结论的可信度和说服力，使读者能够更加确信研究结果的准确性。

(3) 对比鲜明，重点突出。作者在结论中通过对比不同石墨烯含量的样品在各项性能指标上的表现，突出了石墨烯对煤油液滴点火燃烧性能的调控作用。同时，作者还重点强调了最佳性能表现的石墨烯含量(如 2%和 5%)，使得研究的核心发现一目了然。

(4) 讨论深入，见解独到。除对实验结果的直接分析外，作者还深入讨论了产生这种影响的可能原因，如石墨烯对煤油纳米流体燃料燃烧速率的促进作用、对团聚物燃烧强度的影响等。这些讨论不仅增强了结论的深度和广度，还展示了作者对研究领域的深入理解和独到见解。

(5) 图表辅助，直观易懂。作者在结论分析中巧妙地使用图表来辅助说明实验结果和发现。这些图表直观易懂，既有助于读者更好地理解复杂的数据关系，又增强了结论的可视化和可读性。

该毕业论文的研究结果分析部分逻辑严密、数据翔实、对比鲜明、讨论深入，并且巧妙地运用了图表进行辅助说明，展现了作者严谨的学术态度和扎实的研究能力，是一篇优秀的毕业论文研究结果分析。

8.2.5 范文解析之研究结论写法

1. 毕业论文研究结论的写作方法和注意事项

研究结论在毕业论文中具有不可替代的作用和重要性，不仅是对整个研究过程的总结和提炼，还是展示研究价值、推动学术发展、服务社会实践以及展示学术素养的重要途径。因此，在撰写毕业论文时，作者应充分重视研究结论部分的写作，确保其准确、客观、精炼地呈现研究成果。

首先，应对整个研究过程进行全面的回顾，总结研究的主要成果，包括研究的主要发现、解决的问题以及所达到的目标。在总结研究成果的基础上，进一步强调研究的意义和价值，可以包括对理论发展的贡献、对实际应用的指导意义，以及对未来研究的启示。除了展示研究的积极成果，还应坦诚地提出研究的局限性，包括方法上的不足、数据解释的局限性等。这有助于增加结论的可信度，并为未来的研究提供改进方向。在研究结论部分，还可以对未来的研究方向进行展望，提出可能的研究问题或领域，为后续研究提供参考。

在撰写毕业论文的研究结论部分时，应确保准确性、客观性、条理性、精炼性和避免重复。通过遵循这些方法和注意事项，可以撰写出具有说服力和价值的结论，为整个研究画上圆满的句号。

2. 优秀毕业论文研究结论解析

对 2019 届优秀毕业论文《基于折纸原理的空间大折展比太阳能帆结构-驱控一体化设计》的研究结论进行解析。

论文《基于折纸原理的空间大折展比太阳能帆结构-驱控一体化设计》的研究结论部分如下。

第六章 总结与展望

6.1 研究总结

本文针对微纳卫星太阳能帆板折展比受限的问题，根据折纸原理提出两种空间大折展比太阳能帆板机构，完成折纸原理的分析与仿真、太阳能帆板与折展机构的设计和制作、地面验证试验，从而证明方案的可行性，拓宽折纸原理在空间大折展比机构设计上的工程应用，本文的主要研究成果如下：

(1) 对两种工程常用的折纸构型进行分析对比，在此基础上进行优化设计，提出两种满足微纳卫星性能指标的折纸原理，并以此设计太阳能帆板。使用 Origami Simulator 和 Rhino Grasshopper 完成折纸运动学和动力学特性的仿真，验证折纸原理的可行性。

(2) 结合折纸原理完成太阳能帆板折展支撑机构的构型设计，对机构的旋转支撑部分、伸缩桅杆部分、驱动控制部分进行详细设计，并基于 OpenHarmony 完成驱控系统调试，实现结构、驱控一体化效果。

(3) 完成两种折纸太阳能帆板系统试验样机的开发，完成地面试验桁架平台的设计与制作。

(4) 完成地面折展试验，检测两种太阳能帆的折展性能，验证其科学性与可行性。

本文的主要创新点如下：

(1) 设计了两种面向微纳卫星的折纸原理太阳能帆板,实现大折展比,提升微纳卫星功能密度,拓宽微纳卫星空间应用领域。

(2) 完成折纸太阳能帆板样机制作与地面折展测试,帆板发电功率相较于传统帆板构型提升 3 倍,具备多次折展能力。

(3) 实现折纸太阳能帆板的结构-驱控一体化设计,折展结构满足折纸动力学特性,驱控系统基于 OpenHarmony 系统调试,系统响应速度提升 10%,保证折展的流畅度与稳定性。

6.2　工作展望

本文设计、制作了两种折纸原理空间大折展比太阳能帆板,实现结构、驱控一体化设计,并完成了地面折展试验验证。为了进一步实现方案的工程化应用,未来的研究工作还需从以下方面完善:

(1) 折痕的优化设计。优化设计体现在两方面:其一是针对折痕参数的优化设计,以 Circumferential 折痕为例,可选择多边形薄膜的边数、折痕扩展的层数作为设计变量,以折展比作为目标函数建立优化算法,即可求解最优折痕构型;其二是针对带有厚度约束的柔性帆板折叠问题,工程中柔性帆板的厚度对折叠状态仍有影响,因此折痕设计上需要考虑厚度变化带来的折叠状态影响,以 Flasher 折痕为例,零厚度的正方形薄膜,其折痕均为直线,而非零厚度下其对角线方向的折痕会逐渐分段呈现出弯曲状态。

(2) 基于有限元方法的太阳能帆板力学性能仿真计算。使用 ABAQUS 等有限元软件完成帆板的折展过程的计算,得到帆板各控制点的位移、速度、角速度等折展运动学参数以及加速度、角加速度、应力等动力学参数特性,验证柔性帆板的强度与使用寿命。

(3) 折展支撑机构优化设计。目前样机尺寸已超过 5U,后续可对折展支撑机构进行优化,减小装置的纵向高度,对伸缩桅杆机构进行改进以支持双通道、三通道的集成部署,进行集成化、模块化设计以适应更小的微纳卫星平台。

该优秀毕业论文的研究结论部分,首先总结了全文的主要研究内容和成果,其次提炼出研究的创新点,最后对未来的工作进行了展望。整个结论部分逻辑清晰,结构完整,层次分明,便于读者理解和把握。

该优秀毕业论文结论部分详细列出了研究的主要成果,包括折纸原理的分析与仿真、太阳能帆板与折展机构的设计和制作、地面验证试验等,同时突出了研究的创新点,如设计了两种面向微纳卫星的折纸原理太阳能帆板,提升了微纳卫星的功能密度和帆板发电功率,以及实现了折纸太阳能帆板的结构-驱控一体化设计等。

同时,该优秀毕业论文结论部分提供了大量的数据支撑,如帆板发电功率相较于传统帆板构型提升 3 倍,系统响应速度提升 10%等,这些数据直观地展示了研究成果的显著性和实用性,增强了结论的说服力。

该优秀毕业论文研究结论部分不仅对当前的研究进行了总结,还对未来的研究工作进行了展望,提出了折痕的优化设计、基于有限元方法的太阳能帆板力学性能仿真计算、折展支撑机构优化设计等方向,为后续的研究提供了有益的参考和启示。

最后,整个毕业论文研究结论部分语言准确、严谨,表达清晰流畅,避免了模糊和笼统的表述,使得读者能够准确地理解研究成果和结论。

这篇毕业论文的研究结论部分逻辑清晰、内容翔实、数据支撑强、具有前瞻性，并且语言准确、表达流畅，是优秀的研究结论部分。

习　　题

8.1　阐述团队毕业设计对于大学生的意义和重要性。

8.2　说明毕业论文摘要写作的注意事项。

8.3　说明毕业论文研究现状写作的注意事项。

8.4　说明毕业论文图表绘制的注意事项。

8.5　说明毕业论文研究结果分析与研究结论写作的注意事项。

参 考 文 献

[1] 王正杰, 李杰, 吴炎烜, 等. 基于团队设计项目的本科毕业设计模式研究与实践[J]. 北京青年政治学院学报, 2011, 20(2): 105-110.

[2] 王乐梅, 熊璋.工程师教育中团队精神的培养[J]. 北京航空航天大学学报(社会科学版), 2012, 25(4): 110-112.

[3] 罗喜伶, 哈聪颖, 张有光. 团队合作模式毕业设计的探索与实践[J]. 实验室研究与探索, 2014, 33(3): 202-205,244.

[4] 赵军. 关于民航高等院校毕业设计引入团队毕业设计的思考: 以中国民航飞行学院为例[J]. 兰州教育学院学报, 2016, 32(2): 84-85,87.

[5] 李延斌, 孙学雁, 郑鹏, 等. 按企业项目运作模式指导毕业设计的研究与实践[J]. 实验技术与管理, 2015, 32(1): 177-180.